高等院校软件工程学科系列教材

# 软件设计基础理论

丁二玉 ●著

机械工业出版社
CHINA MACHINE PRESS

软件设计是软件开发的核心活动，软件设计理论的发展推动着软件工程的发展。本书梳理了基础的软件设计理论，可帮助读者更好地理解各种软件设计技术。全书共分为5章，第1章介绍软件设计基础原则；第2章介绍程序设计，帮助读者深刻认识程序设计工作背后的机理，而不是仅仅停留在掌握一门或几门程序设计语言上；第3章介绍复杂软件设计，重点包括模块化设计、信息隐藏与设计原则；第4章介绍软件设计方法学，指导读者用系统化、规范化的方式开展软件设计活动，解决软件设计问题；第5章介绍大规模软件系统设计，关注可靠性、效率、可移植性、市场特性、人员与分工等各种要素。

本书适合作为软件工程相关专业本科生和研究生的教材，也可作为软件领域相关技术人员的参考书。

**图书在版编目（CIP）数据**

软件设计基础理论 / 丁二玉著. -- 北京 : 机械工业出版社，2024. 6. --（高等院校软件工程学科系列教材）. -- ISBN 978-7-111-76038-2

Ⅰ. TP311.1

中国国家版本馆 CIP 数据核字第 2024RD1464 号

机械工业出版社（北京市百万庄大街22号　邮政编码 100037）

策划编辑：姚　蕾　　　　责任编辑：姚　蕾　陈佳媛

责任校对：孙明慧　李　杉　　责任印制：任维东

北京瑞禾彩色印刷有限公司印刷

2024年8月第1版第1次印刷

185mm×260mm · 13.5印张 · 338千字

标准书号：ISBN 978-7-111-76038-2

定价：49.00元

电话服务　　　　　　　　网络服务

客服电话：010-88361066　　机　工　官　网：www.cmpbook.com

010-88379833　　机　工　官　博：weibo.com/cmp1952

010-68326294　　金　书　网：www.golden-book.com

**封底无防伪标均为盗版**　　机工教育服务网：www.cmpedu.com

# 前言

软件设计是软件开发的核心活动，软件设计理论的发展推动着软件工程的发展。很多基础的软件设计理论因为产生时间较早，已经很少被人提及，但它们仍然是理解软件设计、做好软件设计活动的基础。

本书的目的是重新将这些基础的软件设计理论梳理出来，作为学习软件设计新方法的基础，帮助读者更好地理解各种软件设计技术。

本书的基本思路是：

1）介绍最为基础的软件设计理论，包括结构化编程理论、类型、模块化、信息隐藏、面向对象设计原则、软件设计方法学、软件体系结构理论等。这些理论构成了不同阶段、不同类型软件设计活动的基础。

2）始终贯彻软件设计最为重要的质量观念。从小规模软件的程序正确性，到中大规模系统的可修改性，再到大规模软件系统的可靠性、性能、安全性等质量，关注各种设计理论对这些质量的满足能力。

3）书中设计了大量案例，通过案例解释较为晦涩难懂的设计方法和技术，力求做到深入浅出。

4）探索软件设计的根本目标、衡量标准、抽象与分解、物理与逻辑等较为深入的内容，希望能帮助读者更深刻地理解软件设计。

在过去的数年间，作者多次尝试写作本书，都因为各种缘由耽搁下来。直到这次，终于有时间完成。其中必有不足之处，希望后续能在读者的反馈中完善。有建议和意见的读者可以联系 eryuding@hotmail.com。

本书写作过程中，得到了家人和朋友的大力支持。非常感谢他们，没有他们的鼓励，我可能没有毅力坚持完成本书的写作。

作者

2024 年 1 月于南京

# 目录

# 第 1 章

# 软件设计基础原则

## 1.1 什么是软件设计

软件工程的目的是构建一个制品解决现实世界问题，本质上是一种建造活动。设计是建造活动的核心行为，充斥于建造活动的方方面面。

软件设计是软件工程的核心行为，出现在软件工程的各个阶段和各种任务当中。从广义上讲，设计行为包括前景与范围规划、细节需求定义、体系结构搭建、类关系处理、代码编写等。

传统上，人们在划分软件开发生命周期阶段的时候，将软件设计限定为实现之前的“工程设计”行为，所以一般人们提及软件设计时都意指它的狭义含义，即软件的工程设计方面。

### 1.1.1 设计是一种“规划”

设计广泛存在于人类的各种创造性活动之中，如建筑设计、机械设计、服装设计、玩具设计。从20世纪30年代开始，人们就尝试了解这些设计之间的共性特征，并逐渐建立了“设计理论”(design theory)。

在设计理论中，设计有“动词”和“名词”两种常见应用形式。作为名词使用时，意指建造一个制品之前的规划活动。作为动词出现时，意指建立上述规划的行为。

规划是指使用抽象实体模型代替真实的材料载体，构建产品内部的结构模型及其分解，进行斟酌、推理、调整，以确保将来按照规划建造的制品能符合需求、满足目的。规划过程包含研究、思考、建模、调整和重新设计等重要行为。

例如，传统建筑设计在纸上分析和推敲建筑的各种具体结构，使用沙盘模拟展示建筑的建成效果，结合新技术可以使用BIM模型分析和展示建筑。只有这些设计方案通过了评审和验收，才会使用真实材料搭建最终的建筑。未能通过评审的，可以在纸上、沙盘上或BIM模型里进行调整，这个比调整真实建筑要容易得多。

规划过程中考虑的因素包含功能、质量、审美及其他重要方面。以建筑为例，“住宅、商城、学校”是它的功能，“安全、环保、稳定、耐久”是它的质量，“美观、舒适、内部修饰精良”是它的审美。再以服装为例，“保护、装饰、标识”是它的功能，“安全、环保、无色差、耐久”是它的质量，“造型、外观、工艺（手工艺术）”是它的审美。

作为设计的一种，软件设计具有以下特点：

- 使用抽象实体模型进行设计，完成后再使用真实材料载体进行建造。问题是：什么是软件的真实材料载体？什么是软件的抽象实体模型？
- 不是一次性的活动，需要反复迭代地进行建模、思考、再设计。问题是：软件设计的反复迭代过程是可控的还是随机的？有没有规律性？
- 需要兼顾功能、质量、审美。问题是：什么是软件的功能？什么是软件的质量？什么是软件的审美？

### 1.1.2 软件的材料载体与广义的软件设计内涵

按照设计理论的解释，软件设计就是在建造软件产品之前的规划活动，它使用软件抽象实体模型，建立软件内部结构并进行推理、调整，以满足客户需求、符合环境约束。

要准确理解软件设计的内涵，就要分清软件产品的建造和规划，尤其是要清楚定位编程活动。

在 20 世纪 90 年代之前，人们认为编程行为属于建造，编程之前使用各种图形化的工具建立模型的行为属于规划。当时的学派认为需要建立严谨完备的结构图、ERD 等设计模型，进行推理，验证合格之后才能开始编码。

但到 20 世纪 90 年代之后，人们认识到真正的建造活动不是编程，而是由编译器完成的编译、链接等可执行程序产生过程。因为软件开发的最终产品不是源程序代码，源代码是无法直接运行的，可以运行的是编译之后由 0、1 组成的二进制可执行程序，所以软件的材料载体是运行在目标机器上的二进制编码，产生可执行程序的编译、链接等活动才是真正的建造，在此之前包括编程在内的活动都是设计规划。

### 1.1.3 狭义的软件设计内涵

按照传统习惯，人们将需求规格说明产生之后至编码之前的开发活动统称为狭义软件设计，它的目的是构建一个符合需求规格的工程结构，主要包括体系结构设计（概要设计）和详细设计，复杂情况下会包含人机交互设计、数据设计、安全设计等专门主题。

GB/T 11457—2006 将设计定义为：a）为使一软件系统满足规定的需求而定义系统或部件的体系结构、部件、接口和其他特征的过程；b）设计过程的结果。

软件设计的惯例解释就是软件设计的狭义内涵，又被限定称为“软件工程设计”。本书后面提及的软件设计，除特殊说明之外，都是使用其狭义内涵。

虽然界定为狭义内涵，但对软件工程设计的理解不能脱离广义的软件设计背景，它仍然要遵守设计理论的基本规律，仍然是以“规划”为核心内容的。

## 1.2 为什么要进行软件设计

软件设计的关键在于处理制品的复杂度。制品不同，其复杂度不同，需要的设计程度也不同。例如，如果需要制作一个布口袋或者搭建一面简易的砖墙，那么不需要进行专门的设计就可以直接缝制和堆砌。但是如果需要制作一件衬衣或者盖一间民居，就需要进行一些精细的设计了。如果需要定制一套盛装或者建成一栋大厦，那么需要多层次、多角度、专业和杰出的设计。

软件开发也同理，如果需要开发一个“计算 $n!$”，或者“进行冒泡排序”，又或者“对一个文件数据进行简单增删改操作”的软件，那么不需要进行专门的设计就可以直接编写代码，这些软件的复杂度还在人类思维的直接处理能力范围之内。但是如果需要开发一个小超市使用的销售业务系统，就需要进行一些简单的设计了。如果再复杂一些，需要开发的是一套类似于淘宝、京东系统的电子商务系统，那么需要一群出色的人组成团队进行细致反复的专业设计。

综上，之所以要在建造一个制品之前进行规划，是因为制品的复杂度超越了人类思维的直接处理能力。在复杂度超出人类思维的直接处理能力时，要么生产者对生产过程毫无头绪，要么结果质量不佳导致浪费。建造之前的规划活动可以帮助生产者厘清生产过程和建造细节，以尽可能地控制制品的质量，避免浪费。

初学者在学习时，接触的往往都是相对简单的软件开发需求，以至于无法深刻理解设计的作用，甚至忽视了设计活动，这会使得他们进入大型产品开发团队时面临工作困难。

软件设计的关键是控制复杂度。控制复杂度的主要手段有两个：一个是设计分层，另一个是关注点分离。

## 1.3　复杂度控制的关键之一：设计分层

### 1.3.1　分层抽象方法

在解决复杂问题时，分层抽象是常用的方法。抽象是指强调事物的一个方面，忽略其他方面。例如在解决应用数学问题时，人们会忽略应用，保留数字和计算。分层抽象是指使用多个相互衔接的层次，在每个层次上使用不同的抽象，联合起来完成对复杂问题的处理。抽象使得复杂的问题简单化、易于解决，分层将需要一次性解决的大问题分解成可多步骤逐次解决的小问题，分层抽象将一次性问题分解为渐进性多个步骤，每个步骤都做了简化处理，更易于解决。

### 1.3.2　软件设计的分层

系统需求分析、软件需求分析、软件体系结构设计、软件详细设计、程序设计就是软件设计的分层。软件设计过于复杂，需要划分为不同的层次以分解设计复杂度，实现分而治之，如图 1-1 所示。

| | | |
|---|---|---|
| 系统需求分析 | 产品设计 | 业务目标和功能范围设计 |
| 软件需求分析 | 产品设计 | 功能细节设计 |
| 软件体系结构设计 | 工程设计 | 框架结构和整体质量设计 |
| 软件详细设计 | 工程设计 | 详细结构和细节质量设计 |
| 程序设计 | 工程代码设计 | 编程和代码质量设计 |

图 1-1　软件设计分层示意

软件设计的分层为：

- 系统需求分析负责产品的业务目标和功能范围设计，类似于其他行业的概念产品设计。业务目标是指产品能解决哪些用户痛点和实现哪些战略目标。功能范围是高层次的功能特性，不涉及功能细节。
- 软件需求分析负责产品的解决方案设计，重点在于软件产品的功能细节设计。这里的功能细节是指完成任务的人机交互过程、界面细节、数据要求等。
- 软件体系结构设计负责系统的高层结构设计，类似于建筑的体系结构设计，关注于系统的框架（高层次）结构和整体质量。整体质量是指系统可靠性、性能、可扩展性、安全性等分布在系统高层结构中的质量特性。
- 软件详细设计负责系统的详细结构分解和详细结构搭建，关注于产品设计方案的详细结构和细节质量。详细结构通常是指类协同结构、类协同过程、类结构、功能及过程结构、数据结构等。细节质量通常是指可理解性、可维护性、可修改性、可复用性、灵活性等详细结构能够影响到的质量。
- 程序设计负责系统的程序代码设计，关注编程和代码质量。编程是用程序设计语言实现算法和数据结构。代码质量是指正确性、易读性、可靠性、可修改性等与代码编写方式有关的质量。

### 1.3.3 设计层次验证

沿着这个思路，测试就类似于其他行业的验收过程——验证产品设计和建造的结果是否符合预期，按照设计的层次进行分层次测试，这一点在软件开发过程的 V 模型中体现得非常明显，如图 1-2 所示。

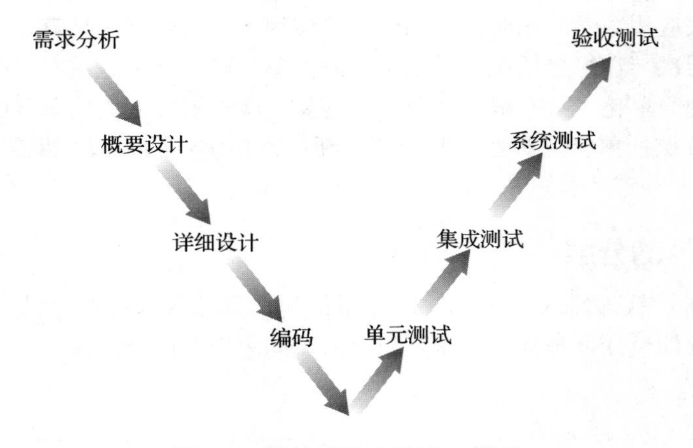


图 1-2　软件开发过程的 V 模型

### 1.3.4 软件设计分层要点

在软件设计的分层上，需要特别提及以下几点：

1）分层是为了控制复杂度。分层的程度取决于产品的复杂程度。如果产品简单，也许不需要开发人员完全执行从系统需求分析到编码的各个层次。如果产品极其复杂，那么可能会增加新的层次或者将现在的某一层分解为更多细节层次。

2）层次间的地位是不平等的。开展工作越早的层次地位越重要、越高级。只有早期（高）层次质量优秀，才可能将后期（低）层次也设计得同样优秀。如果早期（高）层次有质量问题，后期（低）层次也无法弥补。

3）不要等待高层次完全设计完成后再开始低层次设计。各层次只是相对的工作划分，不是绝对的先后顺序。对于同一个功能 A 来说，必须要先完成高层设计，然后才能进行低层设计。但是对于两个独立功能 A 和功能 B 来说，一旦 A 的高层设计完成，不需要等待 B 的高层设计结果，就可以开始 A 的低层设计工作。软件产品会包含很多相对独立的功能，没必要等到所有功能的高层设计完成再进行低层设计。

4）只有编码完成之后才能真正验证设计的有效性，所以要尽早开始编程工作。不论层次高低，只要编码未完成，产品不能运行，就不能算是真正地验证了设计的有效性。所以要保证设计质量，只能尽早开始编程，尽早进行验证，尽早发现并修正问题，尽早达到设计质量。当然，“早”也是相对的，还是需要逐层设计完成才能进入编码工作。

5）综合第 3 点和第 4 点可以发现，最适合于层次式设计分工的开发方式是迭代：为每个相对独立的功能安排迭代，为不同功能安排不同的迭代，既符合逐层设计要求又能尽早验证有效性；尽早建立一个可运行的代码原型，既可以作为后期需求迭代的基础，又可以作为早期需求验证的基础。

我们还可以额外延伸一点：从第 4 点来说，在学习很多软件设计知识（例如体系结构风格、设计模式、OO 原则等）时必须经过代码的检验才算掌握；不论各种图模型记忆得多么准确、各种关键解释如何清晰，只要没有把这些知识融入代码，就不能算是真正掌握了这些知识。

### 1.3.5　产品设计与工程设计

软件产品设计是指从外部视角设计软件系统，制定软件产品的功能、特性和对外交互细节，满足客户需求和愿望的活动。产品设计主要使用业务设计、人机交互设计、市场营销等方面的技能。

软件工程设计是指从系统内部结构视角设计软件系统，使用模块、类、方法、数据结构、算法等实体建立系统的组织结构和运行逻辑，在满足软件产品设计外部视角的同时尽可能提升软件质量。工程设计需要编程、算法、数据结构、软件设计原则、软件设计方法、体系结构和模式等方面的技能。

系统需求分析和软件需求分析联合起来完成软件系统的产品设计，决定了系统的功能和效用。

软件体系结构设计、软件详细设计和程序设计联合起来完成软件系统的工程设计，重点是保障软件系统的质量。

程序设计是一种特殊的工程设计，它使用的不是完全抽象的模型，而是特定的程序设计语言，这意味着程序设计的上下文限制比较明确和具体。

各个设计层次都有审美要求。产品设计的审美侧重于人机交互的舒适性和界面美观。工程设计的审美侧重于系统结构上的美感，类似于数学上所说的数学美感，例如简洁、清晰、一致等。

除非特别提及，本书所讲述的软件设计主要是工程设计。需要了解产品设计的读者可以参见软件需求工程方面的著作。

## 1.4 复杂度控制的关键之二：关注点分离

设计分层是从垂直方向上对软件设计进行复杂度分解和分而治之，关注点分离则是从水平方向对软件设计进行复杂度分解和分而治之，如图 1-3 所示。

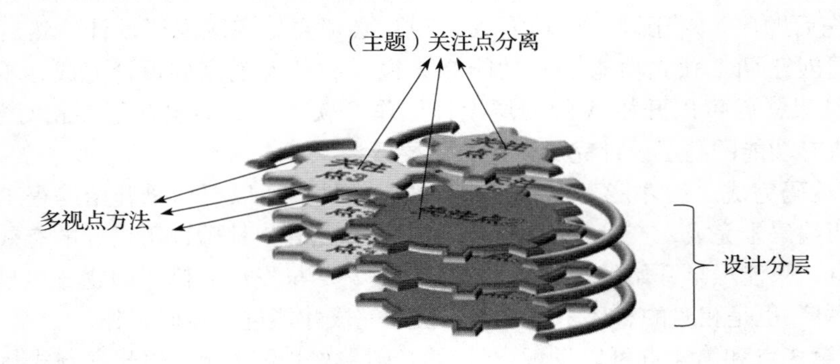


图 1-3 设计分层与关注点分离

### 1.4.1 分离设计主题

软件设计中有很多主题是相对独立的，主题之间的联系密度远远低于主题内部，分离设计主题可以很好地实现分而治之。

与软件设计相分离的常见设计主题有以下 2 个。

1）人机交互设计。人机交互研究系统与用户之间的交互关系，人机交互设计侧重于用户界面和交互过程，这些与软件系统的内部结构相对比较独立。人们把人机交互独立成专门的人机交互方法学，包括用户画像、人机交互需求分析、人机交互设计、人机交互实现和人机交互评估。

2）数据设计。传统上的数据设计主要是关系数据库设计，现在也包括大数据系统设计。数据设计的工作目标是构造最优的数据存储和管理模式，使之能够有效地存储、读取和管理数据，满足应用需求。数据设计的内容包括：数据需求分析、数据逻辑结构设计、数据存储结构设计、数据系统实现和运维。

在一些特殊的系统里，网络设计、安全设计等也会被专门分离出来，作为独立的设计主题。

在软件设计方法中通常不描述人机交互设计、数据设计等独立主题，虽然宽泛意义上它们都是软件设计的一部分。

### 1.4.2 多视点方法

关注点分离不仅适用于不同设计主题之间的分离，还适用于同一个设计主题，这就是多视点方法（multi-viewpoints methods），又被称为多视角方法（multi-perspectives method）。

多视点方法在设计一个复杂部件时，从不同的观察角度，将系统中既交织共存又相对独立的不同内容拆解成不同的方面（aspect），然后分别设计每一个拆解后的方面，实现分而治之。例如，对同一个软件模块，可以用类图、顺序图、状态图等多种方法分别描述模块的静态结构、动态协作过程和动态行为。

拆解后的方面被称为视点（viewpoint）。每一个视点都是独立的设计模型。所有视点的设计模型集成起来便是对复杂部件完整设计方案的描述。当然，这里所说的集成并不是将多个视点模型描述转化为单一的统一模型形式，而是依据不同方面之间的关系，建立不同模型内元素之间的联系，从而在语义上将多个独立的模型描述连接起来。

多视点方法示意图，如图 1-4 所示。

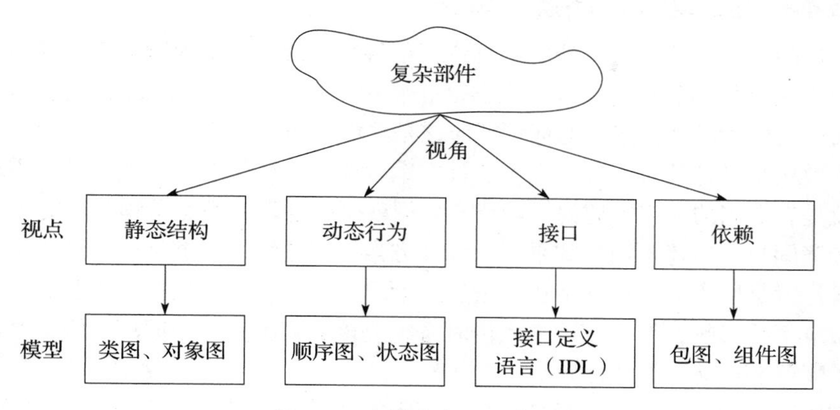


图 1-4　多视点方法示意图

IEEE1016—2009 列举了设计中的常见视点，解释了其相关的设计关注，以及可以使用哪些设计模型进行表达，如表 1-1 所示。

表 1-1　设计视点

| 设计视点 | 设计关注 | 样例设计语言 |
| --- | --- | --- |
| 上下文（context） | 系统服务和用户 | UML 用例图、上下文图 |
| 组合（composition） | 系统的组成和模块化组装，使用的单位包括：子系统、（可插拔）组件、商用购买组件、复用组件等 | 逻辑：UML 包图、UML 组件图、体系结构描述语言、结构图、HIPO 图<br>物理：UML 部署图 |
| 逻辑（logic） | 静态结构（类、接口及其之间的关系）、类型和实现的复用（类、数据类型） | UML 类图、UML 对象图 |
| 依赖（dependency） | 链接、共享、参数化 | UML 包图、UML 组件图 |
| 信息（information） | 持久化信息 | 关系实体图、UML 类图 |
| 模式（pattern） | 模式和框架的重用 | UML 组合结构图（composite structure diagram） |
| 接口（interface） | 服务的定义、服务的访问 | 接口定义语言 |
| 结构（structure） | 设计主体的内部结构和组织 | UML 结构图、类图 |
| 交互（interaction） | 对象之间的消息通信 | 顺序图、通信图 |
| 状态动态（dynamic state） | 动态的状态转移 | UML 状态图、状态转移图 / 矩阵、Petri 网 |
| 算法（algorithm） | 程序化逻辑 | 决策表、JSP、PDL、Warnier 图 |
| 资源（resource） | 资源利用 | UML 实时扩展集（real-time profile）、UML 类图、UML OCL |

## 1.5　软件设计的目标与衡量标准

软件设计是软件工程的一个核心活动，软件设计的目标服从于软件工程的大目标。软件工程的目标是建造一个足够好的软件以解决用户的问题，软件设计的目标简单地说就是完成一个足够好的设计。

这里有个值得深入分析的问题：什么样的设计是好的？假设有两个成本效益比一样的设计方案，如何认定哪个设计方案更好？

## 1.5.1 根本标准：功能、质量、审美

建筑设计师认为好的建筑设计应该具备 3 个特征：效用、坚固和美感。这一点同样适用于软件设计。一个好的软件应该同时具备 3 个特征，也就是之前提及的功能、质量和审美。衡量和比较不同软件设计方案时的标尺就应该是功能、质量和审美。

功能和效用是设计的有用性。一个设计方案解决了某些问题、满足了某些需求、具备某些功能，就是有效用的。简单地说，功能和效用就是软件设计满足了哪些功能需求。

质量和坚固只是表述不同。如果一个设计方案的实施结果能够抵御各种异常情景下的冲击，那么设计就是坚固的。例如，在大量用户请求并发时系统要保持正常状态，在网络发生故障时系统应不受影响，在恶意用户入侵时系统应该能够阻止……简单地说，坚固就是软件设计满足了哪些非功能（质量）需求。

审美和美感是指设计方案自身是否具备一定的特质。具备这些特质，会使得设计方案更易于被人接受。简单地说，审美和美感就是人们看到设计方案会感觉比较清新、愉快。

## 1.5.2 设计目标和衡量标准应用示例

下面通过几个示例来展示一下软件设计方案的衡量标准问题。

### 1. 程序代码示例

图 1-5a、图 1-5b 和图 1-5c 三个设计方案的功能是一样的，都是要在界面上逐次输出“1”到“8”，输出结果为“12345678”。

a）
```
public void printEight(){
    System.Out.printf(“1”);
    System.Out.printf(“2”);
    System.Out.printf(“3”);
    System.Out.printf(“4”);
    System.Out.printf(“5”);
    System.Out.printf(“6”);
    System.Out.printf(“7”);
    System.Out.printf(“8”);
}
```

b）
```
public void printEight(){
    for(int i = 1; i <= 8; i ++){
        System.Out.printf(String.valueOf(i));
    }
}
```

c）
```
public void printEight(){
    printNumbers(1, 8);
}
private void printNumbers(int min, int max){
    for(int i = min; i <= max; i ++){
        System.Out.printf(String.valueOf(i));
    }
}
```

图 1-5 软件设计衡量标准示例一

但这三个方案的质量是不一样的：

- 方案 a 的质量最差，对输出结果的修改会导致程序代码的多处修改，例如修改输出数字范围、在输出数字间添加空格、要求每个输出数字换行等。
- 方案 b 和 c 在碰到修改场景时，质量更好一些，只需要修改一处即可。
- 与方案 b 相比，c 的可修改性又要更好一些，因为方案 c 将输出范围和输出格式做了分

离，修改的定位和影响范围都更加清晰。例如，如果发生了两个修改“输出范围修改为 1 ～ 20”和“格式修改为数字之间加空格，形如 1 2 3…20”，那么 b 方案需要修改两次 printEight 方法，而 c 方案是将 printEight 方法和 PrintNumbers 方法各修改一次，相比之下 b 更容易出现修改后遗症。（本书后面的信息隐藏思想会更好地解释这一问题。）

从美感上考虑：

- 方案 a 的审美最差，因为太多的冗余，让人感觉拖沓。
- 方案 b 和 c 更简洁，看起来更清爽。
- 方案 b 和 c 相比，经过分离的方案 c 的结构更加清晰，更具有美感。
- 方案 b 比 c 更加简洁。

所以方案 b 与 c 在审美的简洁与结构清晰两个维度上是有折中的，需要人们做选择，考虑到还有质量上的区别，人们通常选择方案 c。

### 2. 面向对象示例

以图 1-6 为例，三个设计方案中 init 方法的功能也是一样的，都是为了完成模块的初始化工作，包括自有属性（totalcount、ratio、year、point）的初始化和两个成员变量（FinancialReport、WeatherData）的初始化。

但图 1-6 中的这三个方案在质量和审美上也有明显的不同：

- 方案 a 存在多种逻辑混杂的问题，结构不清晰（不具美感），修改难定位（质量不佳）。
- 方案 b 和 c 的质量和审美都明显好于方案 a。
- 方案 c 在 b 的基础上做了工作分离，所以方案 c 更好一些。

```
Class A{
    private FinancialReport  fr;
    private WeatherData  wd;
    private int totalcount;
    private int ratio;
    private int year;
    private Location point;
    public void init(int ratio, int year, Location address) {
        /*initialization Module*/
        fr=new(FinancialReport);
        wd=new(WeatherData);
        totalcount = 0;
        this.ratio = ratio;
        fr.setRatio(ratio);
        this.year = year;
        point = address;
        wd.setCity(address.getCity());
        fr.setYear(year);
        wd.setCode(address.getPostCode());
    }
}
```

a）

```
Class A{
    private FinancialReport  fr;
    private WeatherData  wd;
    private int totalcount;
    private int ratio;
    private int year;
    private  Location point;
    public void init(int ratio, int year, Location address) {
        /*initialization Module*/
        // initializes master count
        totalcount = 0;
        this.ratio = ratio;
        this.year = year;
        point = address;

        // initializes financial report
        fr=new(FinancialReport);
        fr.setRatio(ratio);
        fr.setYear(year);

        // initializes current weather
        wd=new(WeatherData);
        wd.setCity(address.getCity());
        wd.setCode(address.getPostCode());
    }
}
```

b）

图 1-6　软件设计衡量标准示例二

```
Class A{
    private FinancialReport  fr;
    private WeatherData  wd;
    private int totalcount;
    private int ratio;
    private int year;
    private  Location point;
    public void init(int ratio, int year, Location address) {
        /*initialization Module*/
        initData(ratio, year, address);;
        fr = initFinancialReport();
        wd = initWeatherData();
    }
    private void initData(int ratio, int year, Location
address){
        totalcount = 0;
        this.ratio = ratio;
        this.year = year;
        point = address
    }
    private FinancialReport initFinancialReport(){
        FinancialReport fr = new(FinancialReport);
        fr.setRatio(ratio);
        fr.setYear(year);
        return fr;
    }
    private WeatherData initWeatherData(){
        WeatherData wd=new(WeatherData);
        wd.setCity(address.getCity());
        wd.setCode(address.getPostCode());
        return wd;
    }
}
```

c）

图 1-6 （续）

### 3. 复杂协作示例

图 1-7 中的三个不同设计方案的效用（功能）仍然是一样的，都完成了三个数据保存工作：将配置信息保存到 config.xml 文件、将销售信息和生产信息保存到数据库。

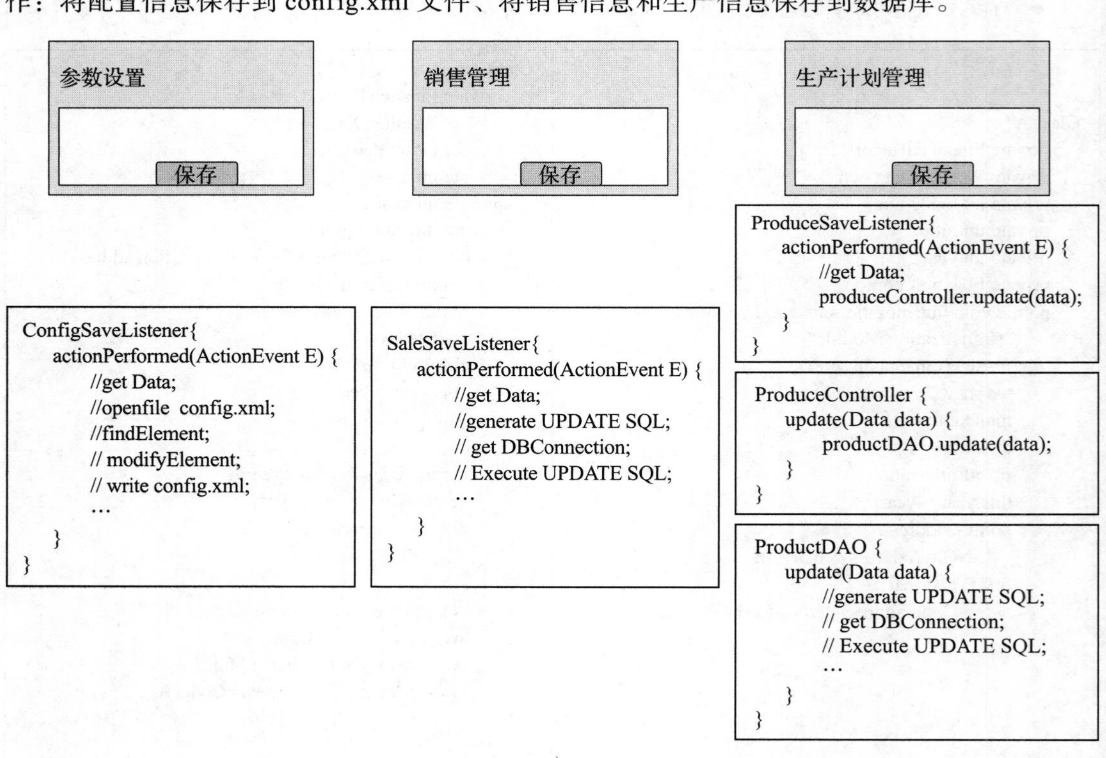


a）

图 1-7 软件设计衡量标准示例三

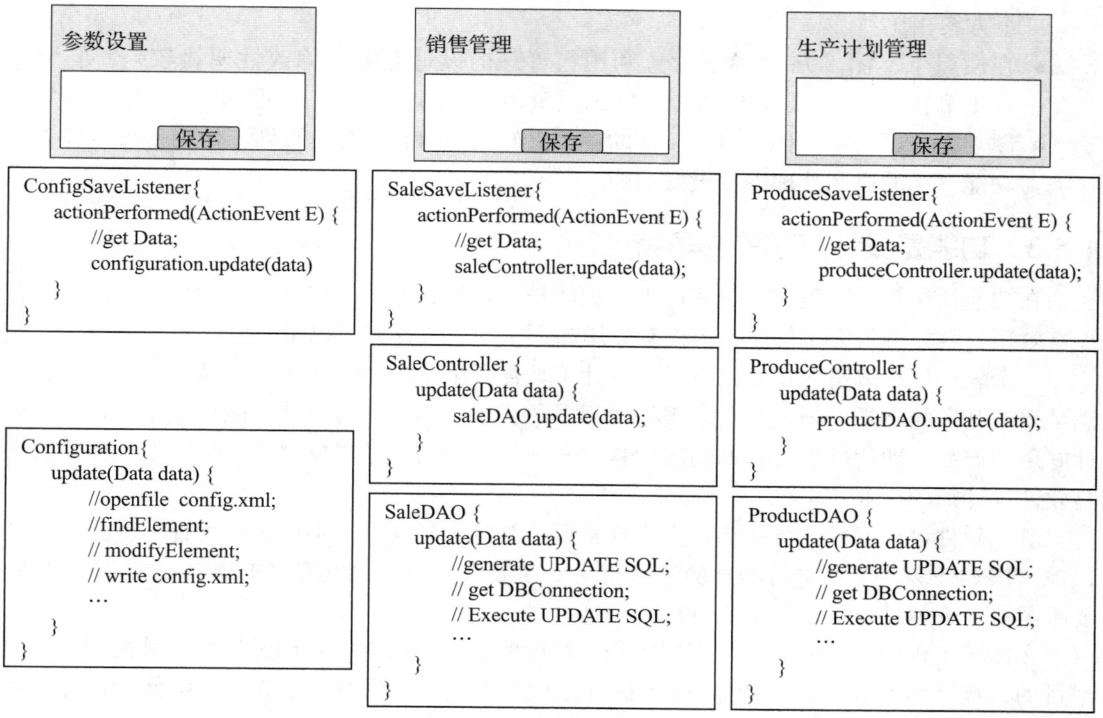

参数设置

保存

```
ConfigSaveListener{
    actionPerformed(ActionEvent E) {
        //get Data;
        configuration.update(data)
    }
}
```

```
Configuration{
    update(Data data) {
        //openfile  config.xml;
        //findElement;
        // modifyElement;
        // write config.xml;
        …
    }
}
```

销售管理

保存

```
SaleSaveListener{
    actionPerformed(ActionEvent E) {
        //get Data;
        saleController.update(data);
    }
}
```

```
SaleController {
    update(Data data) {
        saleDAO.update(data);
    }
}
```

```
SaleDAO {
    update(Data data) {
        //generate UPDATE SQL;
        // get DBConnection;
        // Execute UPDATE SQL;
        …
    }
}
```

生产计划管理

保存

```
ProduceSaveListener{
    actionPerformed(ActionEvent E) {
        //get Data;
        produceController.update(data);
    }
}
```

```
ProduceController {
    update(Data data) {
        productDAO.update(data);
    }
}
```

```
ProductDAO {
    update(Data data) {
        //generate UPDATE SQL;
        // get DBConnection;
        // Execute UPDATE SQL;
        …
    }
}
```

b）

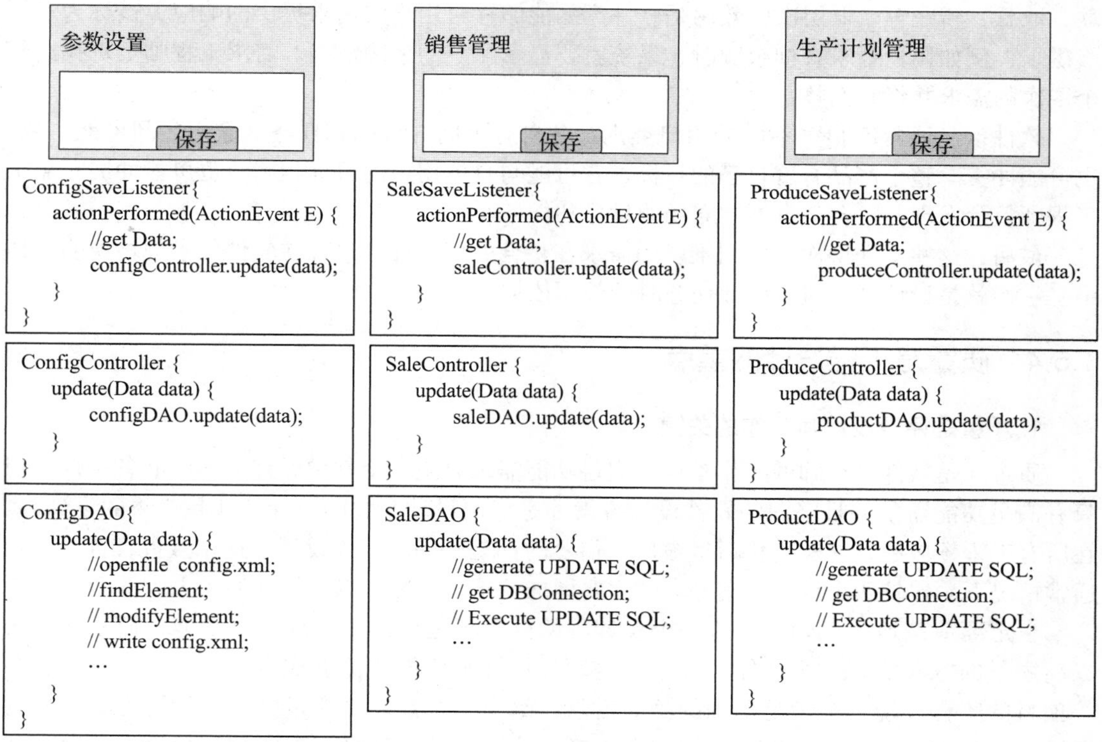

参数设置

保存

```
ConfigSaveListener{
    actionPerformed(ActionEvent E) {
        //get Data;
        configController.update(data);
    }
}
```

```
ConfigController {
    update(Data data) {
        configDAO.update(data);
    }
}
```

```
ConfigDAO{
    update(Data data) {
        //openfile  config.xml;
        //findElement;
        // modifyElement;
        // write config.xml;
        …
    }
}
```

销售管理

保存

```
SaleSaveListener{
    actionPerformed(ActionEvent E) {
        //get Data;
        saleController.update(data);
    }
}
```

```
SaleController {
    update(Data data) {
        saleDAO.update(data);
    }
}
```

```
SaleDAO {
    update(Data data) {
        //generate UPDATE SQL;
        // get DBConnection;
        // Execute UPDATE SQL;
        …
    }
}
```

生产计划管理

保存

```
ProduceSaveListener{
    actionPerformed(ActionEvent E) {
        //get Data;
        produceController.update(data);
    }
}
```

```
ProduceController {
    update(Data data) {
        productDAO.update(data);
    }
}
```

```
ProductDAO {
    update(Data data) {
        //generate UPDATE SQL;
        // get DBConnection;
        // Execute UPDATE SQL;
        …
    }
}
```

c）

图 1-7 （续）

三个方案相比：

- 在质量上，图 1-7a 对参数设置和销售管理的设计方案可修改性明显较差，弱于图 1-7b 和图 1-7c。图 1-7b 和图 1-7c 的质量相当，都有着较好的可修改性和灵活性。
- 图 1-7b 与图 1-7c 相比，图 1-7c 的审美更好，因为它符合一致性：使用了与另外 2 个功能一样的机制处理参数设置功能。

### 1.5.3 功能是设计方案的必备特征

在功能、质量和审美这三个特征中，功能是必备的，但不是充分的。如果一个设计方案没有效用，就完全失去了价值，但仅有效用却不坚固的设计方案也是不可取的。

一个软件设计方案的功能来自产品设计（即需求开发）。软件设计（工程设计）的任务是满足需求开发的结果——软件需求规格说明书的要求，不需要再设计功能与效用。所以，设计好用的产品，即让软件有好的功能设置——开发出好的软件规格说明，是需求工程师而不是软件设计师的任务。

既然软件设计师的任务是满足需求规格而不是开发新功能，那么软件设计师就要时刻谨记需求跟踪任务，不要进行额外的镀金行为。如果软件设计师发现需求规格可能存在问题，要跟需求工程师进行反馈，不要自行处理。

在需求工程中，功能需求是多层次和多维度的。最高层次的效用是软件产品被开发的战略目的，被称为业务需求，例如 ATM 提升银行工作效率、降低人工成本、降低储户交易成本等。中间层次的效用是软件产品能够帮助用户完成的具体任务，被称为用户需求，例如存款、取款、转账等。低层次的效用是软件产品能够针对用户的请求提供的响应，被称为系统级需求，例如用户请求查询余额时，系统就要显示账户的余额数据。需求工程师负责找出各个层次的需求并将它们整合。

软件产品通常有很多不同的用户类别，各自有不同的目标和任务，它们之间可能一致，也可能冲突。整个产品有着自己的目标，它可能与具体用户的目标相一致也可能冲突。需求工程师负责发现并整合来自不同立场的目标和任务。

最后，这些不同层次、不同维度的需求在整合处理后都会出现在软件需求规格说明文档中。它们就是设计师在执行设计任务时的效用依据。

### 1.5.4 质量是工程设计的重点

#### 1. 质量是评价设计师工作的关键

质量才是软件设计师的工作重点。满足功能需求只是一个软件设计方案的必备条件，但只有满足功能需求并且坚固的软件设计方案才是好的设计，它的设计师才是优秀的设计师。在所有工程领域中，能够流传后世被广为借鉴的都是坚固的工程设计，这一点毋容置疑。在通常情况下，比较两个设计方案好坏的主要标准就是坚固性，以质量高的一方为佳。

一定要清楚地认识到，评价一个设计师的标准不是他能否实现一个功能，而是他能否以高质量的方式实现一个功能。一个好的软件设计师应能够依据成本、人力、时间、资源等项目的工程环境，为满足明确的功能需求，给出一个足够高质量的软件设计方案。软件设计相关的理论、方法、技术、原则等也都是为了提升软件设计方案的质量而得以存在和传播的。

### 2. 软件设计要满足哪些质量

软件产品的质量是多维度的。系统为满足显式的及隐含的要求而需要具备的要素称为质量。为了度量一个系统的质量，人们通常会选用系统的某些质量要素进行量化处理，建立质量特征，这些特征称为质量属性。为了根据质量属性描述和评价系统的整体质量，人们从很多质量属性的定义当中选择了一些能够相互配合、相互联系的特征集，它们被称为质量模型。IEEE1061-1992 和 ISO/IEC 9126-1（参见附录）定义了软件系统的质量模型。

从 IEEE1061-1992 和 ISO/IEC 9126-1 的质量模型可以看出，虽然实质内容基本相同，但人们对质量特征的选择和定义存在着很大差异。除此之外，对于不同的软件系统来说，其关注的质量属性也是不同的，通常只是整个质量模型中的一个子集。

### 3. 常见的质量要求

实践中最为常见的质量属性是易用性、可维护性、性能、可靠性和灵活性等，如图 1-8 所示。

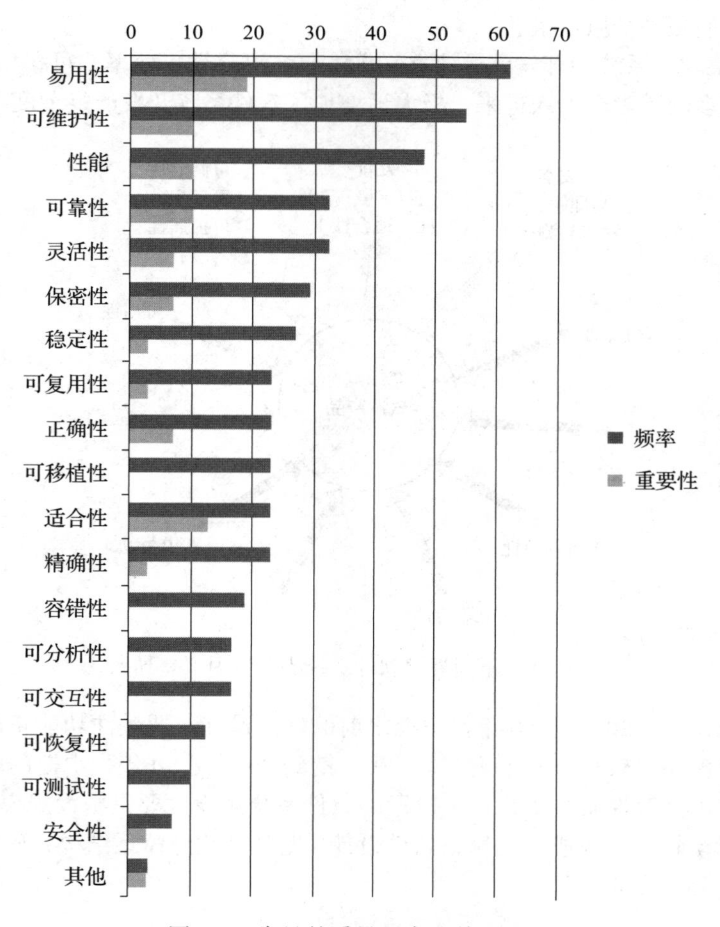


图 1-8　常见的质量要求及其重要性

### 4. 不同规模软件系统的质量差异

大型软件系统与小型软件系统在复杂度上有质的不同，影响它们复杂度的因素有着很大的区别。以建筑为例，如果建筑者的任务是搭建一面临时性的墙壁，那么其复杂度主要取决于墙壁预期的功能用途。但是如果建筑者需要盖一个平房式的普通民居，那么除了功能用途之外，坚固性、成本等因素也会影响工程的复杂度。如果建筑者的任务是建成一栋几十层的大厦，那么防火、抗震、通风、采光、周围环境、工期等更多的因素都会加入进来，影响工程的复杂度。如果要建立另一个迪拜塔，那么气流、时间差等也会成为影响复杂度的因素。

与建筑同理，不同规模软件系统的质量因素是不同的，主要可以分为三个层次（如图 1-9 所示）。

1）开发一个只需要五六个类和近千行代码的软件就像搭建一面临时性墙壁，能够正确、精准实现适合的功能即可。本书后面将这些与功能性相关的质量统称为正确性，不再细分正确、精准和适合。

2）开发"以应用为中心"的中大规模软件系统就像盖一个平房式的普通民居，成本和可修改性等因素也会成为软件开发时需要面对的问题。成本取决于软件系统的易理解、易开发和易测试性。可修改性与可复用性、可扩展性和灵活性通常正向变化，升则同升、降则同降，可以认为它们是一个质量组。

3）大型复杂软件系统的开发就像建立一栋大厦，可靠性、效率、可移植性、市场特性、人员与分工等更多的因素会加入进来，极大地增加了软件系统开发的复杂度。

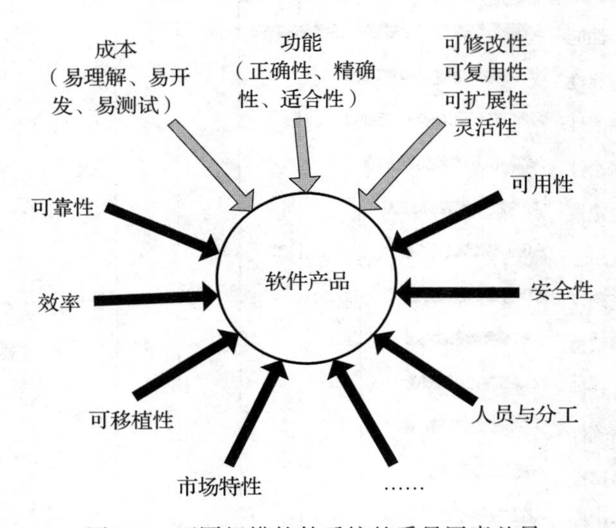


图 1-9　不同规模软件系统的质量因素差异

按照软件规模计，20 世纪 70 年代中期之前的软件设计主要关注功能正确性质量集，当时的软件系统规模还比较小。20 世纪 70 年代中期到 20 世纪 90 年代中期的软件设计主要关注成本质量集和可修改性质量集，这个阶段的软件系统规模主要是中大规模。20 世纪 90 年代中期之后大规模软件系统成为主流，软件设计（尤其是软件体系结构）开始关注安全、可靠、性能等更复杂的质量因素。

### 1.5.5　审美是超越合格达到优秀的路径

设计的"工程性"主要体现为对高质量的追求，设计的"艺术性"则主要体现为对审美的追求。优秀设计师的作品应该是功能和质量兼备的，卓越设计师的作品还应该是有美感的。

人们会认同伟大的工程作品都是有美感的，却很难给美感下一个准确的定义。常见的设计美感特质有：简洁性、结构清晰和一致性。

### 1. 简洁性

对于人类来说，处理复杂事物并不是一个轻松的工作。反过来说，人们更适应掌握简单的事物。简洁就是在完成一个工作时使用简单的方式。

简洁不是绝对的简单，因为毕竟还需要完成工作。但在完成工作的诸多选择中，最简单的那个就是简洁的。

复杂的事物更容易让人们困惑，更容易产生不安全的后果，更容易激发人们的消极情感。简单的事物很容易掌控，让人们感觉安全，更容易激发人们的积极情感。所以简洁被认为是具有美感的。

例如，为一个简单的事情写绕来绕去的代码，晦涩难懂，就绝非优雅的设计，因为它让读者难以产生对代码正确性的掌控力，难以对设计师产生信任；反之，使用简单明了的语句实现功能则是优美的，因为程序易懂，读者可以很有把握地相信代码会产生良好的效果。再例如，使用一大段的代码表达某个功能是复杂的，相比之下使用一个简单的函数接口表达同样的功能就是简洁的，因为阅读和理解更容易。

实现简洁的首要要求就是能够从纷乱复杂中直击事物本质，能够去芜存菁，具备良好的归纳、总结和概括能力。例如，图 1-5b 就归纳和提升了图 1-5a 中的多条代码。

实现简洁还需要学会隐藏细节：提取简洁的表现，将复杂的现象隐藏于表现之后。好的隐藏是自然的归纳，会留下发现的痕迹和线索，不至于显得过于生硬。例如，将一段复杂的代码包装为一个简单的函数接口就是一种隐藏，包装过程符合语义内聚分割就是自然的归纳，机械地规定将每 50 行代码封装成一个函数就过于生硬了。

总结上述两条可以发现，抽象是实现简洁的理想手段：首先，抽象可以去除无关信息，识别事物本质；其次，抽象将认知停留在适当的层次，屏蔽底层的差异。

### 2. 结构清晰

结构清晰是简洁性的另一种表现，与简洁性有着同质的原理。

简洁性是针对单个事物而言，最为简单的实现方式。结构清晰是指针对一个组织结构而言，最为简单的组织结构。

结构清晰的组织方式易于理解，一眼看去“显而易见是正确的”。最为清晰的结构应该是隐喻的，是自然的，是理所当然的。

可以用一个事例说明“隐喻”：要从一个杂乱的房间中找到一个物件，对于外人来说困难无比，但是房间的主人却易如反掌，其中的区别在于房间主人的脑海中有一个房间的布局图，此即为隐喻。

例如，冒泡排序就是排序算法中最清晰、最自然的，从大到小逐个点名的方式最符合自然“隐喻”，相比之下快速（希尔）排序就不够自然［当然冒泡排序的坚固性（性能）不足］。又如使用堆栈接口（pop、push）表达后进先出结构就是自然的，它符合自然“隐喻”，相比之下使用数组（每次存取都指向数组最后一位）就不够自然。再例如，使用结构化方法的逐步精化、逐层分解方法建立的模块结构就是清晰的，大大促进了软件正确性的提升，反之没有任何规划纯粹堆积代码而成的结构就不够清晰。

面向对象方法和结构化方法相比，结构化方法建立的设计结构更加清晰，只是出于对坚固性（主要是可维护性）的考虑，人们才更多地使用面向对象方法。人们越来越多地在面向对象设计中抽取出类似于结构化设计的控制层（controller）也是为了更多地实现结构清晰。

#### 3. 一致性

一致性又被称为概念完整性（conceptual integrity），就是要求用相似的方法做相似的事情。

一致性比较重要是因为人们喜欢规律而不是杂乱无章的世界。在杂乱的世界中人类无法预测下一刻的事件，更无法掌握和驾驭事件。所以，人类在认识世界的过程中，总是在不断地追求规律性。科学家称规律性为美感，而对称则是最大的美感。在对称的世界中，人们只要看到了一面，就可以推测另一面，很多事情都会变得容易。

具有一致性的系统设计就是一个具有对称美的世界，人们只要掌握了一个设计的思想，就可以很好地预测其他类似设计的思想。而很多不协调片段组成的系统设计就是一个杂乱无章的世界，它阻碍人类对它的预测和掌控，人们需要花时间去分析每一个设计决策，否则永远无法理解和掌握下一个设计的思想。

以建筑为例，假设有两个建筑群，一个由欧美式、中式、拜占庭式等各种不同风格的建筑组成，另一个是由完全相同风格的建筑组成。相比之下，即使第一个建筑群的每个建筑都比第二个建筑群的单个建筑出色，整体效果上也是第二个建筑群更具美感。这正如Brooks（1975）[⊖]所说的："设计的一致性和那些独到之处一样，同样让人们赞叹和喜悦。"

Brooks首先在软件系统设计中明确提出了一致性（概念完整性）规则："我认为概念完整性是系统设计中最重要的考虑因素。一个为反映一组设计思想而省略不规则特性及改进的系统，要好过一个包含很多虽然好但独立、不协调的设计思想的系统。"也就是说系统设计的首要原则是要反映一致的设计思想，很多好但不协调的片段集合起来并不一定就是一个好的整体。

### 1.5.6 软件设计的结果是一种折中与妥协

一个软件设计想在所有质量维度上都达到极致是很难做到的，甚至是不太可能做到的，因为软件设计的结果本身就是一种折中与妥协。

#### 1. 足够好

理论上，设计方案的质量越高越好，但在实践操作中还是要视工程环境而定。一方面，质量提升往往意味着建造成本的增加，但效益未必有非常明显的改善，所以出于对成本效益比的考虑，人们并不追求最好的质量而是足够好的质量。另一方面，质量有很多维度，它们之间有一些会互相冲突（例如安全性的提升可能会导致性能下降，性能改善可能会牺牲未来的可修改性，等等），选择提升哪些质量维度、牺牲哪些质量维度还要视具体工程情况来加以确定，这也是需求分析中要确定非功能需求的原因之一。

人们在实践中追求的是足够高质量的设计方案，而不是最高质量的设计方案，甚至可能根本就不存在最高质量的设计方案。足够高质量的基本要求是设计方案质量能够满足非功能需求，额外要求是在不恶化成本效益比的情况下尽量提升质量效果。

#### 2. 没有完美

设计师不仅需要在多质量维度之间取舍，还需要在功能、质量与审美三种特质之间进行

---

⊖ BROOKS F P, 1975. The mythical man-month: essays on software engineering [M]. Boston: Addison-Wesley.

折中和妥协。

用户、客户、产品经理、需求工程师等代表用户立场的人会要求产品有最出色的效用表现，但是实践中常常是打折扣的。例如，买火车票的人希望 12306 网站的购票功能最简单——一键购票，但工程师却不得不为了安全考虑让购票过程有些复杂。又如用户总希望能够一次看到所有的数据，但工程师却不得不因为性能因素将数据逐步展示。功能虽然不可或缺，但却常常会因为质量的考虑而打折扣。反之，为了更好的功能表现而在质量上打折扣的情况也并不鲜见。所以，功能与质量之间是要折中和妥协的。

审美与质量在大多数情况下是相互促进的，简洁、结构清晰、一致都可以极大地提升设计的易开发、可修改、可扩展、可复用等质量。但它们之间也可能会发生冲突，例如为了提高可修改性会将简单结构复杂化（策略模式），为了实现可扩展性将清晰结构模糊化（装饰模式），为了实现灵活性破坏一致性（桥接模式），等等。

总之，没有完美的设计方案，只有足够好的设计方案，它是在功能、质量（尤其是多质量维度之间）、审美之间折中和妥协的结果。

## 1.6　外部表现与内部结构

### 1.6.1　软件设计的重点是坚固、优雅的内部结构

软件设计不是一次性的活动，设计师需要逐层处理，渐进完成设计方案。这使得每一次的软件设计都要兼顾设计对象的外部表现和内部结构。

外部表现是从外部（黑箱）所观察到的一个设计对象或其部件的行为，通常更简洁、抽象。内部结构是从内部（白盒）所观察到的设计对象或其部件的组元结构，通常更具体、复杂。

对于一次软件设计任务来说，外部表现是事先指定、必须满足的，更多地体现效用因素。内部结构是需要设计师自行建立的，是设计师的主要工作内容，更多地体现坚固因素。外部表现和内部结构都需要美感，但外部表现更需要简洁，内部结构更需要结构清晰，二者都需要一致。

以收音机为例（如图 1-10 所示），左图是它的外部表现，简洁明了；右面两个图是它的内部结构，更复杂、细致。很明显，内部结构才是决定一个收音机坚固性的关键，通过外观是无法判定其坚固性的。

外部表现

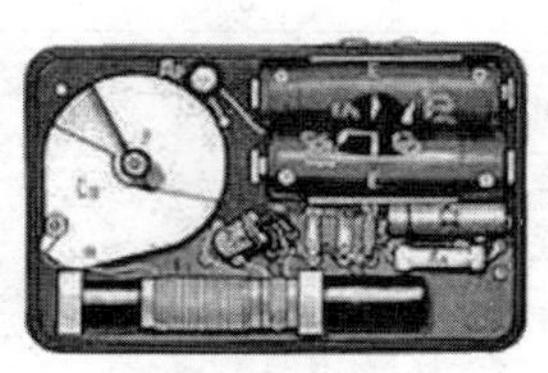

内部（物理）结构

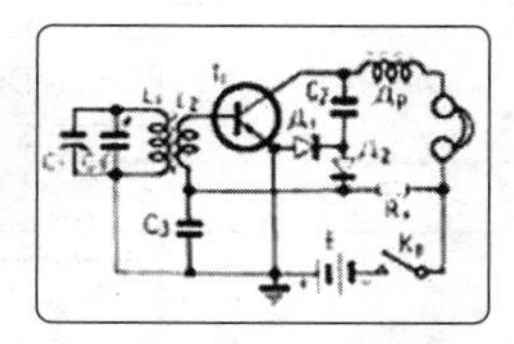

内部（逻辑）结构

图 1-10　收音机示例

### 1.6.2　外部表现和内部结构的区分示例

下面通过 3 个示例来说明外部表现与内部结构的区别。

**1. 模块设计**

为一个单机版超市销售系统进行模块设计，基本功能有：销售处理、退货、商品出 / 入库、销售数据统计分析。

这里的基本功能需求（销售处理、退货、商品出 / 入库、销售数据统计分析）就是模块设计方案的对外表现，如果不能认识到内部结构不同于外部表现，那么很容易就会得出图 1-11 的模块设计，它为每一个功能都设计了一个独立的模块。

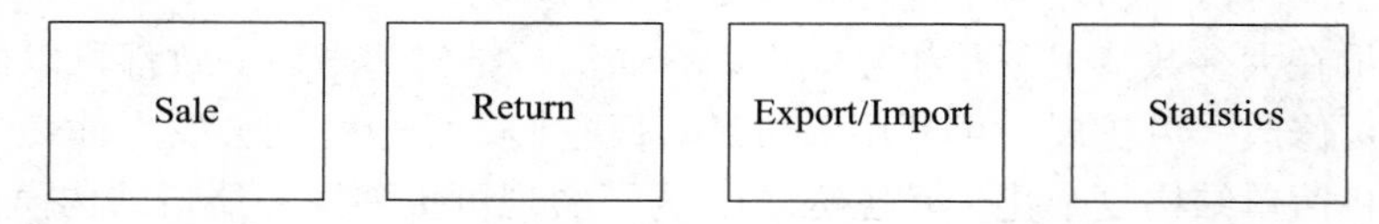


图 1-11　外部表现与内部结构示例一（1）

内部结构要考虑坚固性，但很明显图 1-11 的设计方案根本没有坚固性可言。相比之下，图 1-12 的方案使用了分层风格，设计了固定的层间接口，使得 View、Logic 和 Data 三个层次相对独立，就有了更好的可修改性和可复用性。在图 1-12 方案的 Logic 层和 Data 层，不同模块之间为了消除重复冗余而增加了相互依赖，虽然结构更复杂，但提高了可维护性。

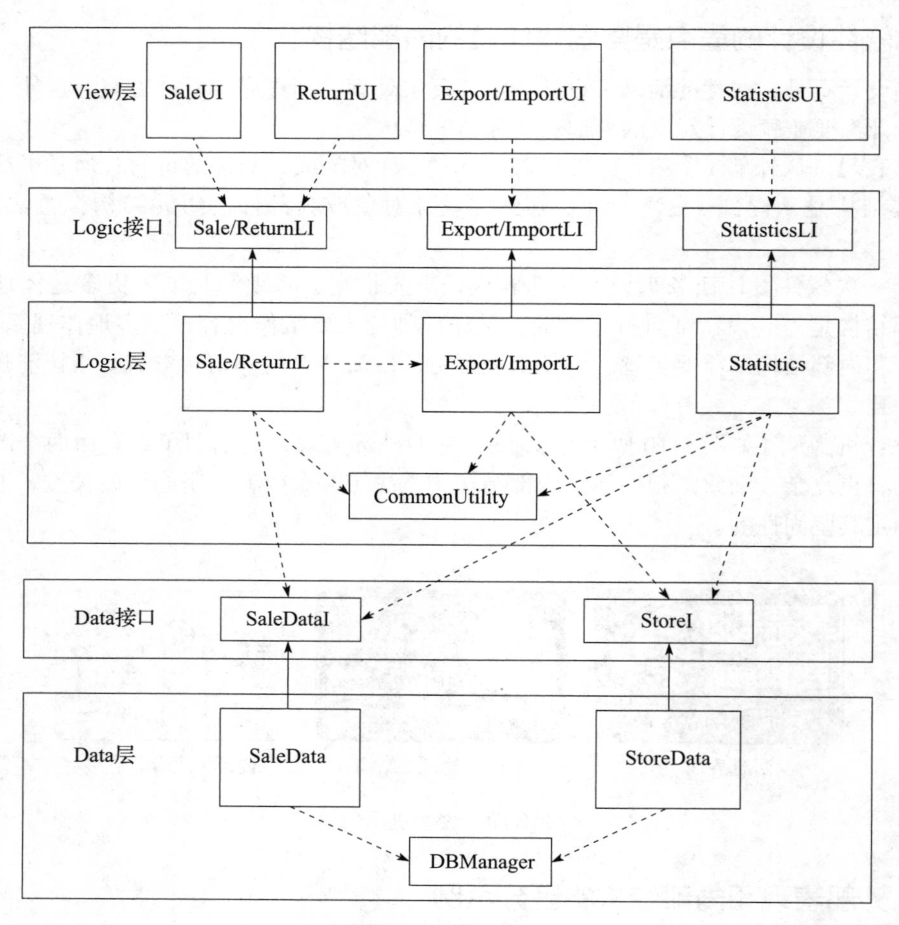


图 1-12　外部表现与内部结构示例一（2）

很明显图 1-12 的设计方案是更好的设计，因为它并不仅仅满足了外部表现的要求，还考虑了内部结构的坚固性。

### 2. 类结构设计

为入库管理进行面向对象静态结构设计：已有库存商品存储在文件 FF.dat 中，用户在界面上输入入库商品和数量，系统增加 FF.dat 中相应商品的数量。

如果直接、线性地反映功能要求，那么得出图 1-13 的设计方案是比较自然的。在图 1-13 的方案中，在界面接受用户请求后，直接调用 Store 类的 add 方法，add 方法负责操纵 FF.dat 文件，把数据增加情况写入文件。

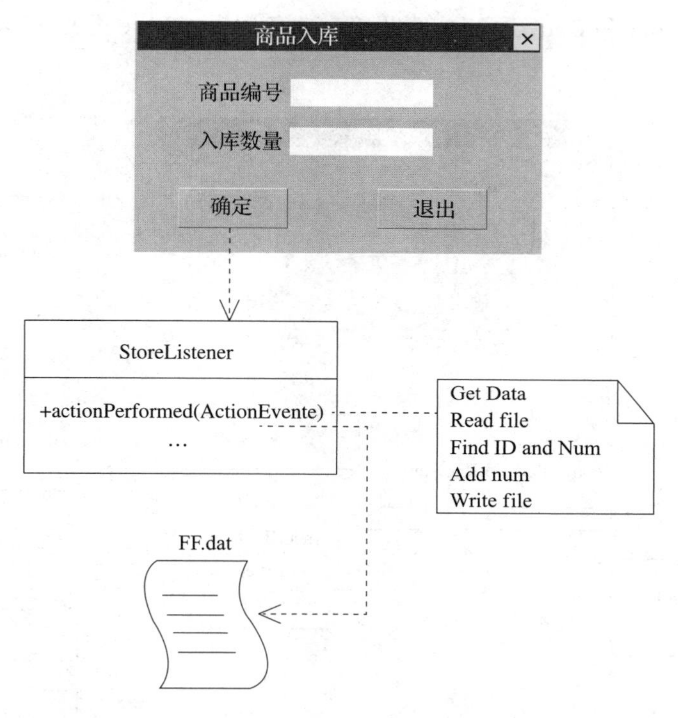


图 1-13　外部表现与内部结构示例二（1）

图 1-13 的设计方案在质量上乏善可陈，它的界面、业务逻辑（数据增加逻辑）、持久化（读写 FF.dat）三个方面的代码是混在一起的：

- 复用时，要三个方面一起复用，难以将其中一个方面（例如持久化）独立出来复用，可复用性差。
- 如果三个方面中的一个需要修改，难免会影响到其他两个，可修改性差。
- 如果三个方面中的任意一个需要灵活性，例如多个界面使用相同的业务逻辑或者数据持久化到多个不同的文件，方案难以实现，灵活性和可扩展性差。

相比之下，图 1-14 的设计方案是更加坚固的。图 1-14 的设计使用了典型的设计方法：

- 界面、业务逻辑（Store 类）、持久化文件都得到了分割处理。
- 将控制逻辑独立封装为 Controller，实现了界面和业务逻辑的解耦合，二者可以独立变化。

- 将持久化职责封装为 StoreDao，实现了业务逻辑和持久化的解耦合，二者可以独立变化。
- Controller 和 Dao 还可以使用接口方法，被设计得易于调整。

因为进行了解耦合处理，所以图 1-14 的设计方案有更好的可扩展性、可修改性和可复用性：

- 界面、业务逻辑（Store 类）、持久化都很容易独立复用，调整相关的 Controller 和 Dao 即可。
- 界面、业务逻辑（Store 类）、持久化都很容易修改，不影响接口的情况下完全没有修改副作用，即使修改影响了接口也仅仅是调整 Controller 和 Dao 即可。
- 调整 Controller 和 Dao，可以实现界面、业务逻辑（Store 类）、持久化的灵活性和可扩展性。

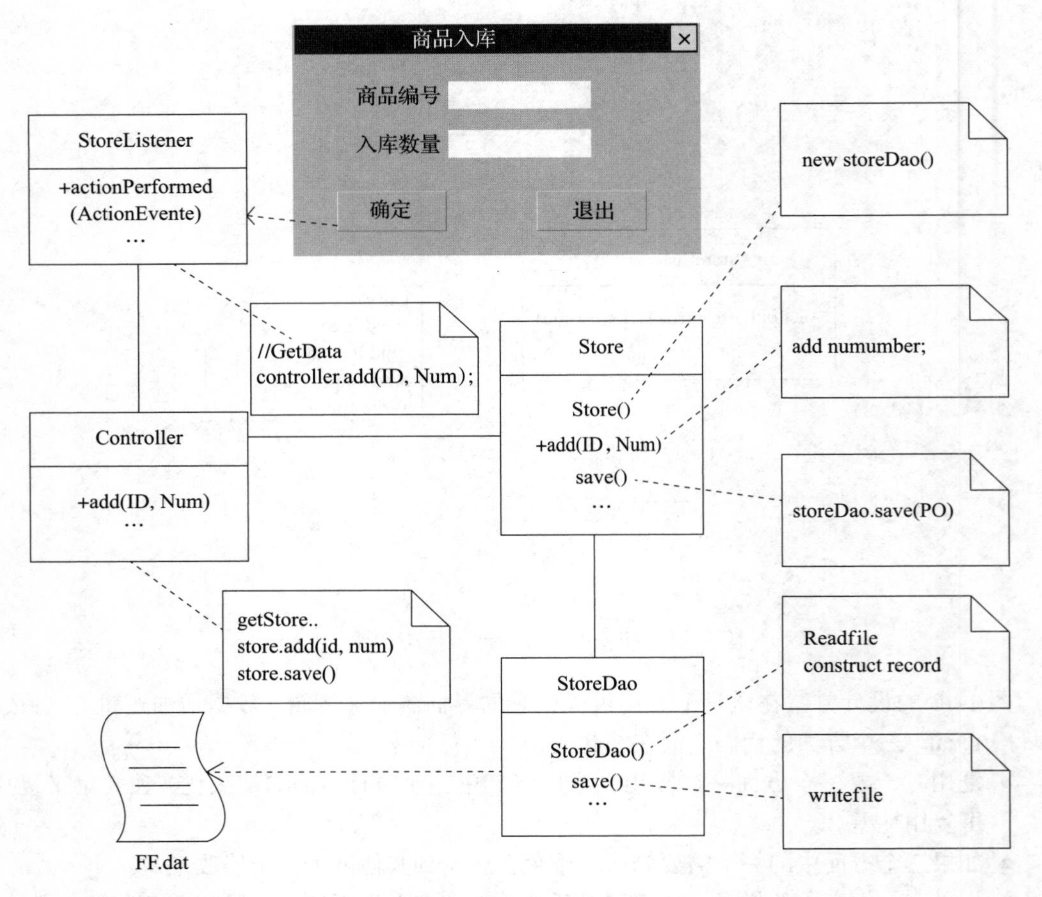


图 1-14 外部表现与内部结构示例二（2）

### 3. 程序设计

将 1 ～ 7 数字转变为“星期一”～“星期日”字符串。

一个比较直观的程序实现如图 1-15 所示。但是这个实现中使用了多项条件分支，是一个可维护性较差的方案。

```
String getWeekDay(int i){
    switch (i) {
        case 1: return " 星期一 ";break;
        case 2: return " 星期二 ";break;
        case 3: return " 星期三 ";break;
        case 4: return " 星期四 ";break;
        case 5: return " 星期五 ";break;
        case 6: return " 星期六 ";break;
        case 7: return " 星期日 ";break;
        default: { System.Out.println("error"); return "";}
    }
}
```

图 1-15　外部表现与内部结构示例三（1）

需要专门说明的是，多项分支条件都会被认为可维护性不佳。在维护工作中，如果修改涉及分支条件，就可能会因为判定条件维护不善而出现修改错误或者连锁副作用。例如：i 值从 1 ～ 7 修改为 0 ～ 6，那么就需要对 getWeekDay 方法内的每一个分支都做条件修改，只要有一个分支条件修改时不慎出错，就会带来修改错误。

另一个可以帮助判定多项分支条件质量不佳的是方法的复杂度度量指标：圈复杂度。圈复杂度与方法代码内部的分支数成正比，圈复杂度越高，代码质量越低。如果方法内部有多项分支条件，圈复杂度就会高，质量会低。

图 1-16 是一个可维护性更好的设计方案，它使用了表驱动的编程方法，它的圈复杂度大大降低了，质量提升了。图 1-16 的方案使得程序更不易读（分离了数据和逻辑），但更易于修改和复用（消除了多项条件分支）。

```
String getWeekDay(int i){
    String weeksDay[] ={" 星期一 "," 星期二 "," 星期三 "," 星期四 "," 星期五 "," 星期六 "," 星期日 "};
    If(i>7|| i<1){
        System.Out.println("error");
        return "" ;
    }

    return weeksDay[i-1];
}
```

图 1-16　外部表现与内部结构示例三（2）

综合上述 3 个示例，作为一个设计师要时刻谨记：设计师的主要任务是针对给定的外部表现要求，构造一个坚固、优雅的内部结构，虽然很多时候内部结构可以简单到与外部表现基本相同，但不要想当然地直接将外部表现映射为内部结构。

## 1.6.3　抽象、分解与层次结构

区分外部表现与内部结构的实质是正确运用抽象和分解思想。

### 1. 抽象与外在表现

抽象是一种观察事物时归纳共性认知而忽略差异细节的方法。抽象是对一个系统的简单描述或指称，强调了系统某些细节与属性的同时抑制了另一些细节与属性。好的抽象强调了对读者或用户重要的细节，抑制了那些至少是暂时的非本质细节或枝节。抽象关注了一个事物的外部表现，可以用来分离事物的基本行为、实现等内部结构，如图 1-17 所示。

例如，在定义函数 / 方法时，接口就是一种抽象，表达了函数 / 方法的功能，是外部表现，函数 / 方法的具体程序代码实现是被分离并隐藏起来的内部结构。在定义类时，类的对外接口就是抽象和外部表现，类的成员变量和成员方法的具体程序代码是被分离和隐藏起来的内部结构。在定义一个模块时，导入 / 导出接口集体表达了一种抽象和外部表现，模块所包括的所有子模块、类及其他抽象实体单位的组织细节是模块被分离和隐藏起来的内部结构。

**2. 分解与内部结构**

分解是人们处理复杂问题的另一个重要方法。如图 1-18 所示，分解是将一个复杂事物分割为多个简单部分的组合，将一个复杂事物的理解转换为多个简单事物及其之间关系的理解，通过分而治之，将复杂问题简单化，寻找解决方案。

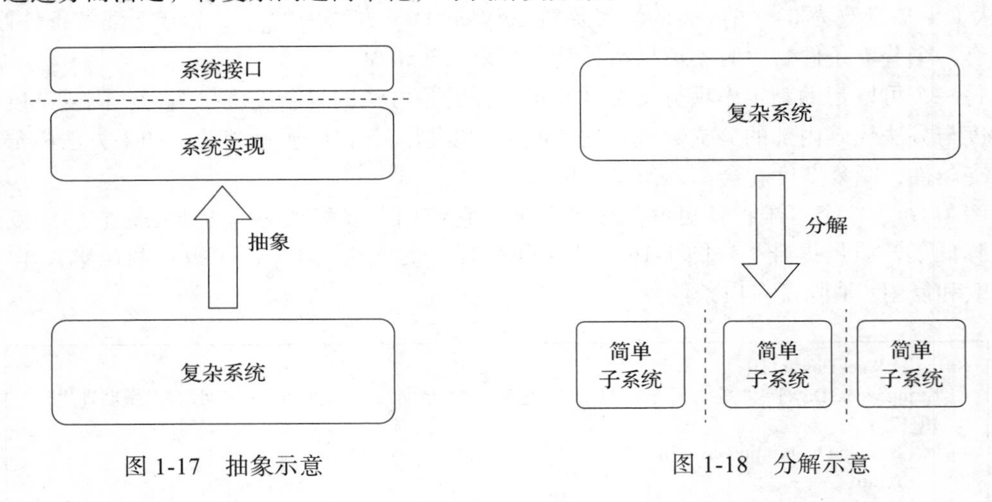


图 1-17　抽象示意　　　　图 1-18　分解示意

例如，在处理复杂的模块内部实现时，可以将模块内部分解为多个子模块或者多个类的协作，然后再逐一处理子模块和各个类，这样要比直接处理整个模块容易得多。在处理类的内部实现时，可以将复杂类分解为多个私有类的组合，将复杂公有接口分解为多个私有接口的组合，处理这些私有类和私有接口都比处理原来的复杂类和复杂接口容易得多。在实现复杂代码时，将代码分解为多个块，处理这些块比处理整个代码要容易得多。

**3. 层次结构**

在处理非常复杂的事物时，一次性的抽象和分解往往不能解决问题，这时人们就会在多个层级上逐次进行抽象和分解的组合应用，建立层次结构，如图 1-19 所示。

软件设计中人们常常会面对非常复杂的问题，就自然会形成层次结构。在每一个层次上，如果忽略了抽象的作用，认识不到外部表现的简洁性，就会把复杂的内部结构不适宜地暴露给外部，降低了上一层次的可理解性。如果忽略了分解的作用，认识不到内部结构的复杂性，就会简单地按照外部表现的形式构造内部，产生不坚固和没有美感的实现。

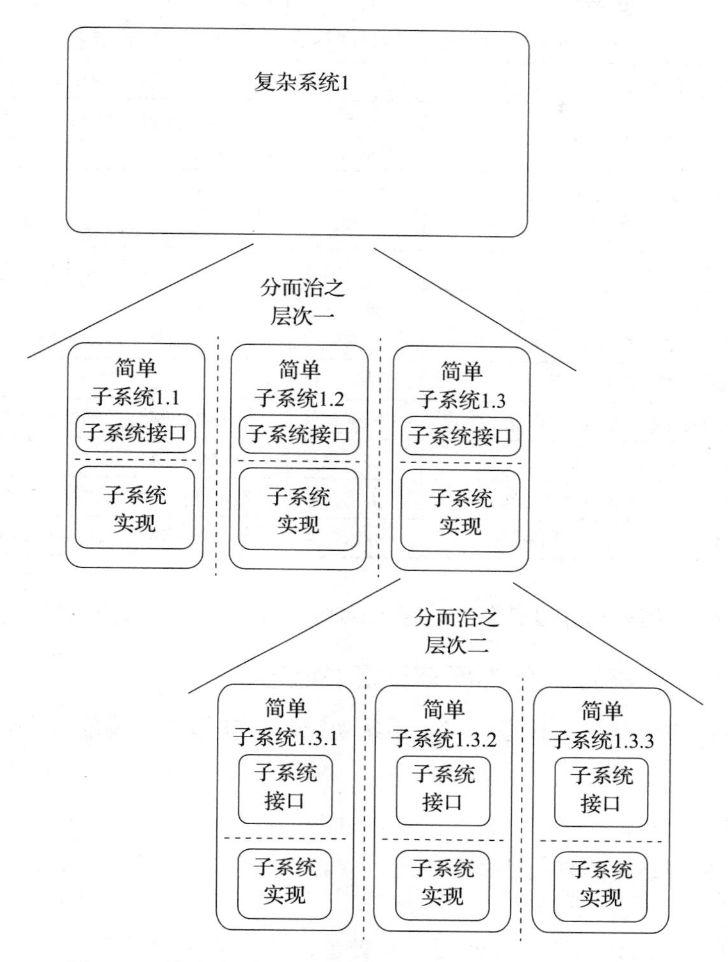


图 1-19　抽象和分解多层次组合形成的层次结构示意图

### 1.6.4　常见的设计对象及其外部表现和内部结构

常见的设计对象及其外部表现和内部结构如表 1-2 所示。

表 1-2　常见的设计对象及其外部表现和内部结构

| 设计对象 | 外部表现 | 内部结构 |
|---|---|---|
| 整个系统 | 功能需求 | 模块结构 |
| 模块 | 模块接口（承载的需求） | 类结构 |
| 类 | 类的接口（承载的职责） | 成员变量 + 方法 |
| 数据结构 | 实体 / 概念 | 类型存储与访问 |
| 代码 | 算法接口（IN、OUT） | 数据与代码组织 |

在抽象的不同层次上，对不同粒度的目标对象进行设计时，要注意区分外部表现与内部结构，不要想当然地将外部表现直接映射为内部结构。在进行每一个层次的设计时，都要提供简洁的外部表现，构建坚固、美感和复杂的内部结构，详细情况如表 1-3 所示。

表 1-3 在设计常见对象时区分外部表现和内部结构

| 设计对象 | 未区分的思路 | 加以区分的思路 |
| --- | --- | --- |
| 整个系统 | $N$ 个功能→ $N$ 个（子系统）模块 | 功能、非功能需求、环境与约束、设计原则等共同决定（子系统）模块结构 |
| | 界面上看到系统内部结构 | 界面上显示用户任务 |
| 模块 | $N$ 个职责（信息维护）→ $N$ 个类 | 综合考虑高内聚、低耦合、面向对象设计原则等重构类结构 |
| | 对外暴露所有类结构 | 定义模块导入 / 导出接口，隐藏内部类结构 |
| 类 | $N$ 个接口→ $N$ 个方法<br>围绕方法组织成员变量 | 抽取重复代码、分解复杂方法<br>依据职责抽象设计数据类型，并重构方法 |
| | 把成员都定义成公有 | 封装，信息隐藏 |
| 数据结构 | 逻辑特征组织数据及存储 | 依据其使用、读写特点构建存储结构和数据表达 |
| | 对外暴露存储结构 | 公开操纵接口，隐藏存储结构 |
| 代码 | 视 IN、OUT 差异组织代码 | 依据质量要求重构代码 |
| | 现代语言版的汇编程序 | 算法分解，函数 / 方法定义，块结构使用，管理数据 |

下面我们逐个详细解释在设计各个对象时如何区分外部表现和内部结构。

### 1.6.5 设计整个系统时区分外部表现和内部结构

在为整个系统进行整体结构设计时，系统功能需求就是其要满足的外部表现，子系统、模块划分及其结构是其内部结构。

#### 1. 内部结构

如果忽视了内部结构的复杂性和坚固性，就容易产生 $N$ 个功能→ $N$ 个（子系统）模块的错误设计思路。

如果认识到内部结构还要考虑坚固性和美感，那么非功能需求、环境与约束都会成为（子系统）模块结构的塑造因素。例如：

- 为了安全性需求增加安全验证模块。
- 为了错误诊断增加日志模块等。
- 为了交互界面的灵活性分离界面和业务逻辑。
- 为了数据持久化的灵活性分类业务逻辑和数据持久化。
- 为了高性能封装实时算法。
- 为了可修改性，寻找功能实现的重复冗余和关联依赖重构（子系统）模块结构。

#### 2. 外部表现

如果忽视了外部表现的抽象和简洁性，就会将系统内部的功能分解提供给用户使用，用户在界面上看到系统的分解结构和方法接口，导致低易用性。

如果认识到外部表现需要简洁和抽象，就会根据用户任务需求进行功能整合，让界面上出现用户最想看到的任务。

例如，图 1-20 是一个压缩软件的界面，很明显它是根据其内部方法设计的——新建压缩、更新压缩、解压三个方法，于是在界面上设置了三个选项。对比一下市场的主流压缩软件，就可以发现它们在易用性上的鲜明区别。

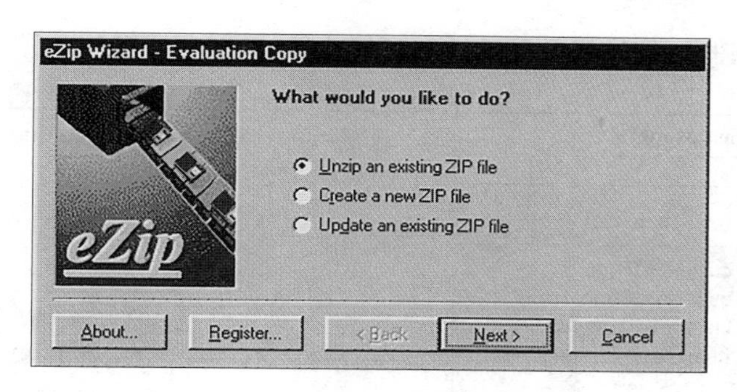


图 1-20　依据内部结构设计外部表现示例

又如，用户修改密码这一常见场景。在设计上，通常会存在一个用户类 User，它有一个属性是密码 password，相应的有一个方法 setPassword()。如果按照这个内部结构设计交互，那么用户修改密码的界面操作过程是：找到“个人信息管理（维护 User 类）”→信息编辑或者信息修改→修改密码。如果按照用户的功能任务（外部表现）来设计交互，那么“修改密码”会比“个人信息管理”更常用，所以“修改密码”的界面位置应该超过“个人信息管理”，或至少是同级的位置。

再例如，学校新生报到时，要在多个部门登记个人信息，这些部门包括：校园出入管理、教务、图书馆、财务、宿舍管理等。在软件系统中，这些不同的部分是不同的用户，会被设计成不同的子系统和模块。如果按照软件的内部结构划分来设计交互，那么就需要学生分别在校园出入管理、教务、图书馆、财务、宿舍管理等多个子系统和模块上分别登记个人信息。可是如果按照功能业务逻辑（外部表现）来设计交互，那么就只需要一个功能“新生报到”，由系统自己在内部将“新生报到”的信息分发给各个子系统和模块。

## 1.6.6　设计模块时区分外部表现和内部结构

在为某个模块设计内部结构时，分配给该模块的接口及其承载的需求就是其外部表现。使用面向对象方法构造模块内部时，模块内部的类结构及其协作机制就是其内部结构。使用结构化方法构造模块内部时，模块内部的功能分解结构就是其内部结构。

### 1. 内部结构

如果忽视了内部结构的复杂性和坚固性需求，就很容易产生“*N* 个职责→ *N* 个类，*M* 个接口→ *M* 个类的方法”的错误设计思路。

如果认识到内部结构还要考虑坚固性和美感，那么就需要综合考虑高内聚、低耦合、OO 设计原则等思想重构类结构。

例如，一个网上销售系统要实现订单功能，设计订单类如图 1-21 所示，承担的职责包括：维护订单的顾客信息、维护订单的商品列表、计算订单总价。

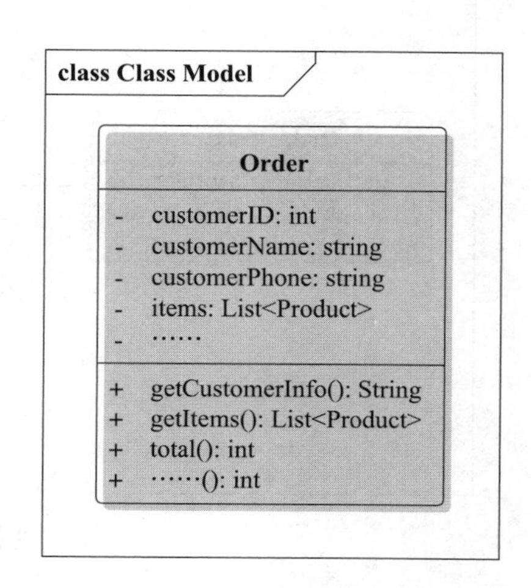


图 1-21　订单类设计示例一

图 1-21 的设计只考虑了功能职责。如果有如下灵活性需求：订单的总价计算会使用多种计算规则（规则从略），那么图 1-22 的设计会质量更好一些，它使

用了 Strategy 设计模式，能够提升灵活性和可修改性。

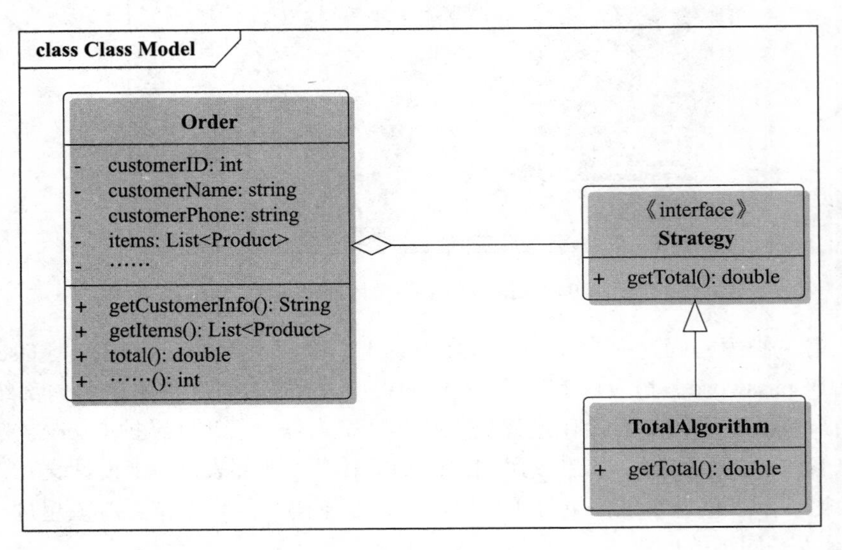


图 1-22　订单类设计示例二

如果再追加一个安全需求：订单的数据较为敏感，对不同权限的访问者提供不同等级的数据暴露。图 1-22 的设计方案很难满足该安全需求。一个更好的方案如图 1-23 所示，它采用了 Proxy 设计模式，能够很好地满足该安全需求，包括适应该安全需求将来的变更。

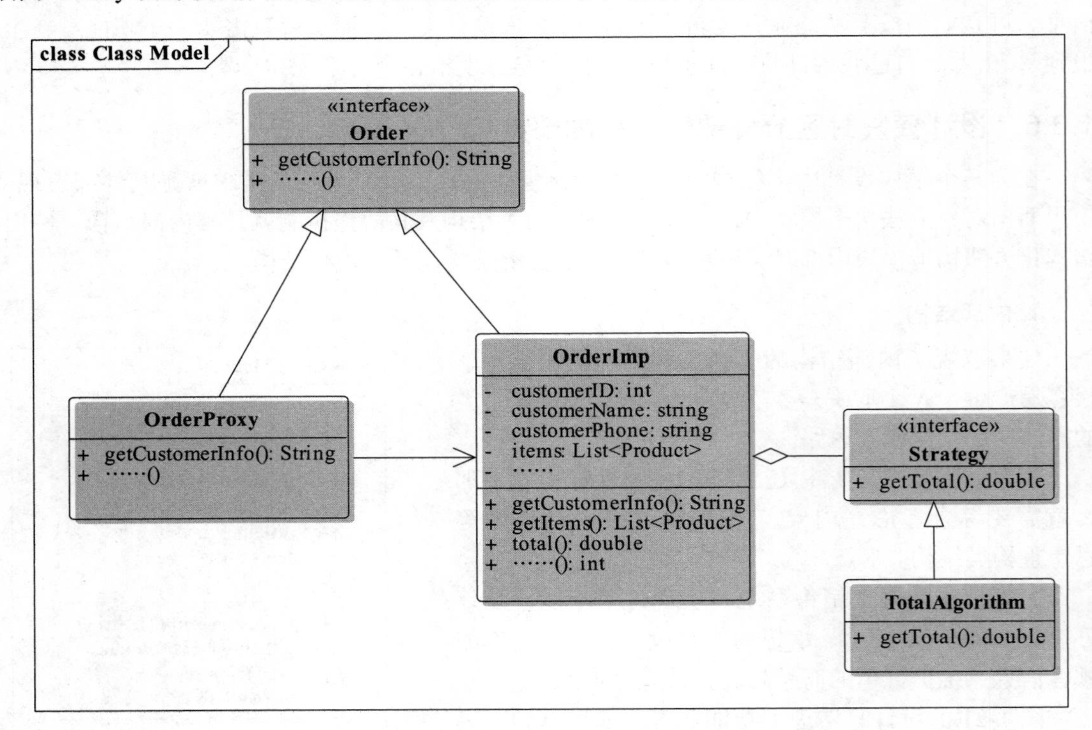


图 1-23　订单类设计示例三

上面的示例只是一种场景。实践中，为了质量考虑而需要复杂化设计的场景有：

- 为了实现灵活性和可修改性，将类的单个行为或方法封装为独立的类。
- 为了数据保护（安全性），将类的敏感数据封装为独立的类。
- 为了实现可靠性，将可靠性关键的行为和数据封装为独立的类。
- 为了实现高性能，将性能相关的行为和数据封装为独立的类。
- 为了适应对外接口的可能变更，将接口相关的行为封装为独立的类。
- 复杂算法和复杂数据结构往往意味着未来的变更，需要被封装起来。
- 为了服务于多种不同调用者，建立多样的接口。
- 将一个复杂的多职责类拆分为多个单职责类。

### 2. 外部表现

如果忽视了外部表现的抽象和简洁性需要，就会直接将模块内的各个类暴露给外部。如果认识到外部表现需要简洁和抽象，就会慎重定义模块的导入 / 导出接口，将不应该和不需要暴露的内部结构隐藏起来。

例如，有模块的类结构如图 1-24 所示，它所实现的功能是家庭影院应用。

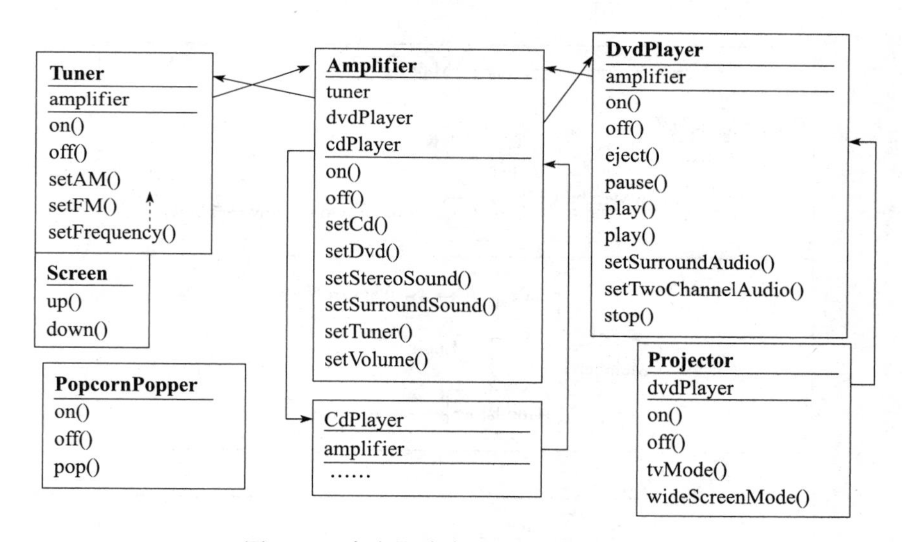


图 1-24　家庭影院应用的类结构示例一

按照图 1-24 的设计，如果有模块 Client 导入（import）了该模块，那么 Client 可以访问图中的所有方法，Client 清楚该模块的所有结构细节。

如果认真考虑模块对外承载的功能需求，可以发现它只有三个职责：看电影、听 CD、听收音机。于是可以将模块结构改造为图 1-25 所示。Client 模块只需要导入 HomeTheaterFacade 类，就能够使用该模块的服务，同时不需要知道该模块的内部结构。

相比较之下，图 1-25 的设计方案质量更好，它可以在完全不考虑 Client 的情况下任意修改除了 HomeTheaterFacade 类之外的其他类。而在图 1-24 的设计方案中，任意一个类被修改都可能连锁影响到 Client。

又如，销售应用的界面模块和业务逻辑模块有两种设计方案如图 1-26 所示。在方案 a 中，模块之间没有隐藏内部结构，它们之间的耦合就更分散、更高一些。在方案 b 中，模块之间定义了接口，隐藏了内部结构，它们之间的耦合就更集中、更低一些。

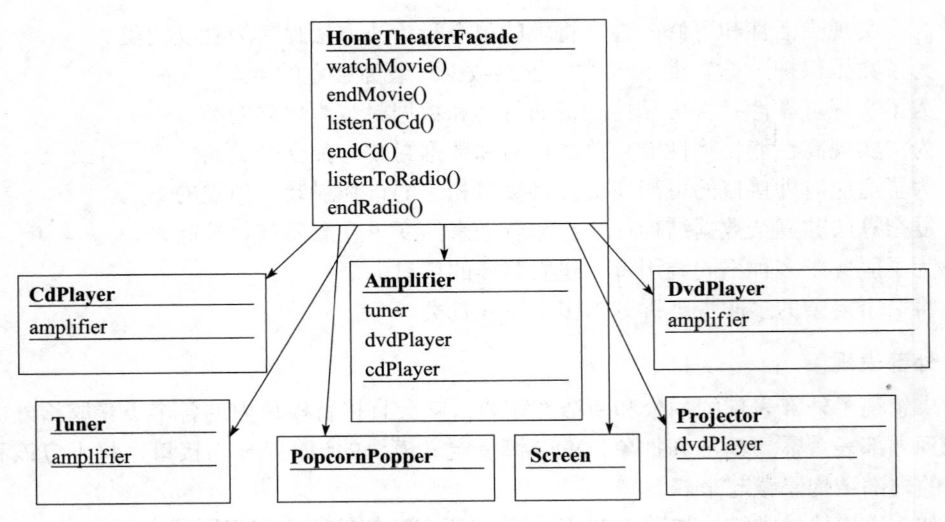


图 1-25 家庭影院应用的类结构示例二

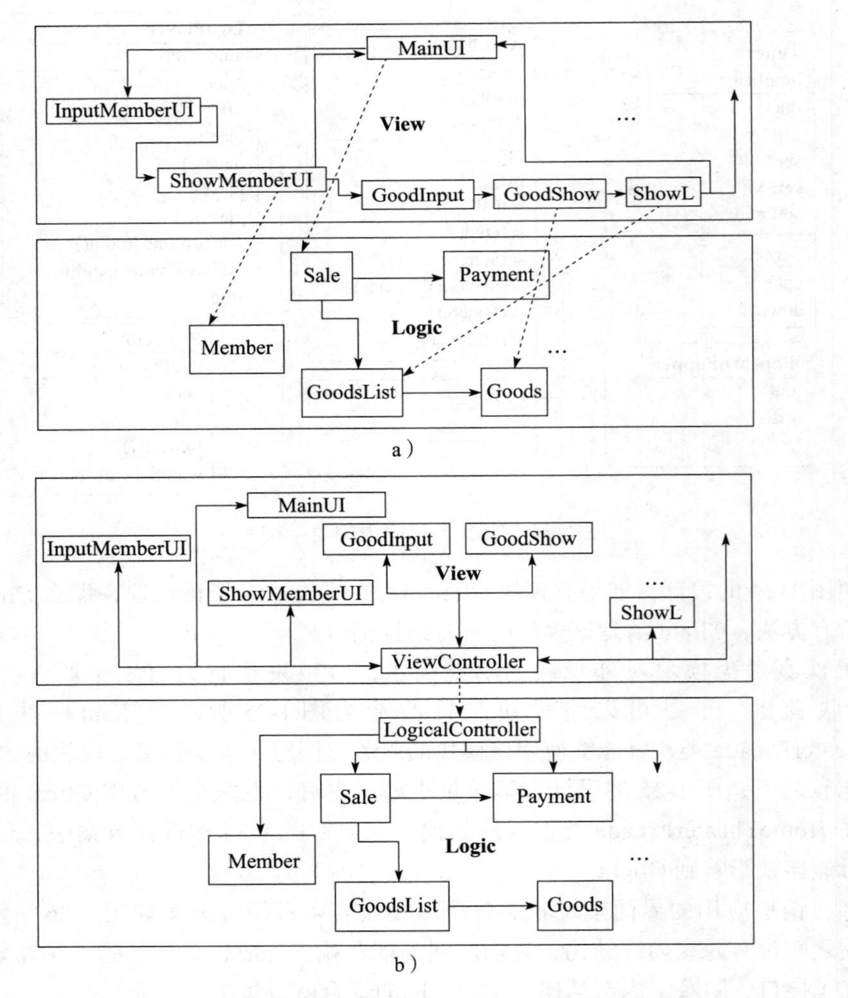


图 1-26 销售应用的界面模块和业务逻辑模块设计

最后提醒一下：图 1-25 的设计方案使用了 Facade 设计模式，图 1-26b 的设计方案使用了 Controller 模式。

### 1.6.7　设计类时区分外部表现和内部结构

在进行单个类的设计时，设定的类接口及其承载的职责就是其外部表现，成员变量和成员方法是其内部结构。

#### 1. 内部结构

如果忽视了内部结构的复杂性和坚固性需要，就很容易产生“*N* 个接口→*N* 个方法，围绕方法组织成员变量”的错误设计思路。

如果认识到内部结构还要考虑坚固性和美感，那么就需要将不同方法间的代码重复抽取出来建立新的私有方法，需要将复杂方法分解为多个更简单的私有方法。

例如，有电商系统的购物车类如下：

```
public class Cart {
    private List<Item> items = new ArrayList<>();      //商品清单
    private BigDecimal totalDiscount;                  //总优惠
    private BigDecimal totalItemPrice;                 //商品总价
    private BigDecimal totalDeliveryPrice;             //总运费
    private BigDecimal payPrice;                       //应付总价
    ……//其他方法略
    //普通用户购物车处理
    public Cart processNormalUser(long userId, Map<Long, Integer> items) { }
    //VIP用户购物车处理
    public Cart processVIPUser(long userId, Map<Long, Integer> items) { }
    //内部用户购物车处理
    public Cart processInternalUser(long userId, Map<Long, Integer> items) { }
}
```

其中，processNormalUser 方法的代码如下：

```
public Cart processNormalUser(long userId, Map<Long, Integer> items) {
    Cart cart = new Cart();

    //把Map的购物车转换为Item列表
    List<Item> itemList = new ArrayList<>();
    items.entrySet().stream().forEach(entry -> {
        Item item = new Item();
        item.setId(entry.getKey());
        item.setPrice(Db.getItemPrice(entry.getKey()));
        item.setQuantity(entry.getValue());
        itemList.add(item);
    });
    cart.setItems(itemList);

    //处理运费和商品优惠
    itemList.stream().forEach(item -> {
        //运费为商品总价的10%
        item.setDeliveryPrice(item.getTotal().multiply (new BigDecimal("0.1"));
        //无优惠
        item.setCouponPrice(BigDecimal.ZERO);
    });
```

```
        //计算商品总价
        totalItemPrice =newBigDecimal ("0") ;
        for(Item : itemList) {
            totalItemPrice.add(item.getTotal());
        }

        //计算运费总价
        totalDeliveryPrice =newBigDecimal ("0") ;
        for(Item : itemList) {
            totalDeliveryPrice.add(item.getDeliveryPrice ());
        }

        //计算总优惠
        totalDiscount =newBigDecimal ("0") ;
        for(Item : itemList) {
            totalDiscount.add(item.getCouponPrice ());
        }

        //应付总价 = 商品总价 + 运费总价 - 总优惠
        payPrice =newBigDecimal ("0") ;
        payPrice.add(totalItemPrice).add(totalDeliveryPrice).subtract(totalDiscount);

        return cart;
    }
```

如果不考虑内部结构质量，上述代码是可以接受的。但是如果考虑内部结构质量，上述代码就存在瑕疵了：方法内部执行了多个相对独立的业务逻辑（各个空行分割的代码片段），可以将它们分别定为独立的私有方法，然后在 processNormalUser 方法中调用它们，如下代码所示（省略各个私有方法的定义）。

```
public Cart processNormalUser(long userId, Map<Long, Integer> items) {
    Cart cart = new Cart();

    cart.generateItems(items);          //把 Map 的购物车转换为 Item 列表
    setDeliveryandCoupon(items);        //处理运费和商品优惠

    calTotalItemPrice (items) ;         //计算商品总价
    calTotalDeliveryPrice (items);      //计算运费总价
    calTotalDiscount(items);            //计算总优惠
    calPayPrice();                      //应付总价 = 商品总价 + 运费总价 - 总优惠

    return cart;
}
```

展开 processVIPUser 和 processInternalUser 两个方法，它们的其他代码都一样，只是在处理运费和商品优惠时有所区别。

```
//processVIPUser
itemList.stream().forEach(item -> {
    //运费为商品总价的10%
    item.setDeliveryPrice(item.getTotal().multiply(new BigDecimal("0.1"));
    //购买两件以上相同商品，第三件开始享受一定折扣
    if (item.getQuantity() > 2) {
        item.setCouponPrice(item.getPrice()
            .multiply(BigDecimal.valueOf(Db.getUserCouponPercent(userId)))
```

```
            .multiply(BigDecimal.valueOf(item.getQuantity() - 2)));
    } else {
        item.setCouponPrice(BigDecimal.ZERO);
    }
});

//processInternalUser
itemList.stream().forEach(item -> {
    //免运费
    item.setDeliveryPrice(BigDecimal.ZERO);
    //无优惠
    item.setCouponPrice(BigDecimal.ZERO);
});
```

这种情况下，建立各个私有方法的类实现就明显有更高的质量：更易于理解、容易复用（复用重复代码）、易于修改（一处修改多处有效）。

关注内部结构还可以根据职责需要建立更易用的抽象数据类型，并重构类的结构和方法。例如商品 Item 使用成员变量 int ID 作为商品标识。

```
public Class Item{
    private int ID;
}
```

相比较之下，可以将 ID 构建为抽象数据类型 Key：

```
public Class Item{
    private Key ID;
}
```

可以设计 Key 拥有“合法验证”“顺序递增”等方法职责，那么很明显 Key 的方案在正确性表现上会高于使用 int 的方案。

### 2. 外部表现

如果忽视了外部表现的抽象和简洁性需要，就会把一些类的内部结构不必要地暴露给外部，带来额外风险。

如果认识到外部表现需要简洁和抽象，就会仔细斟酌类的职责，把不需要暴露给外部的内容都保护起来，实现真正的封装和信息隐藏。

最典型的场景是 JavaBean 的读取器 getter 和修改器 setter，不加区分地在 getter 中返回成员变量值、在 setter 中修改成员变量值，就可能会导致不谨慎的内部结构暴露。如下代码所示，它将 speed 属性间接完全暴露给了外部，如果 setSpeed 时将 newSpeed 设置为不合法的数字（例如负数），就可能引入错误。

```
Class Car {
    private double speed;
    public double getSpeed() {return speed; }
    public void setSpeed(double newSpeed){ speed = newSpeed;}
}
```

要考虑到，getter 中可以返回加工的值，setter 中可以检查后再修改，如下面所示。

```
Class Car {
    private double speed;
```

```
    public double getSpeed() {return speed; }
    public void setSpeed(double newSpeed) {
        if (newSpeed < 0) {
            newSpeed = Math.abs(newSpeed);
        } elseif (newSpeed >Max){
            newSpeed =Max;
        }
        speed = newSpeed;
    }
}
```

上述代码对 setSpeed 方法的修正提高了代码的可靠性。

又如，如下代码暴露了成员变量 tracks 是 List 结构。如果 Album 将 tracks 修改为 Map 类型，就会影响到使用 getTracks 的 Client。

```
class Album {
    private List tracks = new ArrayList();
    public List getTracks() {
        return tracks;
    }
}
```

相比较之下，下面的代码实现了对 tracks 结构类型的隐藏，得到 Iterator 的 Client 并不知道 Album 使用了怎样的数据类型，Album 可以任意地调整 tracks 的类型。

```
class Album {
    private List tracks = new ArrayList();
    public Iterator getTracks() {
        return tracks.iterator();
    }
}
```

再例如，在图 1-27 的设计方案中，Account 在方法 getHolder 返回值中暴露了自己拥有的 Customer 成员变量。FundsTransfer 得到并操作 Customer 会导致出现新的耦合。如果修改 Customer，从类图上看只会影响 Account，但事实上因为 getHolder 方法的暴露，FundsTransfer 也会受到影响，可修改性和可复用性都有瑕疵。

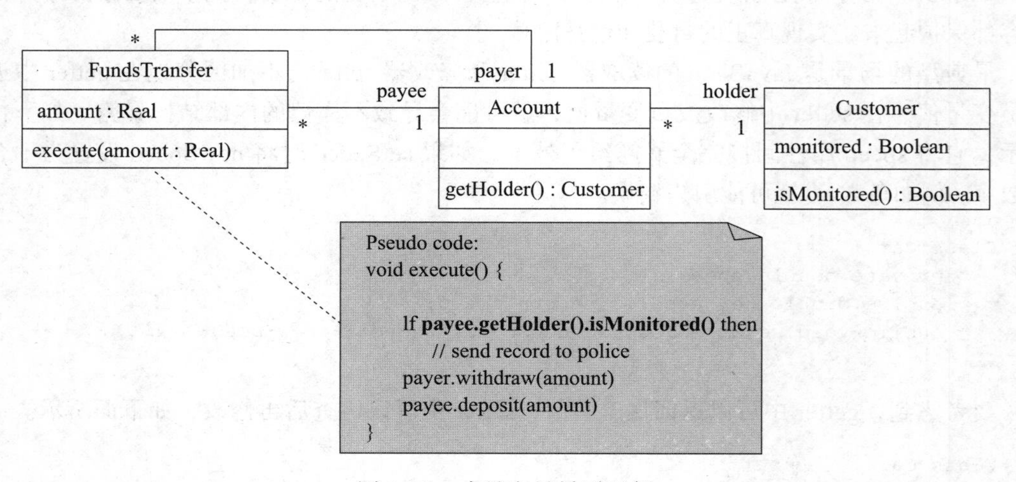


图 1-27　成员变量暴露示例

一个改进的方案如图 1-28 所示。通过使用委托方法 isHolderMonitored，Account 保护了成员变量 Customer，FundsTransfer 与 Customer 之间是完全解耦的，可复用性和可修改性都得到了保障。

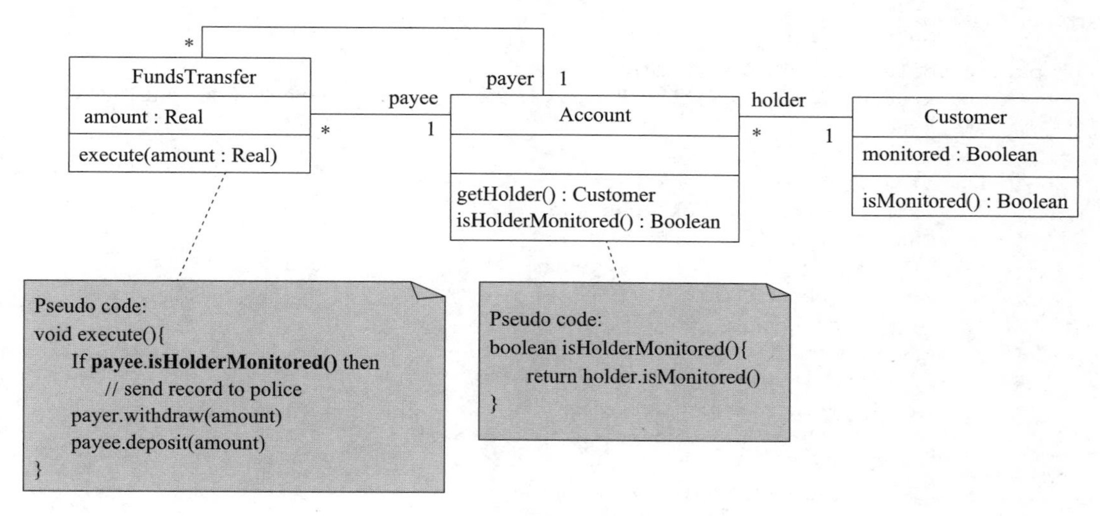


图 1-28　成员变量保护示例

## 1.6.8　设计数据结构时区分外部表现和内部结构

在设计数据结构时，该数据所表达的实体或概念就是其外部表现，存储的组织和访问规则限定是其内部结构。

### 1. 内部结构

如果忽视了内部结构的复杂性和坚固性需求，就很容易产生“按照现实的特征组织数据结构”的错误设计思路。

如果认识到内部结构还要考虑坚固性和美感，那么设计数据结构时，就应该考虑其读写特点并据此建立更高效的存储结构。

按照读取和存储性能而不是现实特征设计数据结构的典型例子是关系数据库的数据规范化。这里就不专门展开数据规范化的介绍，它将现实的复杂事物分解为多个二维函数依赖的数据实体，对性能（读取和存储）、可靠性（完整性约束）都有提升。

在为一副扑克牌设计数据结构时，很多人会直接使用链表结构 List，因为看上去一副扑克牌由 54 张连续卡片组成。如果考虑扑克牌的可靠性（每张牌都不一样，否则就报错）和性能（快速地发牌和检查），构造一个集合类型 PowerSet 可能更好，PowerSet 的数据是 54 位，每位代表一张卡牌，为一位设置 0 或 1 表示相应卡牌是否存在。同样的道理，在设计班级学生管理时，很多人常常使用 List 作为一个班级所有学生的数据结构，可是修改为 Set 可能效果更好。

### 2. 外部表现

如果忽视了外部表现的抽象和简洁性需要，就会直接把存储结构昭示天下，留下让外界控制数据结构的隐患。

如果认识到外部表现需要简洁和抽象，就会把存储结构隐藏起来，公开操纵存储结构的方法。

一个使用堆栈实现括号匹配的代码如下，它暴露了堆栈的内部结构：context 数组、top、size。

```
public boolean match(char[] ca) {
    Stack stack = new Stack(); //Stack 初始化 top=-1,size=Max, 分配 cont[Max]
    stack.top++;
    stack.cont[top]= ca[0];
    for (int index = 1; index < ca.length; ++index) {
        Character c1 = stack.cont[top];
        Character c2 = ca[index];
        if ((c1.equals('(') && c2.equals(')'))|| (c1.equals('[') &&
                c2.equals(']'))) {
            stack.top--;
        } else {
            stack.top++;
            if (stack.top>stack.size) {
                throw new Exception("overflow!");
            }
            stack.cont[top]=c2;
        }
    }
    if (stack.top == -1  ) {
        return true;
    } else {
        return false;
        }
}
```

更好的代码如下所示，它只使用了堆栈的外部表现，隐藏了内部结构。

```
public boolean match(char[] ca) {
    Stack stack = new Stack();
    stack.push((Character) ca[0]);
    for (int index = 1; index < ca.length; ++index) {
        Character c1 = (Character) stack.top();
        Character c2 = ca[index];
        if ((c1.equals('(') && c2.equals(')'))|| (c1.equals('[') &&
                c2.equals(']'))) {
            stack.pop();
        } else {
            stack.push(c2);
        }
    }
    return stack.empty();
}
```

在使用链表、堆栈、二叉树、图等复杂数据结构解决应用问题时，经常会出现上述现象。

### 1.6.9 设计代码时区分外部表现和内部结构

在设计程序代码（函数 / 方法）时，函数 / 方法的接口就是其外部表现，内部代码的组织就是其内部结构。

如果忽视了内部结构的复杂性和坚固性需求，就会仅凭 IN 与 OUT 的差异组织代码。

如果认识到内部结构还要考虑坚固性和美感，那么在组织算法的内部代码时，就要考虑：

- 是否需要契约检查、防御编程以实现可靠性。
- 是否优化临时数据结构以提高代码性能。
- 是否需要额外代码以保证安全性。
- 是否需要记录日志以提高可测试性。

如果忽视了外部表现的抽象和简洁性需求，就会把程序代码写成现代语言版的汇编程序，例如大量使用全局变量和数据共享。

如果认识到外部表现需要简洁和抽象，就会更好地进行算法分解，更准确地定义函数/方法接口，会更恰当地使用块状结构，会更小心地管理全局变量和数据共享。

## 1.7 逻辑设计与物理设计

### 1.7.1 载体介质及其匹配

设计方案可能是纯粹逻辑的，例如一个桌子的几何图案、一件衣服的设计图。但设计方案总是要实现的，这时它们就需要找到承载的介质，例如木料、服装面料。如果介质非常理想，自然是很好的，但更多的时候介质还需要进行加工处理才能完全承载设计的实现。例如，自然界中没有方方正正的树，总是需要加工才能形成可用的木料。

软件设计方案可能是纯粹逻辑的，也可能需要考虑载体介质，软件设计方案的载体介质主要是程序设计语言。例如，一个设计方案需要匹配表达式中的“(”和“)”，一个自然的思路是使用堆栈结构进行处理，但是在编写程序时，很多语言都没有提供堆栈这一抽象类型，需要程序员使用数组或者链表进行封装，建立堆栈类型，然后再基于堆栈类型解决表达式中“(”和“)”的匹配，这时数组/链表被封装为堆栈类型就是对载体介质的加工过程，使用堆栈解决“(”和“)”匹配的部分是纯粹逻辑的。

一个软件设计会因为它的纯粹逻辑结构而带有一定的逻辑复杂度，建立纯粹逻辑结构的设计称为逻辑设计。如果一个软件设计方案需要加工其载体介质才能实现逻辑结构，那么对载体介质的加工形成的复杂度就被称为介质匹配复杂度，它实质上反映了逻辑结构与载体介质的不适应程度。包含了介质匹配的设计称为物理设计。很明显，物理设计包含了逻辑设计，是“逻辑设计 + 介质匹配”。

### 1.7.2 区分逻辑设计与物理设计

简单地说，设计有逻辑设计和物理设计之分，它们的区分点在于载体介质。不考虑载体介质的设计是逻辑设计，考虑载体介质特征的设计是物理设计。一个服装裁剪与缝制方案就只是逻辑设计，再追加考虑布料的特点（质地、纹理等）才被视为物理设计。

逻辑设计只需要考虑理论上的合理性，所以更简单一些。物理设计不仅要具备理论上的合理性，更要保证可实现性，要保证有合格的载体介质，所以更复杂一些。例如航母、飞机、原子弹的逻辑设计固然复杂，但真正困难得是无法加工出理想的载体介质——特种材料。

软件也是一样，纯粹抽象的设计方案属于逻辑设计，更简单一些。考虑编程语言、实现平台、硬件环境等载体介质的设计方案属于物理设计，更复杂一些。实践中，开发者通常先进行逻辑设计实现理论方案，然后再过渡到物理设计考虑实现可行性，这种分两步进行的设计过程会更顺利一些。

如果逻辑结构与载体介质完美匹配，物理设计与逻辑设计就会完全等同，可以统一考虑。人们更需要注意的是大多数情况下逻辑结构与载体介质会有失配现象，这时就需要区分逻辑设计与物理设计，按照先逻辑后物理的过程进行软件设计。

在物理设计与逻辑设计不统一的情况下，因为设计方案总是要被实现的，所以介质的加工是不可能被忽视的，但是逻辑设计就未必能得到正确对待了。逻辑设计思路可能会被复杂的介质加工所掩盖，导致最终设计方案存在隐患。新手设计者学习设计方案时，更要区分逻辑设计和物理设计，才不至于混淆设计的目标和手段。

### 1.7.3　设计数据类型时逻辑设计与物理设计的失配

在编程时，如何组织程序语言提供的类型介质是程序员首先要考虑的，以至于可能忽视了语言提供的类型可能并不适配真正的逻辑需求。

例如，在设计“身份证号”ID 数据时，程序员会自然地使用 String 类型。如果在需求逻辑上没有对 ID 提出额外的要求，那么使用 String 是适配的。但在某些情况下需求逻辑会对 ID 提出更多的需求，逻辑上可能会考虑 ID 的内部信息结构，将其分拆为“地区号 + 出生日期 + 顺序号 + 验证码”，进一步要求实现 ID 数据正确性验证，得到 ID 内含的地区、出生日期等有意义的信息。这些需求都是 String 类型无法满足的，如果继续使用 String 类型表达 ID，就会留下隐患。如果先进行逻辑设计，再考虑物理介质匹配，ID 类型的设计应该如图 1-29 所示。

```
public class ID {
    private String addCode;
    private Date birthday;
    private int seq;
    private char verifyCode;

    private ID(){}
    public ID(String code){
        ......
    }
    public ID(String addCode, Date birthday, int seq, char verCode){
        ......
    }
    public  static boolean isValid(ID id) {
        ......
    }
    public String toString(){
        ......
    }
    public String getAddCode() {return addCode; }
    public Date getBirthday() {return birthday;}
    ……
}
```

图 1-29　区分逻辑设计与物理设计示例一

### 1.7.4　设计数据结构时逻辑设计与物理设计的失配

在设计数据结构时，对于具有后进先出特点的系列数据会建立堆栈，但堆栈的最终实现还需要依赖数组或链表的编程机制。堆栈的抽象描述是逻辑设计，基于数组或链表机制进行的数据结构描述是物理设计。如果不能区分逻辑设计和物理设计，那么很多设计初学者最终看到的就只是数组或链表机制的运用，他们在将来的程序设计中就总是下意识地使用数组或链表来代替本来应该使用的堆栈，影响了最终程序的逻辑性。

比如，在图 1-30 的程序中，Store 本质上是个堆栈，本可以简单定义为“Stack <Integer> store”，却因为过多考虑了存储结构的操纵而变成了图 1-30 的不必要复杂程序。

```
public class Store {
    private List<Integer> products;
    private int size ;

    public  Store( ){
        products = new LinkedList<Integer>();
        size = -1 ;
    }
    public void produce(Integer product) {
        products.add(product);
        size ++;
    }
    public Integer consume()throws EmptyException{
        Integer consumed ;
        if ( size >= 0) {
            consumed = products.remove(size);
            size --;
            return consumed;
        } else {
            throw new EmptyException(“ 没有产品 ”);
        }
    }
}
```

图 1-30　区分逻辑设计与物理设计示例二

正因为未能区分逻辑设计和物理设计，所以在很多初学者的程序中，难觅堆栈、队列、矩阵、二叉树、图等本应在程序中经常出现的抽象数据类型，因为它们都被变相稀释为数组和链表的操纵代码了。

如果能够按照先逻辑设计后物理设计的方式，就能够清晰地定位数据结构的需要，提升最终物理代码的逻辑清晰性。

### 1.7.5　设计面向对象机制时逻辑设计与物理设计的失配

封装、继承、多态都是面向对象的重要机制，但是如果不能准确区分它们在逻辑设计和物理设计上的不同（如表 1-4 所示），就无法正确使用这些机制。

表 1-4　面向对象重要机制的逻辑和物理区分

| 机制 | 逻辑 | 物理 |
|---|---|---|
| 封装 | 集中数据与行为<br>分离接口与实现 | 类声明与编译机制 |
| 继承 | 类型组织 | 接口复用<br>实现复用 |
| 多态 | 统一差异数据类型 | 继承与动态绑定 |

在逻辑上，封装有两方面含义：集中数据与行为；分离接口和实现。但在程序设计语言的编程机制中，提供的却是成员变量、成员方法联合起来的声明和编译机制。所以“封装”的物理设计与逻辑设计有些脱节，物理设计无法适配逻辑设计的“分离接口与实现”这一思想。在物理设计中，能够体现数据与行为的集中，却无法保障“接口和实现相分离”这一思想，使得很多类的设计都没能做到“信息隐藏”式的封装。但如果能够综合逻辑设计和物理

设计，就能够建立足够正确的“封装”类。

继承在逻辑上用于组织差异类型，是“IS-A”的关系。但在编程语言机制中，继承声明代表着复用——接口复用和代码复用。如果只是按照编程机制使用继承，就可能产生违反LSP原则的错误，产生低质量。全面理解继承的逻辑设计和物理设计之后，就能有效避免对继承的误用。

狭义的多态在逻辑上是指“多个不同对象在同一个场景下表现出相同行为的现象”，而在编程语言中多态被处理成继承和动态绑定。所以在物理上的多态是依附于继承的，但在逻辑上的多态并不是与继承捆绑的。Com+构件模型中的构件更替也是多态的，虽然它们之间没有继承关系。

### 1.7.6 设计模块时逻辑设计与物理设计的失配

在设计师讨论模块之间的逻辑关系时，会使用下列描述：

- 模块A调用模块B。
- 模块A的接口是……
- 模块A向模块B发送数据。
- 模块A和模块B共享数据。
- 某个事件发生时，模块A通知模块B。

可是等到使用程序设计语言实现上述机制时，会发现：

- 没有“模块”这个实体，没办法做到模块A调用模块B，真正的实现是模块A的类X调用了模块B的类Y；要深入模块A和B的内部掌握各个类之间的调用关系，肯定会更复杂一些。
- 因为没有“模块”这个实体，所以也没有模块的接口，真正的实现是模块A的所有类的公开接口的结合。
- 没有“发送数据”这个机制，真正的实现要么是使用程序调用的参数，要么是定义专门的pipe和stream实现数据传输。pipe和stream可能非常复杂，甚至超过原系统本身，例如Kafaka、RabbitMQ等。
- 没有“共享数据”这个机制，真正的实现是模块A访问了一些数据结构，模块B也访问了一些数据结构，但模块A和B的访问在代码上是完全独立的，没有任何关系，它们都只是依赖于数据结构而已。
- 没有“通知”这个机制，它在实现上可能是程序调用、事件推送、数据传送、消息传输……

### 1.7.7 设计质量时逻辑设计与物理设计的失配

逻辑设计和物理设计最为典型的失配是对质量特征的设计。

作为介质载体，程序设计语言能够很好地组织功能，但完全表达不了质量：

- 在定义模块和类时，可以通过接口说明它们的功能，却无法说明它们的质量标准，例如性能、可靠性、安全性、可测试性等。
- 基于导入/导出、函数调用等方法能够建立不同模块及不同类之间的联系，却无法限定这些联系要满足灵活性和可修改性。
- 使用代码可以组合出一个数据的处理过程，却无法组合出处理的性能和可靠性。

- 使用类型可以组合出复杂的数据结构，却无法界定其中的数据安全性和完整性。
- 使用程序代码可以构建可视的用户界面，却无法明确它的易用性。

因为不具备介质载体，所以质量设计总是要比功能设计复杂一些，复杂系统尤甚。

## 1.8　软件设计是持续决策的过程

### 1.8.1　设计结果与设计过程

人们通常直接关注软件设计的结果——设计方案，验证设计方案的功能是满足需求的、质量是符合标准的、审美上是有美感的。到了 21 世纪 00 年代后，随着软件系统规模和复杂度日益增长，软件设计方案的规模也越来越大、越来越复杂，人们想直接判定一个设计方案是否符合标准越来越难。这时候人们发现需要从注重设计结果转向重视设计过程。

如图 1-31 所示，软件设计是一个从需求和约束出发，进行持续决策，产生符合标准的设计方案的过程。传统上人们一直忽视了设计的决策过程，只关注软件设计结果方案的评价和改进，以至于设计方案好像是“天上掉下来的”。

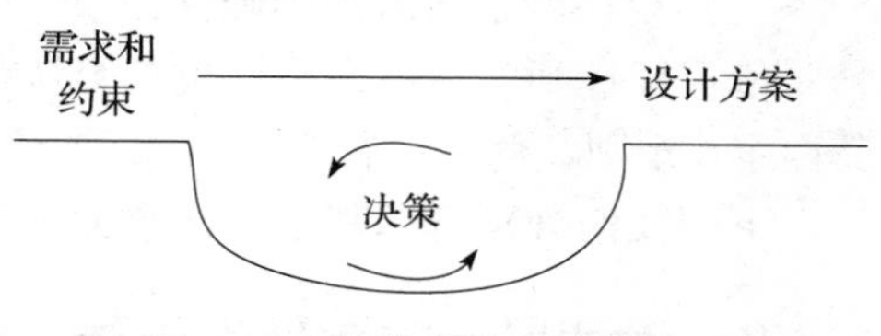


图 1-31　软件设计的决策过程

一旦开始关注设计的决策过程，把这个黑盒打开，就可以发现软件设计的所有合理性都隐藏在各个决策之中，判断各个设计决策的合理性不仅更容易，而且比直接判断整个设计方案的合理性正确率更高。

### 1.8.2　决策的要素

决策是为了解决一个问题而做出决定的过程。它为了实现特定的目标，根据客观的可能性，在占有一定信息和经验的基础上，借助一定的工具、技巧和方法，对影响目标实现的诸多因素进行分析、计算和判断选优后，对未来行动做出决定。

一个软件设计决策涉及的要素如图 1-32 所示。

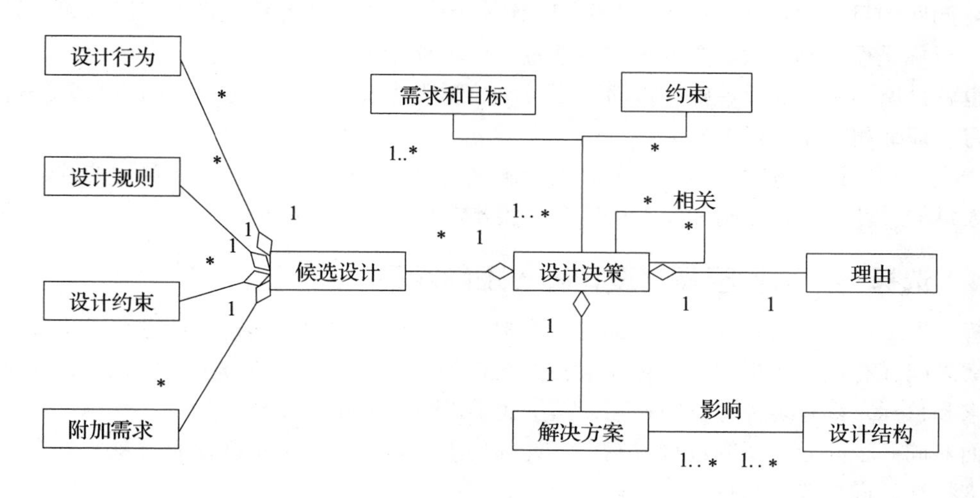


图 1-32　软件设计决策的要素

软件设计决策是为了满足特定的需求和目标，包括功能需求，也包括非功能需求。一次决策解决一组内聚的需求。

软件设计决策需要在一定的约束下进行，这些约束限定了候选设计的选择范围和解决方案的决定过程。

为了解决问题，设计决策会试着先给出众多候选设计方案，每个候选设计方案包括：

- 会发生的设计行为，例如增加、修改或者删除一个设计组件。
- 添加的设计规则，在后续的设计决策中不能违反这些设计规则。例如如果决策采用分层体系结构风格，那么整个系统都不能再发生自底向上的逆向调用。
- 添加的设计约束，这些约束会限制后续的设计决策的选择范围。例如，如果决策决定高峰期并发用户数为 10 万，那么后续的设计决策都要在这个条件下进行考虑。
- 附加需求，它们是决策中额外产生的新需求，例如决策中决定使用扫码器，那么扫码器规格就是新附加的硬件需求。

依据设计师的理由，设计决策会从众多候选设计中选择一个作为最终的解决方案，并将其内容（规则、约束、行为、附加需求）实施到设计结构。

下面我们分别解释其中的几个关键事项。

### 1.8.3 设计是一个跳跃性过程，验证设计是一个推理过程

设计决策是从多个候选方案中验证和选择一个的过程，并不是根据需求和目标推导设计方案的过程。候选方案的产生实质上是一个跳跃的创造性过程，它出现于一瞬间的“灵光乍现”和“醍醐灌顶”，只可意会不可言传。

有研究者探索了设计的创造力所在，认为创造力取决于三个方面的因素：

- 设计师的灵感。这一点无法言说，伟大的发明和创造都离不开灵感的光顾。
- 设计师的学识和经验。创造性过程会受到人们大脑中“模式”的影响，“模式”是指人们经过训练后形成的不假思索的直觉反应，例如在树林中饿了会找野果、在河边饿了会捉鱼。之前积累的经验及掌握的知识能够增强人们的“模式”，这些积累会在创造性的设计过程中得到充分的体现。
- 问题和目标的特性。如果问题和目标比较困难，创造性过程就很难完成。如果问题和目标是设计师不太熟悉的，创造性过程也较难完成。

也就是说，伟大的设计师一方面需要天生的聪明才智和灵感，另一方面也需要进行大量的学习、训练和行业知识拓展。

产生了候选设计方案之后，验证它是否满足需求和目标的过程是一个典型的逻辑推理过程，大量的设计方法、原则和经验在这个时候才能真正发生作用。

### 1.8.4 选择一个可行答案，没有唯一正确答案

理论上，每一个需求和目标，都可以有多个可以满足它们的候选设计方案。这些候选设计方案之间互有优劣和折中，不存在某种方案在各方面都碾压其他方案。也就是说，对每一个需求和目标，都有多种可行的方案，其中找不出唯一正确的方案。

面对同一个问题的不同设计方案，设计师们不要争论哪一个正确，而是要分析不同方案的优劣特性，进行选择和折中。

### 1.8.5　设计决策有顺序影响，而且影响不可逆

一个复杂软件系统有很多需求和目标需要满足，自然需要进行多次决策，如图 1-33 所示。这些决策之间不是相互独立的，而是互相影响的：先做出的决策，会影响后面的决策。

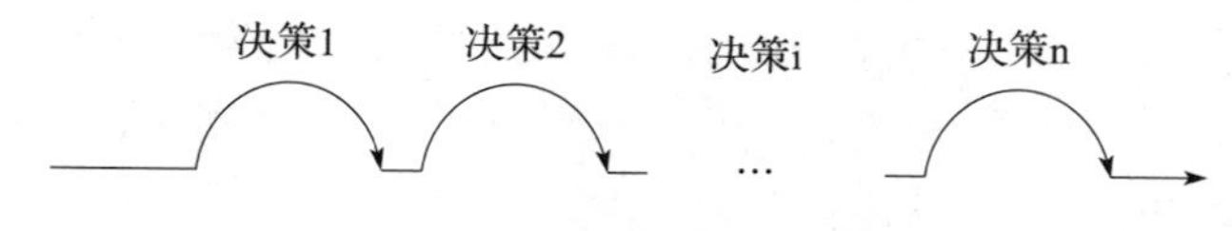


图 1-33　决策的顺序性示意图

每次做出一个决策，都可能会增加新的设计规则和设计约束，这些规则和约束是后续的设计决策必须遵守的。例如，如果设计决策决定使用 NoSQL 数据库，那么后面所有的数据设计和数据访问都会被影响。

设计决策的顺序影响还是不可逆的，如果前面的决策做错了，到了后面被发现，想进行修正完全消除错误影响基本是不可能的，总是会造成一些损失或留下一些副作用。

因为影响的顺序和不可逆性，在软件设计时要先进行最为重要的设计决策，再执行影响较小的决策。

- 工程设计中软件体系结构的设计决策无疑是最重要的，体系结构风格的选择、物理节点部署、进程并发与分布、模块划分、质量（安全、性能、可靠性等）设计……它的每一个决策都会影响到软件系统的大部分甚至绝大部分组件。
- 详细设计的设计决策影响范围局限在一个模块或类内部，重要性自然要小一些。
- 程序设计的设计决策影响范围不超过一个函数 / 方法，所以最后决策。

### 1.8.6　设计约束：是友非敌

设计约束是对设计行为的一种限制。常见的限制包括：

- 硬件资源限制。网络节点数量、网络连接及吞吐能力、CPU 能力、特定硬件设备等都是硬件资源限制。软件设计决策不能要求超出的额外资源。
- 系统资源限制。操作系统、数据库、中间件平台等系统软件资源上的限制。软件设计决策必须能运营在已有系统平台之上。
- 技术资源限制。技术选型、平台技术、其他软件系统兼容和对接等都是软件设计决策的约束。
- 早期软件设计决策会产生一些决定，它们是后续设计决策的约束。这些设计决定大到体系结构风格选择、物理部署方案，小到某个数据的取值范围、某个方法的前置和后置条件，都是软件设计决策的约束。

从字面上理解，约束似乎是软件设计的敌人，因为它“限制”了设计决策。但事实上，约束是软件设计的“朋友”，它帮助软件设计决策取得更好的决策效果。如果没有约束，软件设计决策会有一个很大的候选设计方案选择空间。约束就像裁剪器，帮助设计师将选择空间中无效的候选排除掉，大大缩小了候选设计方案数量，同时也提高了选择合理方案的成功率。

所以，软件设计师应该积极地发现、关注和应用设计约束，它会让设计工作更加顺利。布鲁克斯在《设计原本》一书中提到：“设计一个通用系统要比设计一个专有系统困难得多，

就是因为通用系统缺乏足够数量约束的帮助”。

需要说明的是，设计约束（尤其是设计决策产生的约束）是随着软件设计过程的深入而逐渐出现的。有经验的设计师可以参照旧例，在一个约束还没真正产生时就意识到它的存在，能够及早避开该约束会带来的问题和陷阱。从这个意义上讲，设计师的经验的作用是巨大的。

## 1.9 工程与艺术

### 1.9.1 工程设计与艺术设计

人们常常争论对于软件设计而言到底是工程设计（engineering design）更重要一些还是艺术设计（artist design）更重要一些。这很难给出一个比较，对于软件设计来说，工程设计和艺术设计都很重要。

从工程设计角度讲，认为软件设计要：时刻保持以用户为中心，为其建造有用的软件产品；将设计知识科学化、系统化，并能够通过职业教育产生合格的软件设计师；能够进行设计决策与折中，解决设计过程中出现的不确定性、信息不充分、要求冲突等复杂情况。

更看重艺术性的人认为在软件设计（尤其是人机交互设计）中艺术始终都处于中心地位，比工程性更加重要，为此设计师需要学会：发散性思维和创新；与用户共情，体会他们的内心感受；进行相关因素的评价和平衡，例如可靠性与时尚（fashion）、简洁性与可修改性等；构思与想象，设计软件产品的可视化外观（visualization）。

综合来说，一方面软件设计要从工程师的视角出发，使用系统化方法构建软件的内部结构，进行折中的设计决策，生产对用户有用的产品。这时，软件设计工程师关心的是软件产品的效用和坚固性。工程设计主要使用理性、逻辑分析的科学化知识。另一方面软件设计也要从艺术人员视角出发，注重效率与优雅，强调设计所带来的愉悦和所要传达的意境。艺术设计依赖于设计师的直觉、感性（非理性）等人的因素。

### 1.9.2 理性主义与经验主义

对设计活动中工程性和艺术性的不同看法产生了两派不同的设计观点：理性主义和经验主义。

理性主义更看重设计的工程性，希望以科学化知识为基础，利用模型语言、建模方法、工具支持，将软件设计过程组织成系统、规律的模型建立过程。在考虑到人的因素时，理性主义认为人是优秀的，虽然会犯错，但是可以通过教育不断完善自己。设计方法学的目标就是不断克服人的弱点，持续完善软件设计过程中的不足，最终达到完美。形式化软件工程的支持者是典型的理性主义。

经验主义者则在重视工程性的同时，强调艺术性，要求给软件设计过程框架添加一些灵活性以应对设计中人的因素。经验主义者认为没有过程指导和完全依赖个人的软件设计活动是不能接受的，因为不能保证质量和工程性。但是一些人的因素决定了完全理性的设计过程是不存在的：

1）用户并不知道他们到底想要怎样的需求。

2）即使用户知道需要什么，仍然有些事情需要反复和迭代才能发现或理解。

3）人类的认知能力有限。

4）需求的变更无法避免。

5）人类总是会犯错的。

6）人们会固守一些旧有的设计理念。

7）不合适复用。

所以，软件设计需要使用一些方法弥补人的缺陷，以建立一个尽可能好的软件设计过程。文档化、原型、尽早验证、迭代式开发等都被实践证明能够有效弥补人类的缺陷。

### 1.9.3　设计兼具科学性与艺术性

设计理论认为设计既具有“科学性”又具有“艺术性”。从科学性的一面看，设计需要有一套系统的理论、方法和技术，这样才能保证设计过程的顺利进行和设计结果的高质量。设计“科学性”的核心是抽象的设计模型、模型推理方法和建模过程，它们就是各类设计学所要讲授的内容。科学性使得设计有着冰冷的一面，要求丝丝入扣的严谨性，仅凭高智商和一腔热情是做不出好设计的，好的设计师必须要有深厚的理论功底和技术积累。

从艺术性的一面看，设计无法做到像数学解题那样逻辑严密、环环相扣、逐步推进。设计活动经常是跳跃和非理性的——设计师的灵光闪现而不是过程积累决定了设计方案结果。“科学”的作用更多地体现在验证和改进一个候选方案而不是产生新的候选方案。在衡量和比较多个候选方案时，“美感”这一典型的艺术因素是重要的标准之一，伟大的设计师必须要有非常好的美学修养。艺术性让设计体现出灵动的一面，表现得随机、发散和创新，出色的设计师要有源源不断的灵感和实现灵感的科学技能。

## 1.10　总结

软件设计是一种规划活动，广义的软件设计包括从需求开发到编程之间的所有技术活动，狭义的软件设计主要包括软件体系结构设计和软件详细设计。

需要软件设计的主要原因是控制复杂度。软件设计综合使用分层抽象和关注点分离的方法控制软件系统的复杂度。

软件设计的目标和衡量标准是功能（效用）、质量（坚固）和审美（美感），其中功能是必备条件，质量是主要关注点，审美是区分伟大和平庸的关键。

软件设计要注意区分外部表现和内部结构，外部表现要抽象、简洁，内部结构要坚固、高质量。

软件设计要先进行逻辑设计，后进行物理设计，当介质载体与逻辑设计失配时，设计师要花费大量精力解决。

软件设计是跳跃性、创造性的决策过程，决策结果多样，决策之间顺序影响且不可逆。设计约束可以很好地帮助设计师。

# 第 2 章

# 程序设计

“软件”（software）这个名词最早由 Tukey 于 1958 在公开刊物上使用。在 20 世纪 50 年代软件刚刚产生的时候，软件还不太复杂，主要是完成科学计算问题，主体是程序。这时的软件设计本质上就是程序设计，这一点延续至今。在考虑比较小规模的软件设计问题（单个函数 / 方法内部的代码设计和数据类型设计）时，人们仍然称之为程序设计。

程序设计是软件设计中最为基础的问题，只有解决了小粒度的函数 / 方法和数据类型的设计，才可能解决更加复杂的软件设计问题。

在 20 世纪六七十年代，程序设计主要关注代码的正确性，即程序执行不能出错——要正确、精准地实现设想的功能，结构化编程理论在处理这一点上体现得很好。

到了 20 世纪 80 年代，生产效率问题推广了面向对象程序设计，它重点解决了可复用性，同时提高了可修改性、可扩展性和灵活性。

到了 20 世纪 90 年代，随着软件系统的规模扩大和复杂度提升，易读、可靠、性能高等更多的软件质量得到了关注，实现这些质量的代码设计方法也被总结和推广应用，这些方法被称为软件构造实践方法。

## 2.1 如何保证程序正确性

### 2.1.1 像设计硬件一样设计软件吗

早期的软件被看作硬件的一个特殊零件。当时只有少数的大型计算机，并且都用于科学研究（尤其是军事科学研究），资源非常宝贵，编写软件的目的是让大型计算机资源得到充分利用，软件从属于硬件。

受此思路的影响，当时人们使用硬件工程的办法进行软件开发，如图 2-1 所示。这时的程序编写介于规格说明和测试之间，自身没有进行专门的设计考虑。要保证编写的程序能够满足规格说明的要求，就只能依赖测试。这要求软件测试必须和硬件测试一样是完备的。如果测试不通过，就说明程序存在问题，需要进行修复，一直修复到测试通过为止，这种开发方法后来被称为构建 – 修复（Build-Fix）模型，如图 2-2 所示。

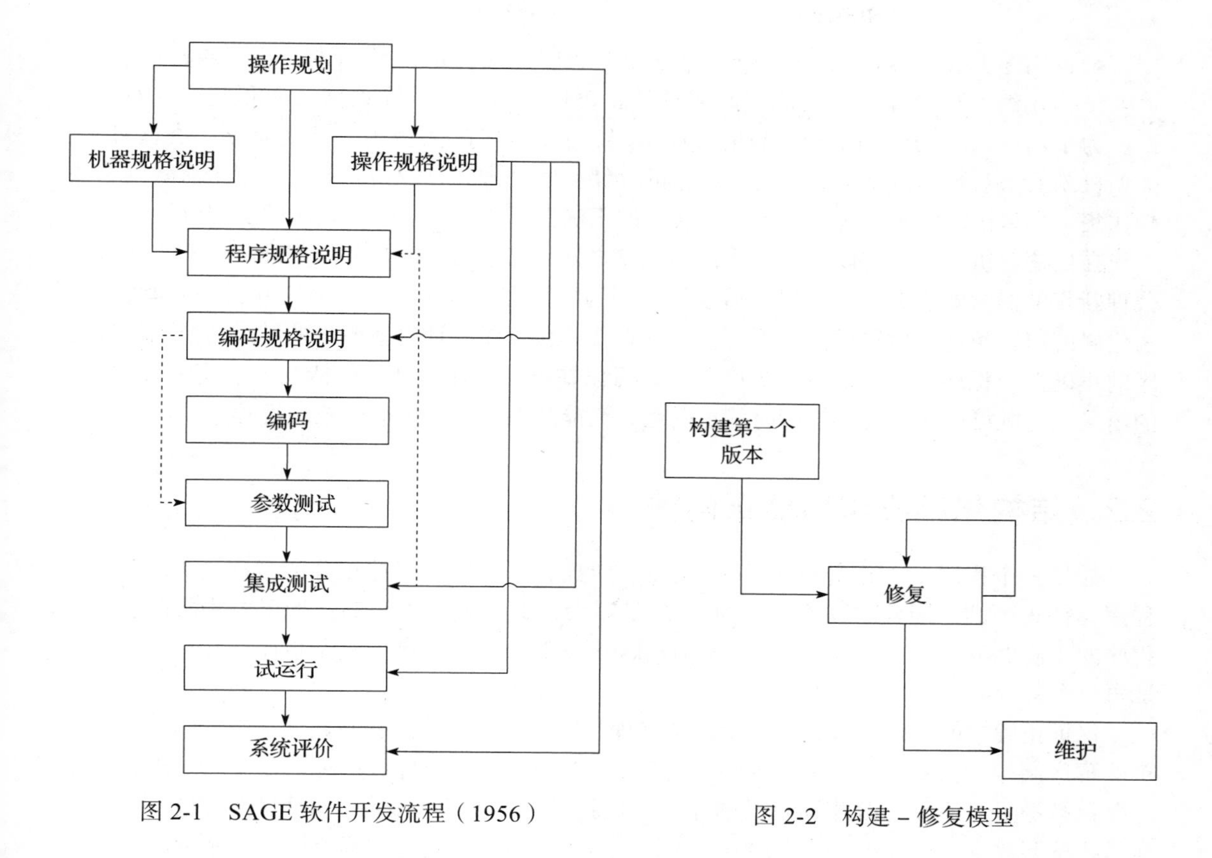


图 2-1　SAGE 软件开发流程（1956）

图 2-2　构建 – 修复模型

## 2.1.2　测试不能保证正确性

事实上，程序代码的复杂度远远超过硬件，适用于硬件的完备测试并不能适用于程序测试。

用最简单的例子来说明这个问题，两个 27 位整数相乘，可能的计算有 $2^{54}$ 种。假设一次计算是十微秒（百万分之一秒）级，测试所有可能输入 / 输出需要 1 万年，这是绝对无法接受的。

依此推论，程序的复杂度比硬件要高得多，仅仅靠事后测试来保证程序编写的正确性是行不通的。受此影响，人们不再把软件测试看作保证软件正确、有效（正确性测试）的手段，而是当作找出尽可能多已存在缺陷（缺陷测试）的手段。

如果事后的测试不能保证正确性，人们就需要寻找新的手段——编程之前进行程序设计，通过对设计方案的反复思考和推敲来保证程序的正确性。

## 2.1.3　用程序设计方法实现正确性

为了从设计上实现程序的正确性，以 E. W. Dijkstra 为代表，人们在 20 世纪 70 年代提出了结构化编程理论。该理论要求：

- 基于三种简单结构进行编程，消除 goto 语句。
- 使用单入口 / 单出口的块结构组织复杂代码。
- 以函数 / 方法为基本单位组织复杂程序。

- 使用逐步精化（stepwise refinement）方法自顶向下建立功能分解结构，组织函数 / 方法。

结构化编程理论保证了功能代码实现的正确性，但无法消除数据访问和使用方面的错误。为了消除数据访问和使用导致的程序错误，人们在 20 世纪 70 年代还建立了类型机制。类型机制要求对数据进行抽象，封装数据的存储空间处理和存取访问规则，限定有效的合法操作集。类型机制的确大大提升了程序代码的正确性，还明显增强了程序的易理解性。

在白盒解析程序结构以保证正确性的思路之外，20 世纪 70 年代 C. Hoare 还提出了基于公理断言的黑盒式思路，这个思路后续被发展为程序契约方法。程序契约方法定义函数 / 方法代码的前置条件、后置条件和不变量，并在代码执行时验证这些断言的满足情况来推理程序的正确性。程序契约方法的抽象度很高，可以在不涉及代码结构的情况下描述函数 / 方法的语义，这既可以保证程序执行时的正确性，又能帮助程序员更准确地理解程序。

## 2.2　结构化编程与功能正确性

如果一个程序由 $N$ 个部分（函数 / 方法）组成，每个部分保持正确的概率是 $P$，那么该程序保持正确的可能性不高于 $P^N$。如果 $N$ 足够大，那么 $P$ 必须足够接近于 1 才能保证整个程序的正确性不会趋于 0。所以，E. W. Dijkstra 认为要设计正确的复杂程序，必须要严格保证每一个部分的正确性。

保证正确性的最好办法是求助于数学推理，因此应该使用能够用数学推理证明的相对简单的程序结构，而不是所谓的“奇技淫巧”。面对程序的复杂性和严格的正确性要求，程序员要保持谦逊，不要过分相信自己的才能。也就是说，编程不是任意堆积代码以实现功能，而是要按照数学“形式化”要求的方式组织代码，这就是结构化编程所讲的程序设计。

下面我们就分别介绍结构化编程的几个形式化要求，并解析它们为什么能保证正确性。

### 2.2.1　使用简单结构——三种控制结构

#### 1. 顺序结构

顺序结构最容易保证正确性。如果一个顺序结构的输入是 $X$，输出是 $Y$，那么该顺序结构就可以被定义为数学函数 $Y = f(X)$。

通过检查顺序结构与数学函数之间的相符性，就可以验证一个顺序结构的正确性。相符性主要是顺序结构中子行为及其排列顺序的合理性。

如图 2-3 所示，代码是顺序结构，包含 2 个重要的子行为：“$x$ 加 $y$”然后“除以 2”，这与数学上计算两个数字的平均值过程是一致的（$z=(x+y)/2$），所以可以推论代码是正确的。

```
public float average(float x, float y){
    float sum = x + y;
    sum /=2;
    return sum;
}
```

图 2-3　顺序结构示例

#### 2. 分支结构

分支结构可以看作多个顺序结构的综合，它的数学函数定义形如：

$$Y = \begin{cases} f(X)\ X \in \mathrm{Dom}(1) \\ \vdots \\ f_n(X)\ X \in \mathrm{Dom}(n) \end{cases}$$

分别列举不同的输入条件，然后分析不同条件下顺序结构与数学函数之间的相符性，就可以验证该条件下的正确性，进而验证整个分支结构的正确性。

如图 2-4 所示，该段代码有 2 个分支：如果不是 vip，积分 bonus 与消费额度 consume 相等；如果是 vip，积分 bonus 是消费额度 consume 的 2 倍。假设它的数学意图是 bonus = $\begin{cases} \text{consume}\times 2\text{是vip} \\ \text{consume}\times 1\text{不是vip} \end{cases}$，那么很明显每个分支条件下的数学推理都是正确的，整个代码也是正确的。

论证顺序结构和分支结构正确性的数学方法称为“枚举式推理”（enumerative reasoning），主要思路是逐一列举结构中的各个步骤，分析不同条件，理论上可以发现一个顺序结构或分支结构正确与否。其中的关键是建立结构中子行为序列与数学函数的相关性和相符性。

```
public int bonus(boolean vip , int consume){
    if ( vip == true) {
        return consume * 2;
    } else {
        return consume;
    }
}
```

图 2-4　分支结构示例

### 3. 循环结构

顺序结构和分支结构中的子行为序列是比较固定的，但循环结构就不一样了，它的子行为序列是根据输入动态变化的。需要借助数学归纳法证明循环结构的数学正确性。

最简单和常见的数学归纳法是证明当 $n$ 等于任意一个自然数时某命题成立。证明分下面两步：

1）证明当 $n = 1$ 时命题成立。

2）假设 $n = m$ 时命题成立，那么可以推导出在 $n = m + 1$ 时命题也成立。（$m$ 代表任意自然数。）

这种方法的原理在于：首先证明在某个起点值时命题成立，然后证明从一个值到下一个值的过程有效。当这两点都得到证明后，任意值都可以通过反复使用这个方法推导出来。

数学归纳法结合枚举式推理就可以实现对循环结构的数学证明，假设循环的执行次数为 1 ～ $N$，那么：

1）在循环只执行一次时，执行的代码是正确的，可以使用枚举式推理证明代码正确性。

2）假设循环执行了 $n$（$n < N$）次，代码都是正确的，那么在循环执行第 $n$+1 次时，需要执行的代码只有 1 次也是明确的，也可以使用枚举式推理证明代码正确性。

3）前面两个步骤联合，就可以结合使用数学归纳法和枚举式推理证明循环结构的正确性。

如图 2-5 所示，该段循环代码可能执行 0 ～ $N$ 次，$N$ 是参数 students 的长度，那么：

1）可以证明在循环 0 次时，0 个学生的成绩总分为 0 是成立的，代码是正确的。

2）假设循环了 $n$（$n < N$）次，代码都是正确的，即 $n$ 次循环过后 sum 是前面 $n$ 个学生的成绩总分，那么很明显在第 $n + 1$ 次执行循环代码时 sum 计算是正确的，sum =（$n$ 次循环的 sum 值）+（第 $n + 1$ 个学生的成绩）。

```
public int sum(List<Student> students){
    int i = 0;
    int sum = 0;
    while (i<students.size()){
        sum += students.get(i).getScore();
    }
    return sum;
}
```

图 2-5　循环结构示例

3）综合前两个步骤，可以证明循环代码是正确的。

#### 4. 反面典型：goto 及其他

经过几十年的反复普及，程序员大多认为三种控制结构是万能的，他们甚至想不出怎样使用第四种结构。下面就来分析一下。

在早期的汇编程序设计中，跳转（例如 JMP）指令是控制程序逻辑的“主力”，程序设计语言也提供了一个类似语句——goto。对于早期使用汇编语言的程序员来说，使用 goto 语句是再自然不过的事情，没有了 goto 就像汇编程序没有了 JMP，根本就没法编程。

goto 语句最大的问题是找不到与之相适应的数学形式，它破坏了程序代码的顺序性，不再适用于枚举式推理。

现代高级语言当中有些概念看上去与 goto 相似，但实质上是完全不同的语句：

- break。break 可以跳出上层循环，它虽然是跳转，但只能跳转到上层循环的结束点，所以实质上它是循环代码块内部的一种分支。（goto 语句则可以跳转到任意一个新的语句。）
- return。return 提前结束一个函数 / 方法的执行，也只能返回到函数 / 方法的结束点，所以实质上它也是函数 / 方法内部的一种特殊分支。
- exception。如果异常得到了处理，被纳入 try-catch 管理，那么 exception 导致的执行跳转将只能按照 try-catch 指定的路径运行，此时 exception 等价于一种分支。如果异常没有被处理，那么异常出现后会导致的执行跳转就是不可控的，其效果类似于 goto 语句，正确性无法保证。也就是说，如果异常没有被 try-catch 管理，程序的正确性就是无法保证的。

#### 5. 简单结构总结

顺序、分支和循环这三种简单结构可以用数学方式证明正确性，并不代表程序编写完成之后要逐一进行数学分析，因为逐一进行数学证明的代价太大，遇到复杂程序时根本不可行。

关键是如果使用三种简单结构，在编程时的思考过程就是有“数学”保障的。反过来说，如果程序使用了一种特殊结构（例如 goto），那么即使编程之后进行专门分析也无法保证正确，就更不可能在编程时有正确保障。

所以，为了保证程序的质量（正确性），要像 E. W. Dijkstra 说的那样，保持谦逊态度，不要过分相信自己的能力，要避免使用 goto 等无法保证正确性的复杂结构。

### 2.2.2 使用块结构组织复杂代码

仅单独用顺序、分支或循环结构是无法组成复杂程序的。复杂程序中会出现很多的顺序、分支和循环结构，它们之间相互串行或嵌套。

要在多结构串行或嵌套的情况下继续保持整个程序的正确性，就需要保持每个单元的块状结构。

#### 1. 基于单入口 / 单出口块结构组成的复杂程序可以证明正确性

对如图 2-6 所示的复杂程序代码，可以建立如图 2-7 所示的程序流程图，这样分析起来更加直观。

```
int getBonus ( boolean cashPayment , List<BuyItem> items , boolean vip){
    int preBonus = this.getBonus();
    int consumption = 0;
    for (int i = 0; i < items.size(); i ++){
        consumption += items.get(i).getTotal();
    }
    int postBonus = preBonus;
    if (cashPayment) {
        postBonus += consumption;
    }
    if (vip) {
        postBonus *= 1.5;
    } else {
        postBonus *= 1.2;
    }
    return postBonus;
}
```

图 2-6　复杂程序结构示例

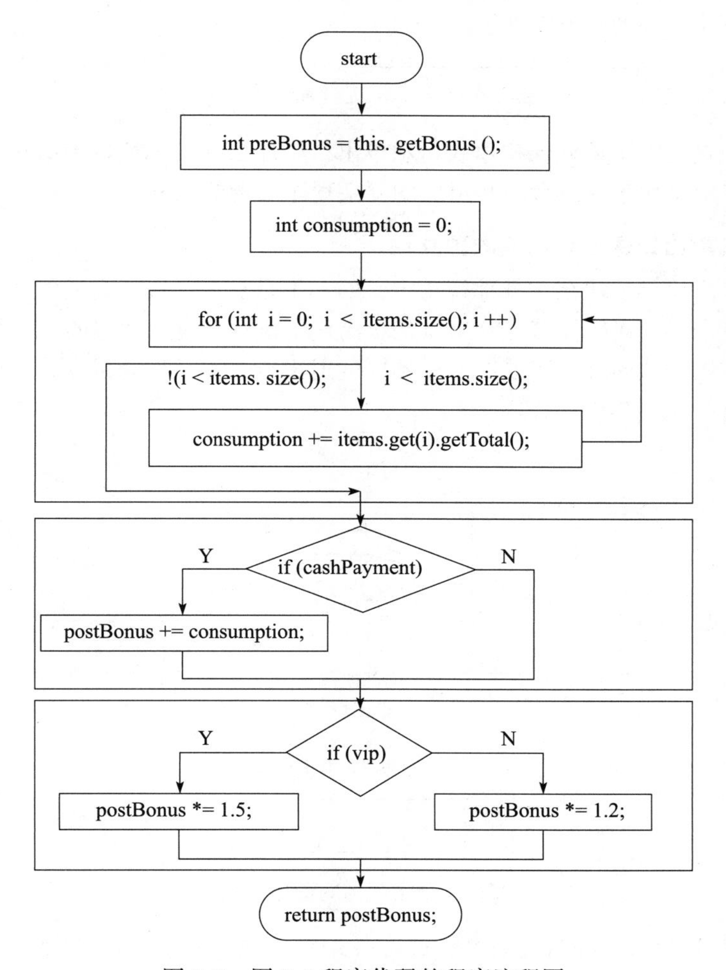


图 2-7　图 2-6 程序代码的程序流程图

如图 2-7 所示，该段程序包含了 3 个小的结构单元，分别是循环结构、分支结构、分支结构。这些小的单元都具有单入口和单出口，基于单一的入口和出口，它们与其他代码之间构成了串行顺序关系——程序代码的基本关系。

因为 3 个小的单元都是简单结构，所以可以证明它们的数学正确性。单入口和单出口又使得它们与其他代码的关系像基本的语句关系一样，这样就可以设想：这些单元可以被抽象为单一语句，也就是说假设程序语言提供了三个新的操作单位"sumConsumption=""cashBonus""vipBonus"，这些新操作可以像"+、−、*、/、+="一样使用，那么新程序示意如图 2-8 所示，它明显是一个顺序结构单元，也可以证明其数学正确性。

```
int getBonus ( boolean cashPayment , List<BuyItem> items , boolean
vip){
    int preBonus = this.getBonus();
    int consumption = 0;
    consumption  sumConsumption= items;
    int postBonus = preBonus;
    postBonus = cashPayment  cashBonus consumption;
    postBonus = vip  vipBonus consumption;
    return postBonus;
}
```

图 2-8 对结构单元进行抽象的程序示意

也就是说，只要简单单元保持单入口和单出口，那么基于"抽象为语句"的原理，可以借助数学证明多个单元串行或者嵌套组成的复杂程序结构的正确性。

### 2. 单入口和单出口保证块结构的独立性

单入口和单出口是从块结构外部视角定义的，不是从内部视角定义的。入口是指进入块结构之前的上一个外部代码衔接点，出口是块内代码执行结束后后继的下一个代码衔接点。

所以，分支结构从内部看可能有多个不同的退出点，但是作为黑盒，从外部看分支结构只有一个退出点，如图 2-9 所示。

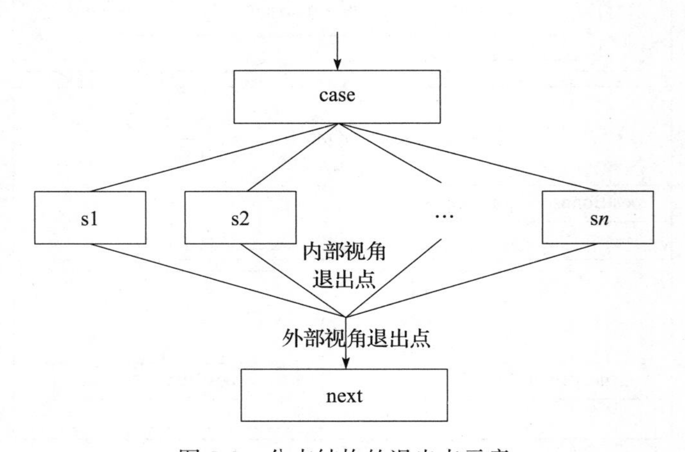


图 2-9 分支结构的退出点示意

单入口和单出口使得块结构内部与外部环境之间相互独立，除了接口点的串行关系之外，外部不会直接干涉块内部的代码结构，块内部也不会影响外部的控制结构。这才使得一个结构单元被抽象为一条“高级”语句成为可能。

### 3. goto 语句形成的多入口 / 多出口是有害的

最初提出单入口和单出口要求时，主要是想限制 goto 语句等特殊编程机制的使用。

goto 语句形成的多入口 / 多出口是指：可能有不同的上一条语句点跳转到结构单元，或者结构单元结束后可以跳转到不同的下一条语句点，如图 2-10 所示。第一个分支结构有两个出口（B 和 P2），第二个分支结构有两个入口（B 或者 Goto P2），这些多入口、多出口不仅破坏了整个程序结构的清晰性，而且使得各个结构单元无法被独立抽象，它们互相交织不独立，不能被抽象为“语句”，也就无法获得正确性保证。

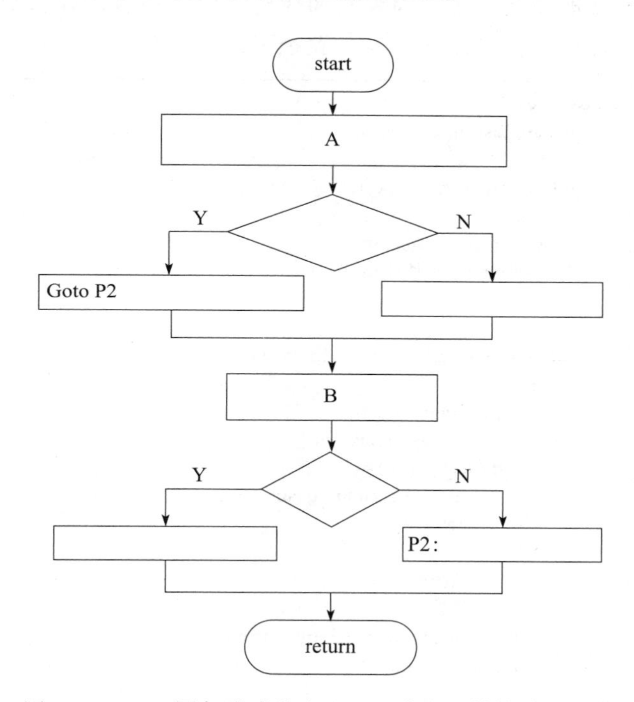


图 2-10　goto 语句形成的多入口、多出口结构单元示意

goto 语句形成的多入口 / 多出口结构有害的根本原因在于，它使得多个结构单元之间内部结构交织，这样一方面无法再证明各个单元的正确性，另一方面各个结构单元不能再被抽象为“高级”语句使得整个程序的正确性也无法证明。

### 4. 其他多出口机制分析

在现代程序设计语言中，一个块结构单元通常是单入口的，但出现了多种会形成多出口的机制。

（1）提前 return

提前 return 机制可能导致多出口。如果一个结构单元没有执行结束，就因为某种原因提前 return，那么它就会形成多出口，一个基本出口是整个单元结束后的语句衔接点，另一个出口是 return 语句形成的新的点。

如果一个结构被提前 return，那么意味着围绕着提前 return，该结构存在一个新的分支，这就需要结构自身“数学”证明该 return 路径的正确性。该结构单元所属的上层结构单元中

甚至函数 / 方法也被提前 return 了，没有被完整执行，所以它们也有新的分支，新分支的正确性也需要再证明。

提前 return 的影响范围局限在函数 / 方法内部，对其他函数 / 方法的正确性没有影响。

如图 2-11 所示，enterItem 方法的结构组织是：自身顺序结构，嵌套了一个循环结构 while，该循环结构又内部嵌套了一个分支结构 if。if 块结构有可能发生提前 return，导致了 if 块结构之后可能执行不同的出口代码：一种可能是“i++”语句，另一种可能是 processSale 方法的“getTotal()”。如果 if 块结构的出口是“i++”语句，那么整个程序的结构是符合简单结构要求的，正确性可以保证。但如果 if 块结构的出口是“getTotal()”，那么 enterItem 的代码逻辑就被复杂化了，因为它的代码并没有被完整执行结束，所以需要单独考虑发生了提前 return 这（代码执行不完整）路径下的正确性。

```
class Sale{
    private List<Item> items;
    ……
    public void processSale(){
        ......
        enterItem(id, quantity);
        getTotal();//if 块出口 2；while 块出口 2
        ......
    }
    public void enterItem(int id, int quantity){
        int i = 0;
        while (i<items.size()) {
            Item item = items.get(i);
            if (item.getId() == id) {
                item.setQuantity(quantity + item.getQuantity());
                return;
            }
            i++;//if 块出口 1
        }
        Item newItem = new Item(id, quantity);//while 块出口 1
        items.add(newItem);
    }
}
```

图 2-11 提前 return 导致的多出口示例

if 块结构的多出口使得上层的 while 块结构和最上层的顺序结构也都出现了多出口，它们的正确性也都需要多考虑一种路径。这些新的路径增加了正确性“数学形式化”的工作量，但是作为一种特殊分支其数学形式化特征还是具备的。

很明显，所有影响只限于 enterItem 方法内部，不会影响其他部分——这一点至关重要！正是因为影响范围有限，所以影响只是增加了数学形式化的工作量，但没有失去正确性保证能力。

总的来说，一个提前 return 的块结构会影响自身、上层乃至所属函数 / 方法的正确性保证工作量，但正确性还是可以保证的。

（2）循环结构中的 break 和 continue 语句

循环结构中的 break 和 continue 语句会打断、跳过内部代码的执行。在产生的影响上，它们与提前 return 有些类似，都是产生了新的分支，影响了结构单元的正确性证明。但是它们的影响范围比提前 return 小得多，仅限于循环结构自身，对上层及所属函数 / 方法是没有影响的。

如图 2-12 所示，在 for 循环结构内部（嵌套了顺序结构，该顺序结构又嵌套了 if 结构）发生了 break，它会影响 for 循环的路径，但不会影响 for 循环之外的其他结构。本质上是 break 语句使得 if 结构产生了多出口，如果 if 结构选择了 break 分支，出口就是后续的“ return quantity”，如果 if 结构没有选择 break 分支，出口就是外围的（ for 循环结构内部）顺序结构衔接点。

（3）得到了 try/catch 处理的异常

如果在一个块结构单元中主动抛出了一个异常，或者被动捕获了一个异常，都会导致执行路径发生不确定性变化，会导致该结构单元出现多个出口——正常执行结束点和异常跳转点。

exception 本质上一种被程序员忽视了的分支结构。如果要把这些忽视的内容补充起来，应该是要维护一些深层次的状态标志（例如是否除 0、内存溢出、地址越界等硬件信号），然后在代码中要处处判定这些标志，必要时执行分支路径。这些状态标志及其判定非常烦琐和普遍，被程序员“乐观”地忽视了，转而采用了更容易使用的异常机制。

如图 2-12 所示，异常机制使得语句“ int size = items.size();”之后出现了两种可能：进入后续 for 循环结构，或者执行“ items = new LinkedList<Item>();”。但在本质上，它等同于图 2-13 所示没有异常的分支结构，所以它是一种被模糊化了的分支结构。

```
public int getItemQuantity(int id){
    int quantity = 0;
    try{
        int size = items.size();
        for (int i = 0; i < size; i++) {
            Item item = items.get(i);
            if (item.getId() == id) {
                quantity = item.getQuantity();
                break;
            }
        }
    } catch(NullPointerException e){
        items = new LinkedList<Item>();
    }
    return quantity;
}
```

图 2-12 break 语句和 exception 机制导致的多出口示例

```
public int getItemQuantity(int id){
    int quantity = 0;
    if (items == null) {
        items = new LinkedList<Item>();
    } else {
        int size = items.size();
        for (int i = 0; i < size; i++) {
            Item item = items.get(i);
            if (item.getId() == id) {
                quantity = item.getQuantity();
                break;
            }
        }
    }
    return quantity;
}
```

图 2-13 消除异常的分支结构

虽然不会从根本上影响代码的正确性证明，但异常的确使得本来应该明确的分支过程被掩盖了，模糊化了分支路径，这会使得正确性证明的过程变得更困难。

### 5. 块结构总结

在组织复杂程序时，不仅要使用三种简单结构，而且要尽量保持各个结构单元的单入口 / 单出口块状特性，简单地说就是保持各个结构单元内部的独立性，不要让单元内部与其他外部代码产生不必要的联系。

提前 return、break、异常等机制可以使用，它们不会从根本上改变保证正确性的过程，还应注意不要过度使用，毕竟它们还是会使得保证正确性的过程变得困难。

实践中，块结构加上下列方法可以在正确性之外保证代码的结构清晰性，进而提升代码的已开发、已调试、已复用等质量：

- 使用“{}”让块结构的边界更明显，例如使用“if (x) { y}”而不是“if (x) y”。
- 块结构内部代码行对齐，体现块的整体性。
- 使用空行分割，让不同块结构更容易区分。
- 使用缩进结构，让块结构的嵌套关系更清晰。

经过持续的辩论和实践，程序员已经接受了三种简单结构和块结构的思想，放弃使用 goto 语句。但是在 20 世纪 70 年代，程序员是非常不愿意放弃 goto 语句的，他们认为没有了 goto 的编程工作将变得笨拙、无聊和枯燥，尤其是他们缺少了一种非常有用的灵活机制。最后的经验证明，工程是需要质量优先的，为了保证质量，工程师们需要牺牲一些不可靠的“技巧”。

### 2.2.3 兼顾正确性与复杂度控制：函数 / 方法

三种简单控制结构和块状结构组织保障了程序的正确性，但是这种正确性是建立在语句级别上的，大量的语句堆在一起会挑战程序员的复杂度控制能力。为了控制复杂度的同时不影响正确性保证能力，人们决定使用函数 / 方法作为基本单元构造系统的层次结构。

将复杂程序进行分割，使用函数 / 方法作为基本单位，每个函数 / 方法内部会包含多个块结构单元，很多函数 / 方法组成程序，那么程序员控制程序复杂度的能力会大大提高。

函数 / 方法在最初被称为子路径（subroutine），它是一个相对独立的代码组织单位。有明确的接口定义，界定输入数据和输出数据，被调用时控制流转向函数 / 方法的起始位置，执行完成后返回调用语句的位置。函数 / 方法的内部代码可以独立开发、测试和使用。除了接口的输入数据和输出数据之外，外部不需要了解内部的实现细节，内部也不需要关心外部的使用环境。

通过使用函数 / 方法作为程序构建的基本单位：

1）很好地实现了复杂度分解，进而实现复杂度控制。一个巨大的复杂度（整个程序）被分解为众多小规模复杂度（单个函数 / 方法）及其联系（函数 / 方法组织成程序）。小规模复杂度是可控的，（使用逐步精化和功能分解）联系也是可控的，总体的复杂度就是可控的。

2）每个函数 / 方法只需要对接口负责，只关注输入数据和输出数据，所以程序员在编写函数 / 方法时，可以完全集中关注局部编程，不需要关心其他部分代码的细节，这使得编程、调试、测试等工作都容易很多。

3）每个函数 / 方法把本地数据变量和代码细节隐藏在接口之后，外部使用者完全不需要关心接口之外的内容，所以调用函数 / 方法的工作也很容易。尤其是每个函数 / 方法把很多数据变量本地化加以访问范围控制之后，整体程序组织上的复杂度大大降低了。

4）函数 / 方法可以实现一次定义，多次使用。这样可以解决程序中广泛存在的代码重复现象，而且也有利于实现递归机制。人们还基于此定义了大量的代码库（library）文件，基于库文件编程比完全从头开始要容易得多。

5）函数 / 方法可以被抽象看待为一条“高级”语句，这可以帮助阅读者在更高的层级上理解程序，大大提升代码的语义表达力。例如“isZero(int i )”比“if (i == 0) then return true else return false”更容易理解。这也让形式化的正确性保证能力得到了延续。

在现今的观点看来，以函数 / 方法作为程序基本单位的优点是非常明显的，直接基于语句组织整个程序的做法已经完全不可取了。但是在 20 世纪 70 年代，接受函数 / 方法作为程序构建基本单位还是费了一番功夫的。一方面，在调用堆栈机制成熟之前，机器硬件、程序语言编译器对函数 / 方法的支持并不充分。另一方面，程序调用需要保存堆栈、传递数据、跳转到新地址，这个过程与直接使用 goto 语句跳转相比在效率上是有损失的，这一点直到编译器能够高效地处理函数调用过程时才得到解决。

## 2.3 数据抽象、类型与数据操作正确性

程序的最终表现形式是计算机的比特码，其中包括两种不同类别：操作和数据。结构化编程理论主要是规范了程序中操作的组织逻辑，但不适用于数据部分。

数据最初是内存、寄存器中的一些比特位，它自身不具有任何含义。在程序代码处理这些比特位时，通过程序代码的使用逻辑来解释比特位的含义。这一方面使理解程序代码变得困难，因为它内含了对于比特位的处理逻辑；另一方面增加了程序代码出错的可能性，如果对比特位的存取和处理失当就会出现错误。

为了解决上述问题，程序设计需要进行数据抽象：一方面让数据相对独立于操作，建立自身的逻辑含义；另一方面规范对数据的存取和处理，减少因此而发生的程序错误。

类型就是最为基础的数据抽象机制，它的作用是巨大的，保证了程序在操作数据时不会发生错误，即实现数据操作的正确性。

### 2.3.1 类型

类型是对一类数据的归纳和抽象，它屏蔽了不同数据的底层差异性，归纳了它们的共性规范。例如，数据“1”“2”“8”等在内存中位置不同，占据的空间长度也可能不同，比特位的数值也不同，这些都是差异性。但是这些差异性可以被忽略，被共同抽象为 int 类型。

人类在面对现实世界的复杂性时，归纳和抽象是必不可少的能力，人们思考时依赖的是类别共性而不是个体差异，人们会自然归纳共性来建立理解而不是逐一记住各个具体特征。

类型的抽象性可以让程序员更好地处理数据，能够帮助程序员不犯琐碎的细节错误：

1）类型可以封装一部分的数据处理复杂度，提升程序员的复杂度处理能力。

在机器层次上，数据的存取和使用存在很多琐碎的问题，包括寻址、长度界定、编解码（原码、补码、反码），等等。

但是一旦抽象到类型层次，便无须关心所有的底层细节。程序员在使用一个 int 变量 $i$ 时，不需要知道怎么找到 $i$ 的起始地址比特位，不需要关心怎么读取 $i$（自高位向低位还是相反？读取多大的长度？），不需要关心一个 int 数据是如何编解码的（原码、补码还是反码？）……在执行“$i+j$”时，程序员不需要关心寄存器是如何操纵的，不需要了解“+”的底层指令码是什么。

通过使用类型，程序员可以把更多的精力集中在程序自身的功能逻辑上，可以更好地处理复杂问题。如果没有类型的帮助，上述工作都是需要程序员自行处理的。

2）类型可以定义数据使用规范，提升程序可靠性。

可以给类型定义存取和使用规范，这样可以阻止对数据的任意操纵，避免数据使用不当

导致的软件错误。

例如，对 int 类型的数据，只有“+、–、*、/、%”等有限的数学计算操作是被允许的，这些操作会按照约定（例如寻址、长度、编解码规则等）使用数据，不会带来意外的程序错误。如果没有类型约束，任意的存取比特位，那么使用的比特位就可能不符合约定（例如寻址定位不准确、长度界定偏差、编码规则和解码规则不一致），就会带来程序错误。

3）类型自身含有丰富的语义，有助于程序的理解。

类型是一套使用规范和约束，所以只要知道一个数据的类型，就可以建立准确的理解，即使不知道它在运行时的具体数值。

例如，在程序中看到 int i 声明时，可以依据 int 类型的约定对数据 i 有一个基本的理解，即使并不知道 i 在程序运行时会取何值。

这一点让人们可以分离数据和功能，在不同的维度上进行理解：可以在不明确数据取值的情况下理解程序（函数 / 方法），也可以在不了解功能代码的情况下理解数据（文件和数据库）。这可以大幅提升程序的易理解性。

## 2.3.2 结构化类型：强正确性保证

### 1. 什么是结构化类型

类型定义了一类数据的存取规则和合法操作集合。对于一些数据类别来说，存取规则和操作集合都是比较固定和有规律的，它们的类型定义也是比较固定和有规律的，这些类型被称为结构化类型（structured type）。

结构化类型有固定的规律性，它的定义可以被固化和内置到程序设计语言中，程序员可以直接使用，不需要另行定义和关心其类型的定义细节，可以有效避免程序员出错。

### 2. 常见的结构化类型

常见的结构化类型有：整数型（int、integer、long、short）、浮点数型（float、double、real）、布尔型（boolean）、字符型（char、character）、地址型（pointer、reference）。

对这些结构化类型，可用的合法操作包括：

- 公有操作，例如赋值、判等、类型转换。
- 类型特有操作，例如整数型和浮点数型可以进行数学计算、布尔型可用进行布尔计算（逻辑计算）、地址型可以进行解引用（“.”“–>”）操作。

结构化类型又被称为程序设计语言的基础数据类型（primitive data type）。

因为规律固定，所以计算机可直接在硬件上对这些类型的存取和操作给予支持，这样可以获得更高的性能和效率。

### 3. 结构化类型的作用

程序设计语言对结构化类型进行了很好的抽象和封装，程序员在使用时完全不需要关心底层实现细节，也不需要自己定义数据的操作集合。

例如，在 Java 程序中，程序员使用数据 int i 时，可以直接使用数据进行计算。但是在计算机底层，机器首先在本地变量内存区中寻找一个 label（变量名）为 i 的数据项，然后读取该项长度为 32 字节的数据，再用补码规则解析该数据，最后才可以使用数据值。

对结构化类型的封装很好地实现了“类型”的目的，是现代程序设计语言中提升程序抽象层次，提高可理解性、正确性的必要手段。

### 4. 结构化类型抽象后的负面效果——浮点数计算问题

结构化类型的封装屏蔽了底层细节，这方便了编程工作，但有时也会产生意外，例如高精度浮点数计算可能会不准确。

浮点数的底层存储是一定数量的比特位，它是有限而且离散的，对浮点数进行编码和计算时常常会超出比特位的限制，而且浮点数采用的是“科学记数法”而不是简单的小数表示，导致数据的表达和计算结果不准确。

例如，在 Java 语言中使用固定比特长度的 double 类型进行计算就可能发生偏差，如图 2-14 所示。所以 Java 语言推荐使用 BigDecimal 类型进行计算，BigDecimal 类型可以自己控制比特位长度，结果相对比较准确。

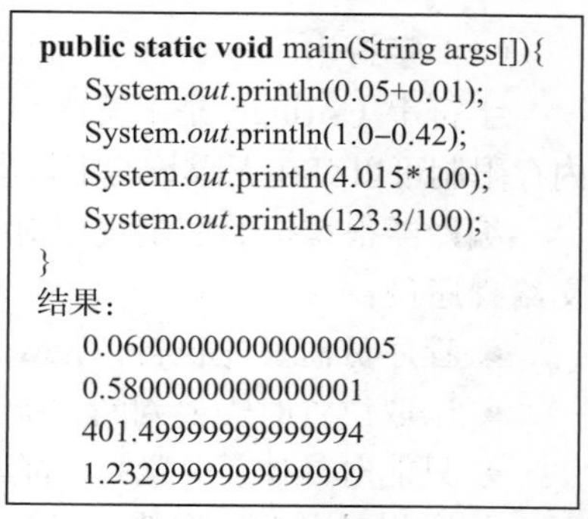

```
public static void main(String args[]){
    System.out.println(0.05+0.01);
    System.out.println(1.0-0.42);
    System.out.println(4.015*100);
    System.out.println(123.3/100);
}
结果：
    0.060000000000000005
    0.5800000000000001
    401.49999999999994
    1.2329999999999999
```

图 2-14　Java 浮点数表示示例

如图 2-15 所示，浮点数的数据被分割为符号位、指数和尾数，绝对数值为 $M \times 2^E$。在长度受限的情况下，很多小数都无法被表达为正好准确的 $M$、$E$，于是只能选择最接近目标数的 $M$ 和 $E$ 表示，这就是浮点数计算误差的来源。

| | 符号位 | 指数$E$ | 尾数$M$ |
|---|---|---|---|
| 单精度 | 1位 | 8位 | 23位 |
| 双精度 | 1位 | 11位 | 52位 |

图 2-15　IEEE 浮点数标准

因为对浮点数类型进行了封装，所以很多程序员使用浮点数时并不清楚底层计算细节，所以往往并不知道得到了不准确的结果，不得不说这是类型封装的一个副作用。

### 5. 结构化类型封装的利与弊——使用结构化类型进行程序设计

总体来说，程序设计语言对结构化类型的封装极大地方便了编程工作，显著提升了构造程序的正确性和可理解性。程序员在使用结构化类型时，已经基本不需要关注类型的底层实现机制。

建议程序员还是要知道结构化类型并非不可分割的最底层原子，这样一旦需要了解类型的底层实现时不至于没有头绪。需要理解底层实现的常见场景包括：整型计算的溢出、数值的编码（原码、补码、反码）、字符型的编码（ASCII、GBK 等）、字符型与整型的转换、浮点数计算等。

## 2.3.3　非结构化类型：弱正确性保证

### 1. 什么是非结构化类型

与结构化类型有固定规律不同，有些数据类别的存取规则和操作集合是不固定的，导致它们的类型定义无法被固化，这些类型被称为非结构化类型（unstructured type）。

程序设计语言对非结构化类型的处理方法是：以结构化类型为基础，提供定义机制，让程序员自己定义需要的非结构化类型。

**2. 常见的非结构化类型**

（1）字符串

字符串（string）是字符序列。字符串的长度是不固定的，甚至不是有限的，如果不考虑内存限制可以存在无限长的字符串。字符串可能没有任何字符，也可能含有1个或多个字符。

编译器很难按照固定规律对字符串进行存储管理，就只好将字符串类型的部分底层实现交给程序员：

- 程序员需要先执行“new String()”才能使用字符串。
- 读取位置时需要判断“string.length()”以防读写越界。
- 只能对具体（位置）字符逐一进行赋值。
- 增删时会动态调整内存空间大小。
- 整体赋值时传递的是字符串首地址而不是字符串内容。

除了存储空间管理操作之外，字符串的其他常用合法操作还包括：截取、拼接、替换、拆分、按位置存取、计算长度、清除前后端空格等。

（2）数组

数组（array）是相同数据元素的组合，可以通过位置下标访问数组中的元素。数组中的元素通常是同一类型的。数组的长度在声明时可以固定，也可以不固定。在获得空间分配之后，数值长度通常被固定下来，也有语言支持空间分配后仍然可以继续动态调整数值长度。

因为数组的长度可能不固定，所以程序员需要自己管理数组的存储空间：

- 在使用前创建，创建时指定大小。
- 需要判断长度溢出。
- 需要逐一元素赋值。
- 在绝大多数语言中，数组一旦创建空间大小就固定了，在少数语言中允许空间动态变化。
- 整体赋值时传递的是地址。

除了存储空间管理操作之外，数组的其他常用合法操作包括：元素访问、切片和计算长度。

（3）结构体或记录

结构体（structure）是一种多维度组合概念，哲学上称之为“笛卡儿积”。假设每一个维度是一个集合域，结构体和记录（record）由多个域组成，每一个域可以是基础类型，也可以是其他的非结构化类型。

在应用开发时，结构体是可以定义和结构化的。但在编制程序设计语言时，结构体的域是无法固化的。例如，在开发图书管理系统时，Book类型可以被定义为包括ID、Name、Description、Price等域，但是在设计Java语言时，不可能预计到将来存在这样一个Book类型。所以，结构体的定义由程序员在开发应用时完成。

一旦声明完成，结构体和记录的存储空间长度就固定了，所以程序设计语言可以完成存储空间的管理，不需要程序自己维护。

结构体和记录的合法操作主要是解引用（.）。使用结构体时，访问域要和定义域一致才不会出错，赋值时要各个域逐一赋值。

（4）联合体

联合体（union）是一种使用规则可变类型，它是一种在程序执行的不同时段可以存储不同类型值的一种非结构化类型。联合体本质上是一种差异性处理，表达的是在一个存储空间上的访问规则可能是多种规则中的一种。例如，用 float 和 char 组成一个 union 类型，意味着该类型在未赋值时既可能是 float 类型，又可能是 char 类型，但一旦赋值完成，要么是 float 类型，要么是 char 类型。

联合体的存储长度是固定的，所以声明之后就可以进行内存分配。但是 union 内部的类型值是不固定的，所以需要程序员自己维持赋值和使用之间的规则一致性：如果赋值使用 char，那么按照 float 使用时可能会产生错误。

需要注意的是，因为一个 union 的类型规则在编译时是不固定的，所以语言一般不提供对 union 的类型检查，这有可能导致潜在的程序错误。

联合体的合法操作是解应用。

（5）枚举类型

枚举（enumeration）类型是指所有可能取值都是在类型定义时提供或枚举出来的命名常量。具体的命名常量是不固定的，交由程序员在编程时指定。

通常，枚举常量被隐式地赋予整型值，程序员也可以在定义时显式地赋予其他整型值。

因为枚举类型背后隐藏着整型值，所以存储管理是非常有规律的，程序员使用时不需要进行空间管理。枚举类型是一种常量，所以它没有复杂的操作需要定义。

枚举常量的命名是可变的，所以还是需要程序员进行声明和定义，它的声明限制了有效的取值范围。

### 3. 非结构化类型的弱正确性保证

非结构化类型是封装不完整的类型，它的规律性部分被程序设计语言固化，但可变部分还是需要程序员自己处理。

所以，如果非结构化类型使用正确，它能够和结构化类型一样提升程序质量（正确性、可理解性），但是如果程序员对可变部分处理不当（例如没有分配空间就使用，超出地址范围等），它有可能比结构化类型产生更多错误。

如图 2-16 所示，像左边列一样使用结构化类型 int 进行编程时，可以直接使用，不需要考虑存储空间问题。但是像中间列一样使用非结构化类型 Array（int[]）时，如果程序员不自行分配空间和控制长度溢出，就会产生错误（错误 1：scores 未创建和分配空间；错误 2：在 for 循环内部 i>=2 时对 scores[i] 的寻址溢出）。程序员需要像右边列一样，明确进行 scores 的创建并保证 max 与 scores 的长度相关联，才能产生正确的程序。

**结构化类型**

```
int score;
int sum = 0;
score = 90;
sum += score;
```

**非结构化类型（错误）**

```
int[] scores;
int sum = 0;
int max = 100;
scores[0] = 90;
scores[1] = 80;
for (int i = 0; i < max ; i++ ){
    sum += scores[i];
}
```

**非结构化类型（正确）**

```
int[] scores = new int[2];
int sum = 0;
int max = scores.length - 1;
scores[0] = 90;
scores[1] = 80;
for (int i = 0; i < max; i++ ){
    sum += scores[i];
}
```

图 2-16　非结构化类型的使用错误示例一

又如，使用结构体和联合体时，前后两个地方的规则稍有偏差就会带来错误，如图 2-17 所示。要想不发生这种错误，就需要程序员自己始终维护操作规则的一致性。

```
struct product {                          union indicator{
    int id;                                   int grade;
    float price;                              float score;
} p;                                      } i;
p.num = 1;// 错误，找不到 num 域          i.grade = 10;
                                          count<<i.score<<endl;// 输出错误值
```

图 2-17　非结构化类型的使用错误示例二

总之，使用非结构化类型进行程序设计时，程序员一定要准确定位各种类型的特点，恰当使用。

## 2.3.4　复杂抽象数据类型（数据结构）及其质量

### 1. 用户自定义类型

在实际开发中，无论结构化类型还是非结构化类型，都有千千万万种类型可能，程序设计语言不可能逐一定义。程序设计语言采用的策略是定义最少的类型可能，然后由程序员基于程序设计语言提供的类型，自行建立复杂的类型。

例如，年龄 Age 就是一种新的结构化类型，它与 int 型是不同的，它们的取值范围不同，操作不同（Age 不适用数学结算，多个 Age 的加减乘除没有意义）。但是程序设计语言并不提供 Age 类型，而是由程序员基于 int 类型显式地建立 Age 类型或者隐式地按照 Age 类型的要求使用 int 类型。这样的事情程序员每天都在处理，都已经意识不到其中类型定义的存在了。

使用基础类型建立新的结构化类型还是较为简单的，基于程序设计语言提供的非结构化类型定义新的非结构化类型就要复杂得多了。非结构化意味着规则不固定，而且程序设计语言对非结构化类型的抽象度也不完整，所以程序员定义新的非结构化类型时难免会出现各种问题。

### 2. 数据结构

为了帮助程序员更正确、有效地处理非结构化数据类型，人们总结了实际开发中最为常见的几种复杂非结构化类型，给出了优秀的解决思路，这就是常说的数据结构。

（1）链表

链表（linked list）又称为线性表，它以线性方式非连续地组织数据元素。

链表的数据内容和长度都不固定，所以需要程序员自行组织和管理存储空间，包括链表创建、节点创建、引用关系维护等。

链表的基本操作有定位首部、插入、删除、查找、计算长度、判定是否为空等。这些操作完全得不到程序设计语言的直接支持，需要程序员自己定义和管理。

（2）序列

序列（sequence）是按照顺序排列的数据元素组，顺序关系非常关键，不能颠倒。字符串（string）、列表（list）、堆栈（stack）、队列（queue）、数据流（stream）都属于序列类型，只是它们的访问规则不同（string 和 list 是随机访问、stack 是后进先出、queue 是先进先出、

stream 是批量访问）。

序列的长度通常是不固定和不受限的，所以程序员需要自己管理存储空间。

序列共同的常用合法操作包括计算长度、遍历、增加和减少，这些同样需要程序员自己定义。不同的具体序列类型会有自己的特定合法操作。

（3）映射

映射（map）是数据元素集的一种特殊组织类型，它能够通过键值从数据元素集中快速找到某一个数据元素。

映射内含了一种映射函数机制，Map：Domain → Range。Domain 是数据值域，是数据元素。Range 是范围值，是键值。在建立 Map 时，需要根据 Domain，确定 Range，然后形成映射结构。在使用 Map 时，对给定的 Range，根据映射关系可以快速确定 Domain。Domain 又被称为 Value，Range 又被称为 Key。

数组本质上也是映射，它在存储的数据元素与下标（位置索引）之间建立了映射，所以可以通过下标直接访问相关数据元素。例如，对于“星期一 ... 星期日”，可以建立数组 Array[1..7]={“星期一”，...，“星期日”}，然后直接通过键值 1..7 快速访问数据“星期一 ... 星期日”。表驱动编程的程序设计方法就是很好地利用了数值的映射特点。

哈希（hash）、稀疏（sparse）都是常见的 Map 类型。

Map 类型长度不固定，而且没有限制。Map 的 Key 和 Value 也不固定，是可变的。所以 Map 的存储空间需要由程序员自己进行管理，进行 Map 的创建、赋值和增减时对空间的操纵都由程序员控制。

Map 的常见合法操作主要是增减键值对和维护（更新）键值关系。

（4）幂集

幂集（power set）是数据元素集，而且每个数据元素都必须是某一个数据全集的子集（包括全集和空集）。也就说是，幂集并不是任意的数据元素集合，它必须满足所有元素都是一个数据全集的子集这一约束条件。在幂集中，数据元素之间没有顺序关系，任何位置的作用都是等同的。Collection、Set、Bag 是常见的幂集类型。

幂集类型的长度是不固定的，需要程序员自己管理存储空间。

幂集类型的常见合法操作包括：增减、清空、计算长度等集合维护操作，判定包含、交、并、补等集合运算。

（5）递归

递归（recursion）类型是指该类型元素的某个组成部分与自己是相同的数据类型。

树（tree）和图（graph）是常见的递归类型。

递归类型的长度和元素存储结构都是不固定的，需要程序员自己维护存储空间。

递归类型的常见合法操作包括增减、遍历、深度计算和广度计算等，但更多的操作需要程序员自己定义。递归类型的操作在实现上一般也是递归的。

### 3. 数据结构所提升的质量

对于软件设计而言，数据结构首先解决的是介质载体适配和复杂度问题。数据结构所反映的抽象数据类型是程序设计语言本身并不提供的，需要程序员自己构建。现在的程序设计语言都会通过代码库的方式提供这些数据结构实现，但这并不是程序设计语言的内生机制。如前所述，这种介质载体解决了物理设计中的复杂度问题。

数据结构有一个共同点：都是对多数据组合的复合处理，对这些数据的存储和读取性能是数据结构实现时关注和提升的重点。也就是说，数据结构提升了软件的性能，包括空间性能和时间性能。

作为一种抽象数据类型，使用数据结构进行程序设计，能够提高程序的正确性和易理解性。

**4. 使用数据结构进行程序设计**

在程序设计中使用数据结构时，要始终保持这样的理解：数据结构本质上是复杂的非结构化类型。

虽然数据结构的内部实现机制充满了智慧，学会构建复杂数据结构的内部结构非常有助于提高程序设计技能，但是在程序设计层面，程序设计的目的始终都是构建一个能够满足需求的高质量程序，数据结构应该起的作用是作为被仔细封装过的复杂类型，用来增强程序可靠性、提高程序可理解性、提升程序性能。

能够正确地将复杂数据结构看作一种类型，就能够有效地在程序设计中使用数据结构。例如：

- 进行磁盘文件读写时，文件是典型的数据元素序列，而且考虑到读写效率应该批量读写，那么很自然就应该使用 Stream。
- “将数字‘1 ～ 7’转换为‘星期一～星期日’”“根据 VIP 级别‘1 ～ *N*’给不同的折扣率”“从 *N* 种可能中随机选择一种”等问题背后都存在“整数和其他数据的映射”，所以都可以使用数组（表驱动编程）很好地解决。
- 如果需要从很多数据中根据某个特征 F 快速定位某个数据元素 E，那么可以建立映射类型 Map:F → E，这也是简单索引、路由、分发机制等场景使用的方案。
- 如果一个数据集是一个限定集合元素的排列组合，例如可能的扑克牌组合、固定人群下不同的人员名单、用户的兴趣偏好选择、单个用户同时承担的角色等，应该使用幂集解决。
- 涉及递归结构时，应该使用递归类型解决。例如，人际关系网络是递归的，使用图类型；上下级机构管辖是递归的，使用树类型。

数据结构本来就是因为会被广泛使用才被人们总结出来的，如果一名程序员在编程中很少使用数据结构，那么他很可能只关注了数据结构的实现技巧，并在编程活动中一次又一次地重复这些技巧，却没有意识到有更好的一次封装多次使用的数据类型机制。

## 2.4 程序契约与正确性

结构化编程和类型机制都是从代码的结构和组织入手，保障程序的正确性。C. Hoare 从另一个视角，提出了程序契约的方法，定义公理断言，用黑盒的方式保障程序的正确性。

### 2.4.1 前置条件与后置条件

一段代码之所以是正确的，是因为它反映了人们的意图。一段程序的意图，可以被定义为在程序执行完成之后对相关变量取值的断言。断言又被称为约束，是对某一个条件的判定，使用数据逻辑表达，取值为真或假，它本身不对外界施加影响。断言通常并不直接指定变量的特定值，而是描述值的约束和值之间的关系。

在大多数情况下，一段代码结果的正确性有赖于其初始（输入）数据的合理性，这种合理性也可以使用断言约束进行限定。

这样，代码的约束断言就可以被定义为：P{ C }Q。其中 P 是对初始数据的判定，被称为前置条件（Pre-Condition）。C 是需要定义的代码段，通常是一个函数 / 方法。Q 是 C 执行完成后的数据判定，被称为后置条件（Post-Condition）。总的定义是：对于代码段 C，如果其初始数据满足前置条件 P，并且其执行结束后数据满足后置条件 Q，那么 C 就是正确的，满足了它的设计意图。

因为前置条件 P 和后置条件 Q 被认为定义了程序的意图，所以它们又被称为程序契约（contract）。

例如，针对销售系统的找零方法 public double getChange(double total, double payment)，可以定义方法成功执行需要的前置条件：总价 total 大于 0，已付款 payment 大于等于 total。可以定义方法成功执行结束后的后置条件：找零额度 change = payment – total。使用 Java 的 assert 语句，可以定义程序的黑盒契约如图 2-18 所示。

```
public double getChange(double total, double payment) throws AssertionError {
    // 前置条件检查
    assert ( ( total > 0) && (payment >= total)) :
        ("Sales.getChange Pre-Exception: Payment" + String.valueOf(payment) +
            "; Total " + String.valueOf(total));
    ......// 主体代码，黑盒
    // 后置条件检查
    assert  (change == (payment – total) ) :
        ("Sales.getChange Post-Exception: Payment" + String.valueOf(payment) +
            "; Total " + String.valueOf(total));
    return change;
}
```

图 2-18　程序契约定义示例

程序契约可以不依赖于代码结构，从黑盒的方式保证程序的正确性，这一点与后期的测试驱动开发想法非常类似，在实践中有着很好的效果。很多语言都引入了程序契约的机制，定义函数 / 方法的前置条件和后置条件，例如 Eiffel 语言就支持契约声明和运行时检查，Java 也专门提供了 assert 语句。

### 2.4.2　不变量

循环不变量（loop invariant）是专门为循环结构定义的断言条件，它需要循环结构始终保持其为真。

顺序结构和分支结构都有明确的串行执行过程，所以可以很明确地定义前置条件和后置条件。但是循环结构比较特殊，对于循环结构的内部代码，它可以执行 0 次或者多次，这使得它的前置条件和后置条件不太容易定义（尤其是循环允许执行 0 次）。所以需要使用循环不变量，形式为 $P\{C\} \neg B \wedge P$，其中 C 是循环代码，$\neg B$ 是循环结束条件，P 是循环不变量。

如图 2-19 所示，方法 payFromAccount 需要从账户中扣除购买的商品价格，使用了一个循环结构。账户余额大于或等于 0（balance>=0）就是该循环结构的不变量，它需要始终为真。

```
public void payFromAccount(){
    double balance = getAccountBalance();
    assert (balance >= 0) : "Invariant Rule Exception: balance("
                        + String.valueOf(balance) + ")>=0";
    for (Item item: items){
        balance -= item.getPrice();
    }
    assert (balance >= 0) : "Invariant Rule Exception: balance("
                        + String.valueOf(balance) + ")>=0";
……// 后续操作略
}
```

图 2-19 循环不变量示例

在后来的面向对象方法中，参照循环不变量建立了类不变量（class invariant），定义了针对类的属性数据的断言，它需要在类的所有方法代码中都维持为真，这可以在发生重入、并发等复杂情况时仍然保证程序的正确性。

### 2.4.3 程序契约的局限性

程序契约可以在不关心程序代码结构的情况下明确一个函数 / 方法的正确性，这非常方便开发工作。但是程序契约的黑盒方式也决定了它的局限性：

1）黑盒方式不适用于程序异常终止。后置条件的基本要求是程序执行完成，但是如果程序异常终止，例如陷入无限循环、除 0 错误、地址溢出等情况，契约的检查就失去了基础。异常机制才是解决程序异常终止的有效手段。

2）契约内容未包含实现中对外界环境的依赖。在黑盒方式下，不涉及内部实现结构，一个函数 / 方法的初始数据和执行结束数据只能限定到输入数据和输出数据。但有些内部实现中使用的外部环境（例如共享数据、文件）本质上也是初始数据和结束数据，但它们无法在黑盒方式下得到定义。防御式编程比契约式编程更加全面，能够定义程序对外界环境的依赖。

3）并发和重入（re-entry）环境下程序契约会失效。程序契约中隐含了前置条件和后置条件之间的因果关系，这要求程序执行过程是原子性的，不会中途发生不可控的变化。但并发和重入会带来不可控的变化，从而带来未预期的结果。这也是面向对象方法引入类不变量的原因。

## 2.5 面向对象编程与可复用性

### 2.5.1 可复用性需要的出现

事物总是持续在发展的，过去的阶段解决了旧的问题，新阶段的新发展会带来新问题。20 世纪 70 年代的发展刚刚解决了程序正确性的问题，20 世纪 80 年代的新发展就带来了生产效率问题。

在 20 世纪 80 年代，个人计算机的出现和普及，加上商业微型计算机的继续增长和 GUI 的推动作用，使得人们对软件产品的需求出现了爆炸性增长，这给软件行业带来了无限机会，众多软件公司纷纷涌现。但是开发人员数量上的增长并不能完全满足对软件产品需求的增长，所以软件行业利润丰厚的同时面临着生产压力，提高生产力成为行业的主要目标之一。

提高生产力的方式有很多，其中一种方式是避免重复生产，即软件复用。实践经验表明，软件复用是最能提高生产力的方法，可以提高 10% ~ 35%。

与结构化方法相比，面向对象方法中的结构和关系（类、对象、方法、继承）能够为领域应用提供更加自然的支持，使得软件的复用性和可修改性更加强大。可复用性满足了 20 世纪 80 年代追求生产力的要求，尤其是提高了 GUI 编程的生产力，这成为推动面向对象编程发展的最重要动力。

### 2.5.2 面向对象编程与可复用性

面向对象程序设计首先延续了结构化程序设计的思路：

- 继续使用结构化编程理论进行代码组织。
- 继续强调类型机制。
- 继续使用前置条件、后置条件和不变量建立类方法契约。

面向对象方法在程序设计机制上也提出了几种新的手段：类 / 对象抽象、封装、继承和多态。这些新手段提供了新的编程元素，对函数 / 方法的代码设计影响不大，它们更多的影响是：

- 提升了程序的可复用性。
  - 类 / 对象抽象实现了一次定义多处使用。
  - 封装降低了复用代码时的难度和代价。
  - 继承和多态联合起来，提供了一种全新的复用机制。
- 延展和丰富了类型机制，尤其是用户自定义类型、子类型及类型多态等机制。
- 结合了模块化和信息隐藏思想，增强了程序员的复杂度控制能力。

需要指出的是，面向对象方法在提高可复用性时，同步提升了可修改性、可扩展性和灵活性：

- 类的抽象和封装，提升了可修改性，修改一个类时基本不会连锁影响外界其他代码。
- 继承和多态联合起来提供了一种 hook 机制，提升了可扩展性和灵活性。

下面我们来逐一介绍面向对象编程的几个机制。

### 2.5.3 类和对象

#### 1. 用户自定义类型

程序设计的核心机制就是过程抽象和数据抽象，它们帮助程序员简化了代码组织和数据使用。类型就是典型的数据抽象机制，基础数据类型、非结构化类型以及复杂数据结构都是抽象数据类型。

在实际开发中，需要使用的非结构化类型数量众多，远不是基础数据类型、非结构化类型以及复杂数据结构能够表达的，所以需要让用户依据应用特点自己定义类型，即用户自定义类型。

按照类型定义的要求，一个类型需要隐藏空间分配、数据组织、存取算法等实现细节，同时对外公开合法操作集，外界通过合法操作集使用类型。

用户自定义类型需要符合类型的要求：

1）进行类型定义。程序设计语言提供类型自定义机制，程序员可以基于此机制定义一个类型的内部实现和公开操作集，即接口和实现。

2）按照规则使用类型。在程序员使用自定义类型时，程序设计语言要能够进行类型检查，保证对自定义类型的使用是符合类型定义规则的。

3）在类型使用者那里，只能看到公开的操作集，类型的实现机制应该是隐藏的，包括数据组织、存储空间操纵、操作处理逻辑等都是不可见的。

**2. 类和对象：类型定义**

"类和对象"与"类型和数据"比较相似：

- 数据是对现实世界某个特征的值描述，对象是现实世界中某个对象综合的特征值描述。
- 类型是对数据的归纳和抽象，类是对对象的归纳和抽象。
- 类型定义了一类数据的存取规则和合法操作集合，隐藏了数据使用中的底层实现细节。类定义了一类对象的职责（职责是指类或对象维护一定的状态信息，并基于状态履行行为职能的能力），隐藏了职责履行中的实现细节。

在某种意义上，类就是一种用户自定义类型，它定义了外界使用对象（与类实例交互）的交互规则和基本协议，隐藏了关于数据组织、空间分配、数据处理过程与算法等实现细节。

例如，在开发超市销售系统时，可能需要一个销售商品项类型 SaleItem，如图 2-20 所示，按照用户自定义类型的要求，它需要：

- 自己维护空间分配事宜，所以需要定义构造方法和析构方法。（需要注意的是有些程序设计语言能够自行处理类的内存释放，就不再要求定义析构方法，但构造方法都是需要的。）
- 支持合法的操作集：
  - 提供商品的各项信息描述（标识、名称、描述、价格、数量……）。
  - 允许设定购买数量。
  - 计算总价。

```
class SaleItem{                              // 销售商品项
    int getId()                              // 标识
    String getName()                         // 名称
    String getDescription()                  // 描述
    double getPrice()                        // 单价
    int getQuantity()                        // 数量
    double getTotal()                        // 总价
    void setQuantity(int quantity)           // 设置数量
    SaleItem(int id, int quantity)           // 构造方法
    ~ SaleItem()                             // 析构方法
}
```

图 2-20 销售商品项类型 SaleItem 的类型协议

**3. 类和对象：类型实现**

展开 SaleItem 的定义，可以发现很多实现细节，如图 2-21 所示。

```
class SaleItem{
    private Product product;
    private int quantity;
    private List<Discount> discounts;// 打折策略

    public SaleItem(int id, int quantity){
        this.product = DBManager.getProductById(id);
        this.quantity = quantity;
        discounts = DBManager.getDiscountsByProductId(id);
    }

    public int getId(){
        return product.getId();
    }
    public String getDescription(){
        return product.getDescription();
    }
    public String getName(){
        return product.getName();
    }
    public int getQuantity() {
        return quantity;
    }
    public void setQuantity(int quantity) {
        this.quantity = quantity;
    }
    public double getPrice(){
        double price = product.getPrice();
        if (discounts != null){
            for (Discount discount: discounts){
                price *= discount.getRatio();
            }
        }
        return price;
    }
    public double getTotal(){
        return this.getPrice() * quantity;
    }
}
```

图 2-21　销售商品项类型 SaleItem 的内部实现

SaleItem 类型所隐藏的重要实现细节包括：

- 数据组织方式：引用了 Product 类型，组织了促销打折策略 Discount，并没有存储总价数据 total。
- 构造方式：构造方法中依据 ID 从 DB 中析取数据。
- 数据处理算法：单价的计算、总价的计算。

对使用者隐藏这些实现细节，有效简化了类型使用者需要处理的内容，类型机制真正起到了数据抽象作用。

**4. 类和对象：类型使用**

如果程序员是一名类型使用者，那么只需要使用图 2-22 中所描述的方法，不需要关心

SaleItem 的更多实现细节，可以假设 SaleItem 的定义者保证了该类型的正确性。如果程序员违反 SaleItem 的公开协议使用该类型，类型检查会发现并加以阻止，避免程序出错。

```
Class Sale {
    private List<SaleItem> items;                        // 一次定义，多次使用
    ......
    public SaleItem enterItem(int id, int quantity) {
        SaleItem item = new SaleItem(id, quantity);      // 类型检查
        items.add(item);
        return item;
    }
}
Class PaymentStrategy {
    ……
    public double calTotal(List<SaleItem> items){       // 一次定义，多次使用
        double sum = 0;
        foreach ( SaleItem item: items){
            sum += item.getTotal();                      // 类型检查
        }
        ……
        return sum;
    }
}
```

图 2-22　类的使用示例

### 5. 总结

类和对象作为一种用户自定义类型，可以大幅提升程序员的程序设计能力：

1）"一次定义，多次使用" 大幅度提升了复用能力。

2）"定义规则接口隐藏实现" 让复用工作更简单、高效。

3）真正解决了程序设计语言预提供类型的数量限制，让类型机制的作用更加普遍，提升了程序的正确性保障。

4）数据抽象比基础数据类型层次更高，让程序员有更好的复杂度控制能力，让程序结构更清晰，提升了程序的易理解性。

## 2.5.4　封装

### 1. 封装的定义

类 / 对象提供了用户自定义类型的概念基础，但封装才是让用户自定义类型得以真正实现的机制。

在面向对象方法中，封装被认为有以下两方面要求：

1）集中数据与行为。让类 / 对象的数据与行为互相支撑、紧密联系。

2）分离接口和实现。接口是类 / 对象的交互协议，是抽象和简洁的，需要对外公开。内部实现是类 / 对象为了履行协议而执行的实现细节，比较具体、复杂，需要对外隐藏。

### 2. 正确理解接口和实现相分离

（1）隐式分离接口和实现

在大多数程序设计语言中，接口和实现是被置于一体的，也就是说接口和实现相分离是

隐式实现的。

如图 2-23 所示，Java 类 SaleItem 的接口和实现是放置在一起的，都隐含在整个类定义中，其中的 public 接口联合起来就是它的“接口”。私有成员变量和各方法的内部代码是“实现”。

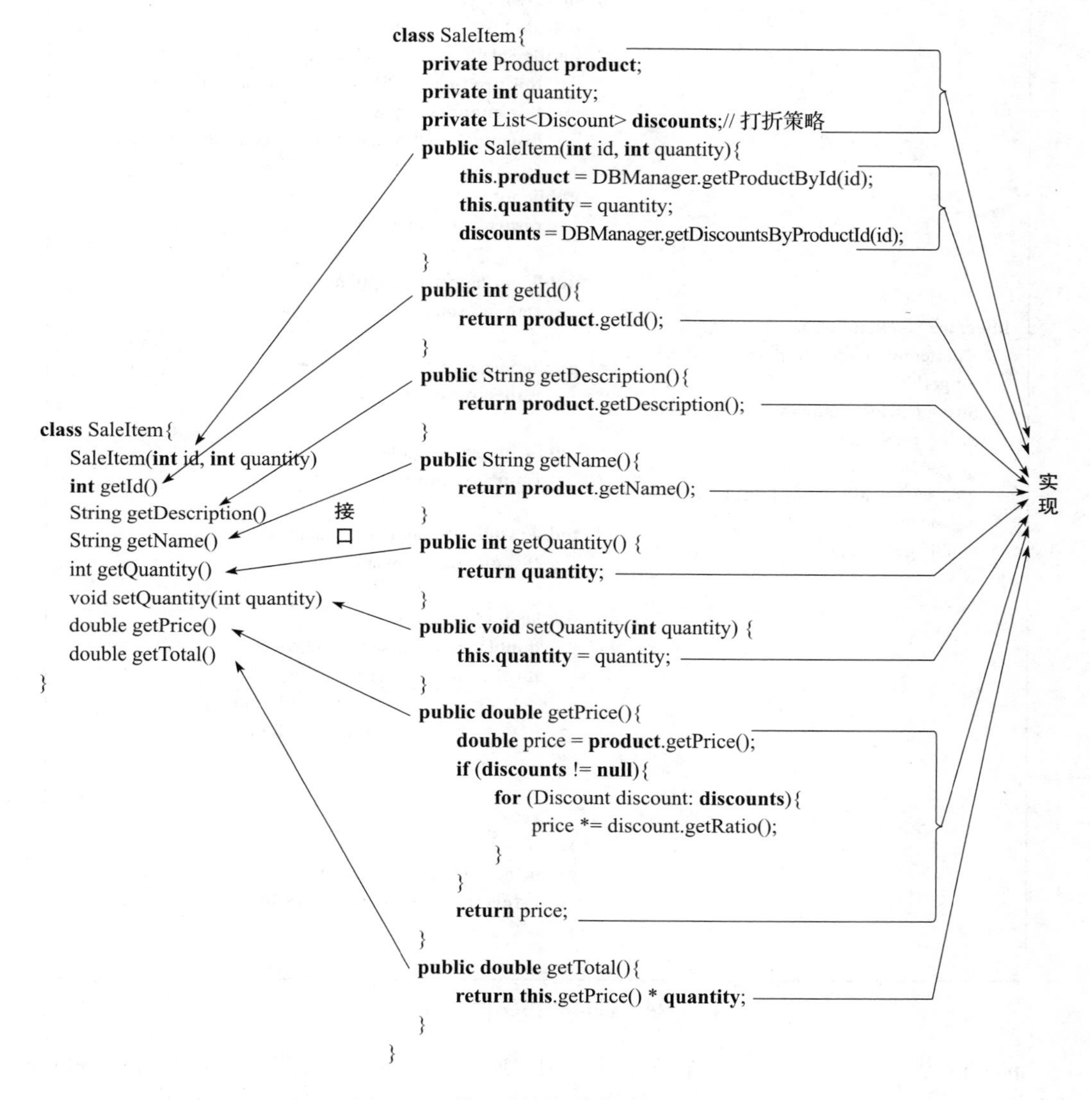


图 2-23　接口和实现相分离示例一

在这种场景下，要正确理解“接口和实现相分离”是要有一些思辨的，要从整体代码中分离出接口，界定出实现。

（2）使用 interface 分离接口和实现

为了显式地分离接口和实现，很多程序设计语言提供了抽象类型 interface 机制。

图 2-24 是对图 2-23 代码的“隐式→显式”改进。在 interface 机制下，实现了接口和实现的显式分离。接口被定义了 interface，实现 implements 接口。如果一个接口需要有多种实现，可以让这些实现分别 implements 接口。如果一个实现会匹配多种接口，就同时实现

多种接口。

接口

```
interface SaleItemInterface{
    SaleItemInterface(int id, int quantity);
    int getId();
    String getDescription();
    String getName();
    int getQuantity();
    void setQuantity(int quantity);
    double getPrice();
    double getTotal();
}
```

实现

```
class SaleItemImp implements SaleItemInterface{
    private Product product;
    private int quantity;
    private List<Discount> discounts;// 打折策略
    public SaleItemImp(int id, int quantity){
        this.product = DBManager.getProductById(id);
        this.quantity = quantity;
        discounts = DBManager.getDiscountsByProductId(id);
    }
    public int getId(){
        return product.getId();
    }
    public String getDescription(){
        return product.getDescription();
    }
    public String getName(){
        return product.getName();
    }
    public int getQuantity() {
        return quantity;
    }
    public void setQuantity(int quantity) {
        this.quantity = quantity;
    }
    public double getPrice(){
        double price = product.getPrice();
        if (discounts != null){
            for (Discount discount: discounts){
                price *= discount.getRatio();
            }
        }
        return price;
    }
    public double getTotal(){
        return this.getPrice() * quantity;
    }
}
```

图 2-24　接口和实现相分离示例二

interface 机制仍然存在问题，它需要接口和实现的方法词汇精准匹配，例如 SaleItemInterface 中有方法 getId()，SaleItemImp 中就必须有方法 getId()。当一个实现匹配两个接口的不同方法而且方法命名不一样时，就会发生错误。

（3）理想中的接口和实现相分离

理想中的接口和实现相分离只在极少数语言中得以体现，我们使用伪代码表达其含义，如图 2-25 所示。

在图 2-25 所示的理想情景中，接口和实现是完全独立定义和声明的，需要的时候将接口和实现动态绑定。很明显，理想中的接口和实现相分离可以极大地便利类的复用——复用接口时可以无视实现，复用实现时可以无视接口。而且在这种情景下，内部实现的可修改性显著提升。

```
    interface Items{                                    //接口定义
        double getTotal();
    }
    implement Productions{                              //实现定义
        double totalPrice() {......}
    }
    implement PaymentStrategy{
        double calTotal() {......}
}
    main() {
        Items sale ;                                    //接口声明
        Productions production;                         //实现声明
        PaymentStrategy pay;                            //实现声明
        System.bound(sale, production);                 //接口与实现动态绑定
        System.bound(sale.getTotal(), production.totalPrice());   //方法绑定
        ......
        System.bound(sale, pay);                        //接口与实现动态绑定
        System.bound(sale.getTotal(), pay.caltotal());  //方法绑定
        ......
    }
```

图 2-25　接口和实现相分离示意

虽然大多数程序设计语言没有实现理想中的接口与实现分离，但是了解它们的思想能帮助程序员更好地理解封装。

## 2.5.5　继承

### 1. 什么是继承

除了关联和聚合之外，类之间还有一种比较基本的关系，被称为继承（inherit）。如果一个类 A 继承了对象 B，那么 A 就自然具有 B 的全部属性和服务，同时 A 也会拥有一些自己特有的属性和服务，这些特有部分是 B 所不具备的。其中，A 被称为子类，B 被称为父类（或者超类）。在继承关系中，可以认为子类特化了父类，或者说父类是子类的泛化，所以继承关系又被称为泛化（generalization）关系。

要更准确地理解继承关系的含义，就不得不提到继承关系的起源。面向对象的继承概念来源于人工智能（Artificial Intelligence，AI）领域。假设有下面两组条件 Pc1 和 Pc2：Pc1=$F1(.)$^$F2(.)$，Pc2=$F1(.)$^$F2(.)$^$F3(.)$，则如果 Pc1 能够满足规则 Q，即 Pc1 → Q，那么 Pc2 也能满足规则 Pc2 → Q。Pc1 和 Pc2 的关系就可以被认为是继承关系，Pc2 继承了 Pc1。从这里可以看出，如果一个子类继承了父类，那么子类就应该拥有父类所有的元素，同时额外追加自己特有的元素。

除了子类要包含父类的元素之外，通过分析继承关系的起源，还可以发现继承关系另一层更加重要的语义含义：即子类应能够完成父类的工作，履行父类的职责。这一点后来被 Liskov 总结为 LSP 可替代性原则。

### 2. 继承的复用作用

继承机制可以很好地支持复用，这也是早期面向对象重视继承的原因之一。

子类可以很好地复用父类的代码，如图 2-26 所示。

- 父类的数据结构定义可以被子类完全复用。
- 父类的部分方法可以完全被子类复用，例如 Fish 定义的 display 方法被子类完全复用。
- 父类的有些方法中混杂着共性和差异性，此时可以借助多态实现复用。例如 Fish 的 move 方法，其伪代码有四个行为（随机选择一个方向、发现方向上的目的地位置、检查是否可以移动到那里、如果可以则执行移动），其中三个行为是所有子类型都一样的，但“检查是否可以移动到那里”行为是不相同的。此时可以将该行为独立出来建立抽象行为 okToMove，在子类中各自定义自己的 okToMove 方法，通过多态机制将差异化行为置入 move 方法的动态环节。

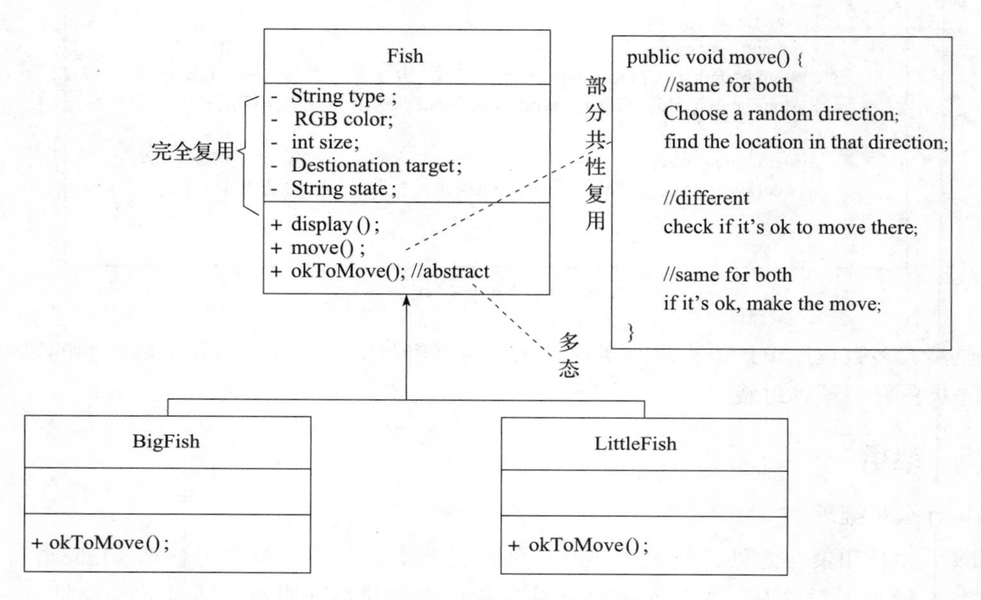


图 2-26 继承机制的复用示例

### 3. 不要为了复用而继承

虽然继承机制可以实现复用，提高程序的可复用性，但实践表明如果使用不当，继承会带来很大的副作用，也就是说不要单纯为了复用而继承。

在图 2-27a 中，B 继承了 A 的结构，但是 B 重新定义了 print 方法，B 的 print 方法在语义上与 A 已经完全不同了，所以 B 仅仅复用了 A 的静态结构，没有继承 A 的职责。如果此时有 client，持有一个 A 类型的 B 实例，在 client 调用 print 方法时，期望的是 A 的打印行为（因为 client 持有的是 A 类型），可实际上执行的是 i+=1（因为实例是 B 类型的），这种现象就是继承的副作用。这种情况下的继承就是单纯为了复用的继承——违反了继承的可替代性原则（在 client 中，子类可以替代父类起作用）。

在图 2-27b 中，A 和 B 是两个没有继承关系的类，它们在结构上是独立的。但是如果从职责和语义上理解，它们是有共性的——一个属性和一个打印该属性的行为。所以它们虽然没有子类关系，却可以是子类型关系。

图 2-27c 中的 A 和 B 是理想的继承关系，B 不仅继承了 A 的结构和名词，而且保持了 A 的语义约定——print 方法仍然是具有打印属性的行为。

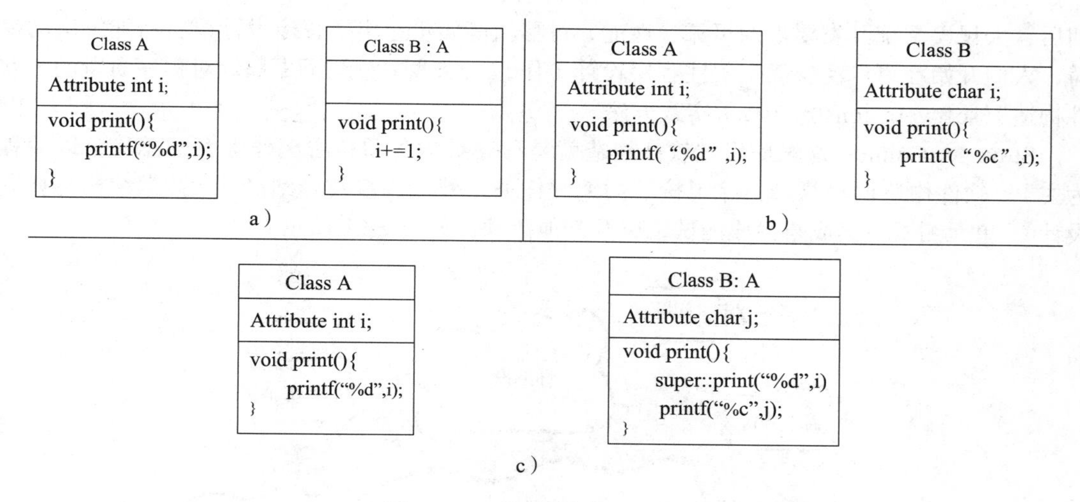


图 2-27 不同场景的继承示例

### 2.5.6 多态

类型的对外公开合法操作被称为接口，不同的类型有不同的接口。如果多个不同类型的实体共享同一个接口，就被称为多态。多态是针对类型的语义限定，指的是不同类型能够通过统一的接口来操纵。只需要不同类型的对象拥有统一定义的公共接口，就可以不论实际类型为何，直接调用该统一接口，系统会根据实际类型的不同表现出不同的行为。

多态最为常见的形式有：

- 子类型：多种不同的子类型能够抽象成同一个父类型，父类型的接口是所有子类型共享的。
- 泛型（generality）：又被称为模板（template）和参数化多态（parametric polymorphism），它在定义接口实现时，使用一个泛化的参数类型，在实际使用类型时再用某个特定类型替代该泛化参数。这样，所有可以替代泛化参数类型的类型都共享了该泛型接口。
- 特别多态（ad hoc polymorphism）：特别多态专门针对特定的函数，在单一类型范围内，提供多种不同的实现。特别多态又被称为重载（overloading）。因为特别多态被限定在同一个类型内而不是多个不同类型之间，所以理论上它不是类型多态的合理形式，所以被称为特别多态。

多态机制可以帮助继承机制提供共性和差异性混合场景的程序复用。但是，多态机制的主要目标不是为了提高可复用性，它最大的贡献是提高了程序的可扩展性和灵活性。

多态机制还提供了处理类型之间复杂关系的有力的手段，丰富了程序语义，能够显著提高程序的可理解性和结构清晰性。

## 2.6 软件构造与更多代码质量

### 2.6.1 什么是软件构造

在早期的程序设计工作中，人们一直关注于程序设计语言本身——无论是结构化的控制结构、类型、契约，还是面向对象的抽象、封装、继承和多态。到了 20 世纪 90 年代中期后，大规模系统开发要求的可靠、性能、可移植等质量超出了程序设计语言所能解决的范畴，人们开始在更广泛层面上关注程序设计工作，从实践中总结了更加针对程序质量的“软件构造”(software construction）实践方法。

Steve McConnell 首先提出“软件构造就是程序员的各项核心工作综合的总称，以编程为主”。软件构造比较复杂，除了核心的编程任务之外，还涉及详细设计（数据结构与算法设计)、单元测试、集成与集成测试，以及其他活动，如图 2-28 所示。

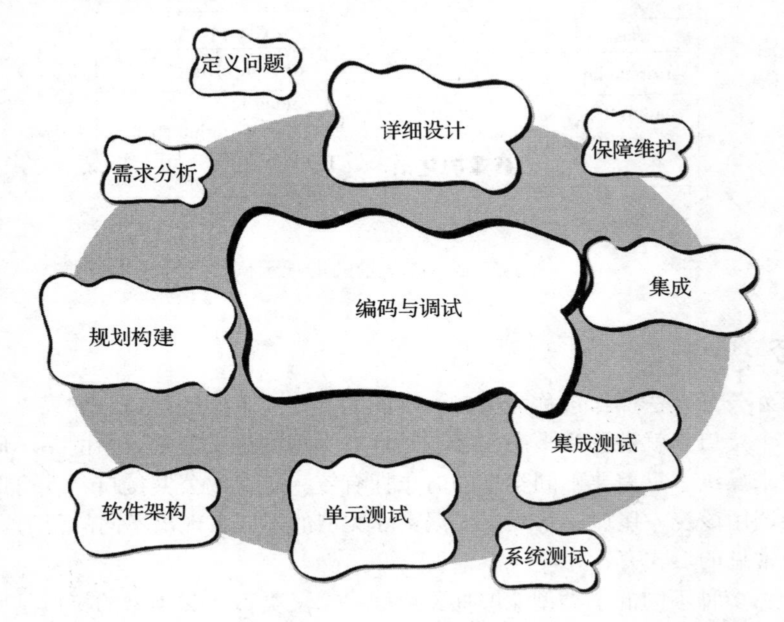


图 2-28　软件构造所包含的活动

软件构造的核心活动是编程，从多个方面组织编程工作：

- 更好的工具支持，包括 IDE、单元测试工具、集成工具、代码管理工具、代码分析工具等。
- 更高效的编程活动，例如测试驱动编程、重构、结对编程、代码评审、冒烟测试等，它们都能提升程序的质量。
- 更有质量针对性的代码设计方法，为了提升易读性、可修改性、可靠性、性能等各种典型的代码质量，整理和总结了一系列代码设计方法，能够显著提升代码质量。

## 2.6.2　软件构造技术与代码质量

软件构造强调的是使用软件构造技术和最佳实践方法提高各种代码质量。构造技术和实践方法众多，比较琐碎，无法逐一介绍，这里只给出软件工程知识体系规范（Software Engineering Body of Knowledge，SWEBOK）推荐的软件构造技术及其质量贡献，如表 2-1 所示。

表 2-1　SWEBOK 推荐的软件构造技术

| 质量 | 软件构造技术 |
| --- | --- |
| 易读性 | 编码规范<br>API 设计 |

（续）

| 质量 | 软件构造技术 |
| --- | --- |
| 可修改性（可复用、灵活、可扩展） | 面向对象运行时问题（多态、反射）<br>参数化、模板化和泛化编程<br>表驱动设计和基于状态机编程<br>运行时配置和国际化<br>基于语法的输入处理 |
| 可靠性 | 断言、契约式设计和防御式编程<br>异常处理、错误处理、容错设计 |
| 可移植性（异构平台） | 可执行模型（MDA，例如可执行 UML）<br>标准平台<br>中间件 |
| 性能 | 性能分析和调整 |
| 正确性 | 测试驱动编程<br>构造反馈回路（DevOps，自动构建与测试、灰度发布、A/B 测试等） |
| 特殊领域和特定问题 | 分布式和云原生构造方法<br>异构系统构造（嵌入式系统）<br>并发原语（semaphore、monitor 和 mutex） |

SWEBOK 没有提及与安全质量相关的技术，实践中常用的有：注入检查、安全协议、脱敏、溢出和缓冲区检查等程序构造技术。

### 2.6.3　软件构造技术示例

虽然无法逐一描述常用软件构造技术，但是可以通过介绍几个软件构造技术的应用示例说明它们对代码质量的提升作用。

#### 1. 使用文档注释提升代码易读性

（1）代码的概括性信息需要文档注释

需要概括的内容是指需要通读一大段的程序代码，才能总结出来的信息，例如：

- 包的功能总结和概述，需要通读整个包的代码。
- 类和接口的作用描述，需要通读整个类的代码。
- 类方法的功能和作用描述，需要通读整个方法的代码。
- 数据的描述，包括重要字段含义、用法与约束，需要通读所有使用过该数据的代码。

如果使用文档注释提供上述内容，那么代码读者就不再需要去通读代码了，自然就提升了代码的易读性。

（2）Javadoc 的文档注释

为了方便使用文档注释，Java 程序提供了 Javadoc 工具。只要程序员注释程序时使用特定的标签，Javadoc 就能从代码中抽取出注释形成一个 HTML 格式的代码文档。

因为目标是生成文档注释，所以 Javadoc 只识别那些类、接口、构造函数、方法或者字段的声明之前与之紧密相邻的文档注释，会忽略内部注释。

在描述类与接口时，Javadoc 常用的标签是：

- @author：作者名
- @version：版本号

- @see：引用
- @since：最早使用该方法 / 类 / 接口的 JDK 版本
- @deprecated：不推荐使用的警告

在描述方法时，Javadoc 常用的标签是：

- @param：参数及其意义
- @return：返回值
- @throws：异常类及抛出条件
- @see：引用
- @since：最早使用该方法 / 类 / 接口的 JDK 版本
- @deprecated：不推荐使用的警告

（3）示例

一个 Javadoc 的代码示例如图 2-29 所示。更详细的 Javadoc 内容请参考 Oracle 官方网站的 Javadoc 描述。

```
/**
 * LoginController 的职责是将登录界面（LoginDialog）发来的请求
 * 转发给后台逻辑（User）处理
 * LoginController 接收界面传递的用户 ID 和密码
 * 经 User 验证后，返回登录成功 true 或者失败 false
 * @author ×××.
 * @version 1.0
 * @see presentation.LoginDialog
 */
public class LoginController {

    /**
     * 验证登录是否有效
     *
     * @param id long 型，界面传递来的用户标识
     * @param password  String 型，界面传递来的用户密码
     * @return 成功返回 true，失败返回 false
     * @throws DBException  数据连接失败
     * @see businesslogic.domain.User
     */
    public boolean login(long id, String password) throw DBException{
        User user;
        user = new User(id);
        return user.login(password);

    }
}
```

图 2-29　Javadoc 示例

#### 2. 使用防御式编程提升可靠性

（1）防御式编程基本思想

防御式编程的基本思想是：在一个方法与其他方法、操作系统、硬件等外界环境交互时，不能确保外界都是正确的，所以要在外界发生错误时，保护方法内部不受损害。

防御式编程将所有与外界的交互（不仅仅是前置条件所包含的）都纳入防御范围，例如用户输入的有效性、待读写文件的有效性、调用的其他方法返回值的有效性……防御式编程不检查输出和后置条件，因为它们的使用者会自行检查。

防御式编程往往会产生非常复杂的代码，因为它要检查很多外来信息的有效性，常见的包括：

- 输入参数是否合法？
- 用户输入是否有效？
- 外部文件是否存在？
- 对其他对象的引用是否为 NULL ？
- 其他对象是否已初始化？
- 其他对象的某个方法是否已执行？
- 其他对象的返回值是否正确？
- 数据库系统连接是否正常？
- 网络连接是否正常？
- 网络接收的信息是否有效？

异常和断言都可以用来实现防御式编程。

（2）示例

有一段正常的代码如图 2-30 所示。代码中除了输入参数 url 之外，第 2 行的网络连接也是外部依赖。它的防御式编程代码如图 2-31 所示。

```
01  public String getData(String url) throws IOException {
02      HttpURLConnection connection = (HttpURLConnection) new URL(ur1) . openConnection();
03
04      // Read the data from the connection
05      StringBuilder builder = new StringBuilder();
06      try (BufferedReader reader = new BufferedReader( new InputStreamReader( connection. getInputStream())))
07          String line;
08          while ((line = reader . readLine()) != nu11) {
09              builder . append(line);
10          }
11      }
12      return builder . toString();
13  }
```

图 2-30　未做防御式编程的代码示例

```
01  public String badlyImplementedGetData(String urlAsString) {
02      // Convert the string URL into a real URL
03      URL url = null;
04      try {
05          url = new URL(urlAsString);
06      } catch (MalformedURLException e) {
07          logger . error("Malformed URL", e);
08      }
09
10      // Open the connection to the server
11      HttpURLConnection connection = nu1l;
```

图 2-31　防御式编程代码示例

```
12        try {
13            connection = (HttpURLConnection) url . openConnection();
14        } catch (IOException e) {
15            logger . error("Could not connect to” + url, e);
16        }
17
18        // Read the data from the connection
19        StringBuilder builder = new StringBuilder();
20        try (BufferedReader reader = new BufferedReader(new InputStreamReader( connection. getInputStream())))
21            String line;
22            while ((line = reader . readLine()) != nu11) {
23                builder . append(line);
24            }
25        } catch (Exception e) {
26            logger . error("Failed to read data from "+ url, e);
27        }
28        return builder . toString();
29    }
```

图 2-31 （续）

虽然防御代码会增加整体代码的复杂度，降低易读性和性能，但是它可以显著提高程序的可靠性，不仅能够快速发现错误和诊断错误，而且防御思想使得程序碰到故障时抛出异常而不是崩溃，这一点对于人机交互而言是非常重要的。

### 3. 使用表驱动编程提升可修改性

复杂逻辑决策是程序设计时会遇到的麻烦，它会让代码难以修改、不好扩展，甚至难以理解。例如图 2-32 的代码是租用电影带时的计价逻辑。

```
// calculating the price for renting a movie
double result = 0;
switch(movieType) {
    case Movie.REGULAR:
        result += 2;
        if(daysRented > 2)
            result += (daysRented - 2) * 1.5;
        break;

    case Movie.NEW_RELEASE:
        result += daysRented * 3;
        break;

    case Movie.CHILDRENS:
        result += 1.5;
        if(daysRented > 3)
            result += (daysRented - 3) * 1.5;
        break;
}
```

图 2-32　未使用表驱动编程的复杂逻辑代码

计价包括三个部分：

- 起步价。只要租用了电影带，不论时间多短，都会收取的费用。按照类型分别是：REGULAR—2；NEW_RELEASE—0；CHILDRENS—1.5。
- 起步时长。在起步时长内，不加收额外费用。按照类型分别是：REGULAR—2；NEW_RELEASE—0；CHILDRENS—3。
- 超期费用。超出起步时长后，每天收取一定的费用。按照类型分别是：REGULAR—1.5；NEW_RELEASE—3；CHILDRENS—1.5。

如果后期需要增加新的类型，或者修改已有类型的某个部分的数值，那么就需要仔细修正图 2-32 的代码，一旦修改的位置判定不准，就会产生错误。

如果使用表驱动编程方法，可以建立完全等价的程序如图 2-33 所示。表驱动编程将整个决策逻辑集中起来，建立了类似于决策表的数据结构，这明显有助于对决策逻辑的理解、修正和扩展。表驱动方法是一种使你可以在表中查找信息，而不必用逻辑语句（if 或 case）来把它们找出来的方法。事实上，任何信息都可以通过表来挑选。在简单的情况下，逻辑语句往往更简单而且更直接。但随着逻辑链变得越来越复杂，表也变得越来越富有吸引力了。

```
enum MovieType {Regular = 0, NewRelease = 1, Childrens = 2};

const double initialCharge[] = {2, 0, 1.5};
const double initialDays[] = {2, 0, 3};
const double multiplier[] = {1.5, 3, 1.5};

double price = initialCharge[movie_type];
if(daysRented > initialDays[movie_type])
    price += (daysRented – initialDays[movie_type]) * multiplier[movie_type];
```

图 2-33　表驱动编程示例

### 4. 使用测试驱动编程保证功能正确性

（1）测试驱动编程过程

测试驱动编程要求程序员在编写一段代码之前，优先完成该段代码的测试代码。测试代码通常由测试工具自动装载执行，也可以由程序员手工执行。完成测试代码之后，程序员再编写程序代码，并在编程中重复执行测试代码，以验证程序代码的正确性。

测试驱动编程过程如图 2-34 所示。

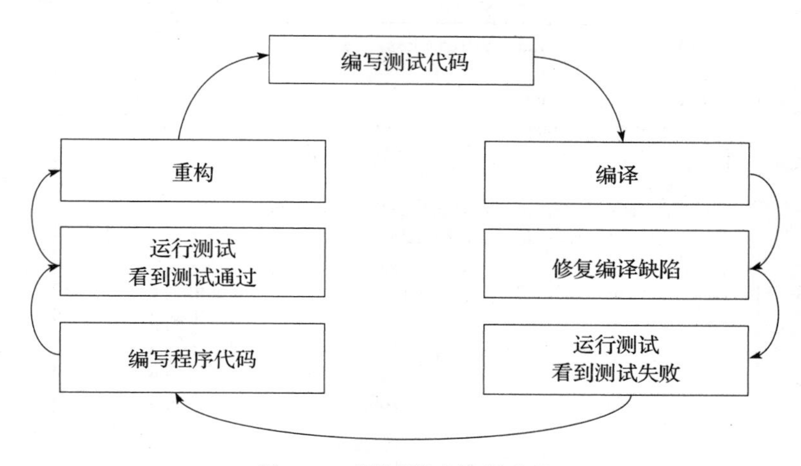


图 2-34　测试驱动编程过程

1）写一段测试代码。

2）编译测试代码。这时编译无法通过，因为正常的程序代码还没有编写。

3）最小化编写正常程序代码，使测试代码能完成编译。

4）运行测试代码，看到测试用例失败。

5）最小化修改正常程序代码，使测试代码运行时恰好满足测试用例。

6）运行测试代码，看到测试用例成功通过。

7）重构正常程序代码，提高设计质量。

8）重复以上步骤，开发新的代码。

（2）示例

在开发超市的商品销售过程的程序时，需要开发销售结算的找零功能：Sales 对象的

getChange 方法。

1）写测试代码。在编写 getChange 方法之前，需要先写测试代码。依据 getChange 方法的前置条件和后置条件（如表 2-2 所示），可以设定 getChange 方法的测试用例如表 2-3 所示，并据此完成测试代码如图 2-35 所示。

表 2-2 getChange 方法的前置条件和后置条件

| 方法声明 | public double getChange(double payment) |
|---|---|
| 前置条件 | payment>0<br>payment>= Sales.total |
| 后置条件 | return= payment–Sales.total |

表 2-3 getChange 方法的测试用例

| ID | 测试目的 | 输入 | 预期输出 |
|---|---|---|---|
| 1 | 参数不合法时异常 | 设置 Sales.total=90, payment=–100 | 异常：payment 应该大于 0；输出为 –1 |
| 2 | 参数不合法时异常 | 设置 Sales.total=90, payment=0 | 异常：payment 应该大于 0；输出为 –1 |
| 3 | 参数与 Sales 状态联合起来异常 | 设置 Sales.total=90, payment=50 | 异常：payment 应该大于 Sales.total ；输出为 –2 |
| 4 | 正常功能 | 设置 Sales.total=90, payment=90 | 返回 0 |
| 5 | 正常功能 | 设置 Sales.total=90, payment=100 | 返回 10 |

```
@RunWith (Value = Parameterized.Class)
public class SalesTester {
    private double payment;
    private double change;

    @Parameters
    public static Collection<Double[]> getTestParameters (){
        return Array.asList ( new Double [] [] {
                                    //payment, change
                                    {–100, –1},     // 测试用例 1
                                    {0, –1},        // 测试用例 2
                                    {50, –2},       // 测试用例 3
                                    {90,0},         // 测试用例 4
                                    {100, 10},      // 测试用例 5
        });
    }
    Public ParameterizedTest ( double payment, double change ){
        this.payment = payment;
        this.change = change;
    }

    @Test
    public void testChange () {
        Sales sale=new Sales();
        // 购买 2 个 ID=1 的商品，该商品的测试数据 Price=45
        sale.addSalesLineItem(1, 2)
        sale.total();

        assertEquals (change, sale.getChange (payment) );
    }
}
```

图 2-35 getChange 方法的 JUnit 自动测试代码

2）编译上述测试代码。

因为 Sales 对象没有 getChange 方法，所以编译无法通过。

这里 Sales 的 addSalesLineItem() 与 total() 方法应该已经完成。

3）最小化编写 getChange 方法。

给 Sales 对象添加 getChange 方法，除方法声明符合规格外，在 getChange 内部只有一行语句："return 0;"。这可以让测试代码通过编译。

4）运行测试代码，看到测试用例失败。

运行测试代码，可以发现除测试用例 4 之外的其他测试用例都失败了。稍加分析就可以发现 return 的 0 在特定场景情况下是正确的，于是就修改 getChange 的语句为："return –5;"，–5 足以让任何情况下的测试用例都失败。

5）修改程序代码。

按照各个失败的用例，逐步在 getChange 方法的 return –5 语句之前添加下列语句：

用例 1、用例 2：If payment<=0, return –1;

用例 3：If payment< total, return –2;

用例 4、用例 5：return payment – total ;

6）运行测试代码，看到测试用例全部成功。

7）重构，消除无用语句：删除语句"return –5;"。

## 2.7 总结

程序设计语言发展成现在的样子并不是受到哪个人或哪件事的偶然影响，其背后有着固有的规律性。程序设计本质上仍然属于"设计"活动，有着强烈质量需要。要想做好程序设计工作，就需要深刻认识这些工作背后的机理，不能仅仅停留在掌握一门或几门语言的语法上。

做好程序设计工作：

- 要遵守程序设计语言的基本约定，包括控制结构、块结构、类型定义、程序契约等，它们是程序正确性的基本保障。
- 要深入理解抽象、封装、继承、多态等面向对象的程序设计机制，才能在构造复杂程序时让代码易于修改、易于扩展、易于复用。
- 要在更广泛的层面上学习和掌握软件构造技术和实践方法，编写更高质量的代码。

# 第3章

# 复杂软件设计

在各种各样的软件设计理论、方法和技术之中，能构成核心、影响软件设计所有方面的方法只有四个。其中两个是抽象和分解，另外两个就是模块化和信息隐藏。它们在软件设计中的作用是全方位的。

相比于抽象和分解，模块化和信息隐藏的普及度较低，很多软件设计师并不真正理解它们的内在机制。

模块化和信息隐藏的最大作用是提升了软件设计师的复杂度控制能力，它们能够将相互关联、依赖的程序代码组织成相对较为独立的组件，进而构建为分而治之的设计结构。

模块化和信息隐藏在提高复杂软件系统的可修改性、可扩展性、可复用性等质量方面的作用是巨大的。如果缺失了模块化和信息隐藏，复杂软件系统的开发肯定会陷在如何实现可修改性的泥潭中动弹不得。

模块化和信息隐藏的应用还降低了软件开发的难度和成本，让软件组件易于理解、易于开发、易于调试和测试。

对于中大规模软件系统的开发来说，模块化和信息隐藏的作用是决定性的，是开发者能够成功完成这种系统设计工作的关键。

## 3.1 控制更高的复杂度需要模块

### 3.1.1 模块

在早期，程序规模还比较小的时候，人们把程序代码组织成函数 / 方法，并进一步按照方法学将函数 / 方法组织成系统。

可是随着程序规模的日益增长，以函数 / 方法为单位组织系统的弊端开始显现，因为函数 / 方法太多，复杂度超过了人们的控制能力。

复杂度控制的首要办法就是分解，将一个复杂的系统分割为多个简单部分以及简单部分之间的联系，进而分而治之。于是，人们建立了模块的概念，尝试以模块为单位分割系统，实现复杂度控制。

模块是指任意的代码片段，以模块为单位分割系统，就是把系统分割成不同的代码片段。理论上，代码片段的规模可以很大，大到独立成为一个子系统；也可以很小，小到只是一个函数和方法。一个单独的类也可以被看作一个模块单位。模块的关键点在于它是一个有清晰边界的代码片段。

因为体现了分而治之的分解思想，而且模块单位的粒度可以比函数 / 方法和类都要大得多，所以基于模块单位组织系统，就能够组织规模更大的系统，控制更高的复杂度。

### 3.1.2　模块分解质量与模块化、信息隐藏

如果任意地分割系统代码片段，质量明显是得不到保障的，毫无坚固性可言。为此，需要定义明确的模块分割标准，以保证分割后的系统是质量良好的。

模块化（modularization）和信息隐藏（information hiding）就是两个最基础的模块划分标准，它们被实践证明可以保障系统模块结构组织的质量，让软件设计师可以有效地使用更大的模块单位控制更复杂系统的设计方案。

模块化的基本思路是控制模块间的耦合和模块内部的内聚。分割模块时，要做到模块间低耦合，模块内高内聚，这样就能够保证模块分解的质量。

信息隐藏的思路是发现设计需要满足的决策，按照决策进行模块分解，实现一个模块分布并隐藏一个决策，这样也能保证模块分解的质量。

模块化和信息隐藏是两个有所不同又相互补充的模块分解方法，综合运用它们才能有效保证模块分解的质量，实现对系统复杂度的控制。

## 3.2　模块化

### 3.2.1　模块分割的质量考虑

在考虑模块分割的质量要求时，易理解性、易开发和调试性、可修改性、可复用性等质量应该得到重视。分割后的模块应该：

- 简洁。把复杂系统分解成更加简单的片段，尽量在不受其他片段影响的情况下思考、实现、调试和变更这些片段。这可以大大减少人们开发、调试和修改程序的时间。
- 可观察。分割后的模块结构要“看上去显而易见是正确的”，即结构清晰，这样人们就可以很容易地理解事情的发展规律并进行行为定位，从而大大减少开发和修改程序的时间。

好的软件设计还应该易于实现：多个独立的团队在交流较少的情况下并行开发，即并行开发不同模块，以缩短整个开发时间。

这些考虑都需要人们将软件分解为相对独立的模块。当变化发生的时候，好的软件设计只需要修改一个模块，而不会影响其他模块。好的软件设计还能做到逐次独立学习各模块局部代码，进而了解系统的全貌，而不需要把系统所有代码全部综合在一起才能明白。

### 3.2.2　理想中的模块分割——完全独立

按照上述标准，最好的模块分割应该是把系统分成很多完全独立的模块。

因为分割后的模块完全独立，所以：

- 易于理解。对每一个模块的理解都是完全独立的，不需要任何外界知识。
- 易于复用。复用任何一个模块都不需要关联其他外界代码。
- 易于开发。开发工作可以独立进行，独立控制。
- 易于调试。每一个模块的错误都不会对外界产生影响，易于定位。
- 易于修改。对一个模块的修改不会连锁影响其他模块，易于修正错误。

### 3.2.3 现实中的模块分割——低耦合、高内聚

完全独立的模块分割虽然很理想，但现实中是不存在的。系统的复杂度某种程度上源自不同部分之间的复杂联系，复杂系统的不同部分不可能是完全无关的。就像分解的定义是“将复杂系统分解为简单部分和简单部分之间的联系”，其中分解后的“简单部分之间的联系”不可忽视，会比简单部分自身更强烈地影响分解的效果。

既然无法实现分割模块间的完全独立，人们就退而求其次，希望分割后的模块“尽可能地相互独立”，也就是说既然模块间联系不可避免，不妨让联系尽可能得小。

模块之间的联系被定义为耦合（couple)，它越小越好，被称为低耦合。

单个模块内部代码的联系被定义为内聚（cohesion)，它越大越好，被称为高内聚。因为既然代码间的联系不可避免，那么在分割时，将尽可能多的联系分割到模块内部，模块外部留下来的联系就会尽可能得少。

基于耦合和内聚进行模块分割的方法被称为模块化，它的核心是分析和控制耦合与内聚。

### 3.2.4 代码组织及联系方式分析

耦合是一个模块（代码片段）与另一个模块（代码片段）之间的联系（connection)。从程序设计语言的实现底层来看，两个代码段之间的联系无非是一个代码段使用另一个代码段的地址或标识进行访问。访问可能发生在不同的地方、不同的情景下，产生不同的影响，所以有必要分析一下。

图 3-1 是最基本的结构化程序设计语言内存组织方式示意图。一个函数 / 方法在内存中由多个部分组成：

- **方法引用**包括名称标识（Lable)、参数和返回值定义。参数和返回值定义包括：参数 / 返回值名称标识、类型和值。
- **代码区**是方法实际的执行代码载入内存后的区域。代码区有起始地址和结束返回点。在代码区中，还可以定义地址标识，用于外界跳转。
- **本地变量**包括变量的标识、类型和值，方法在执行代码时，产生本地变量的存储区。
- **全局变量**包括变量的标识、类型和值，由系统建立和产生全局变量存储区。

根据函数 / 方法的内存组织可以推断，两个方法之间的联系方式可能有以下几种：

- 一个方法访问另一个方法，可能通过引用地址，也可能通过引用标识。
- 一个方法直接访问另一个方法的代码区，可能通过代码区地址，也可能通过代码区标识。
- 一个方法直接访问另一个方法的本地变量，可能通过变量地址，也可能通过变量标识。

- 一个方法使用了另一个方法刚刚修改过的全局变量，可能通过变量地址，也可能使用变量标识。这是一个间接联系。

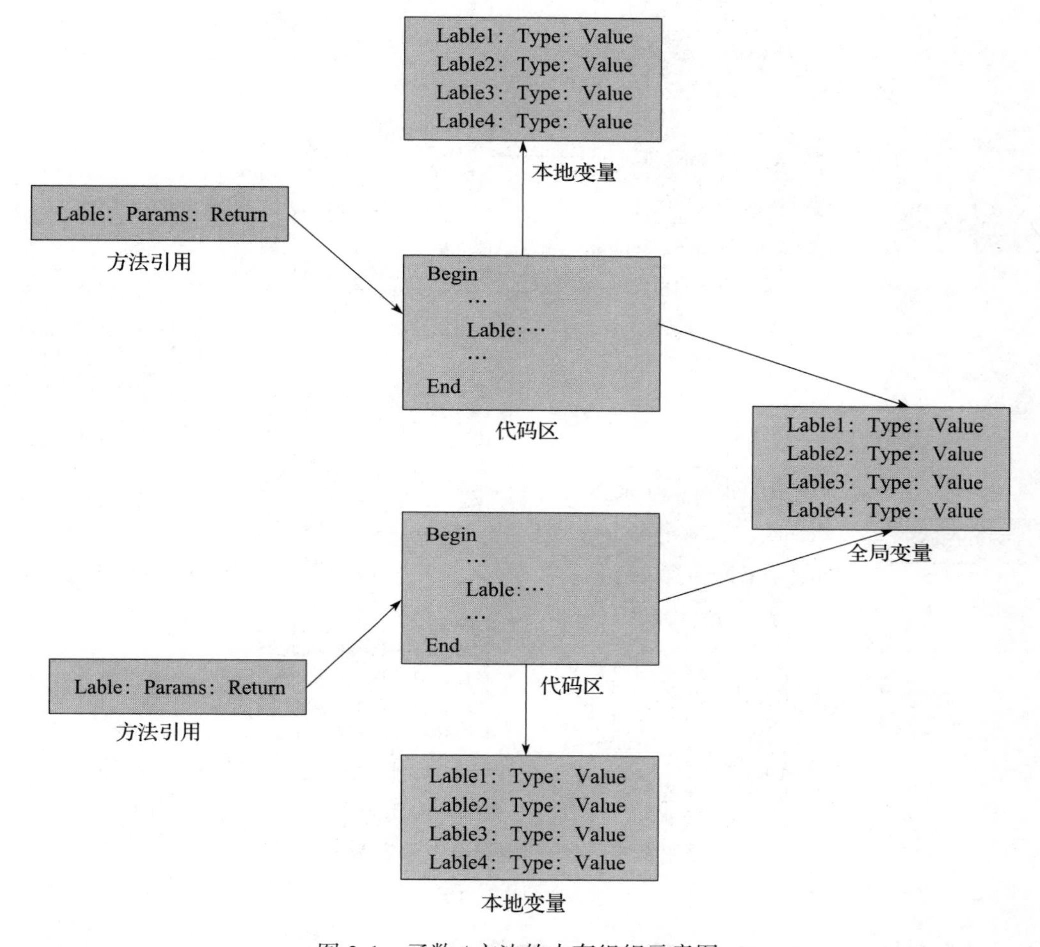


图 3-1　函数 / 方法的内存组织示意图

关于上述不同联系所产生耦合的深入分析，将在 3.3 节展开。

因为本地变量是从属于代码区的，所以代码区是一个函数 / 方法的主体，结构化的内聚也主要关注一个函数 / 方法内部的代码内聚，这一点将在 3.4 节展开。

现在的主流编程语言是面向对象的语言，类 / 对象的存在使其与结构化程序语言有所不同。面向对象语言的内存组织方式如图 3-2 所示。

与函数 / 方法相比，对象之间的联系多了几种机制：

- 一个对象持有另一个对象的引用，按照面向对象方法学，这种持有可以进一步细分为关联（协作）和继承。
- 一个对象访问另一个对象的成员变量。

关于这些面向对象的联系机制产生的耦合影响，将在 3.5 节进行分析。

在面向对象方法中，类的建立方式比较特殊，所以它的内聚性也比较特殊。面向对象的内聚性将在 3.6 节进行分析。

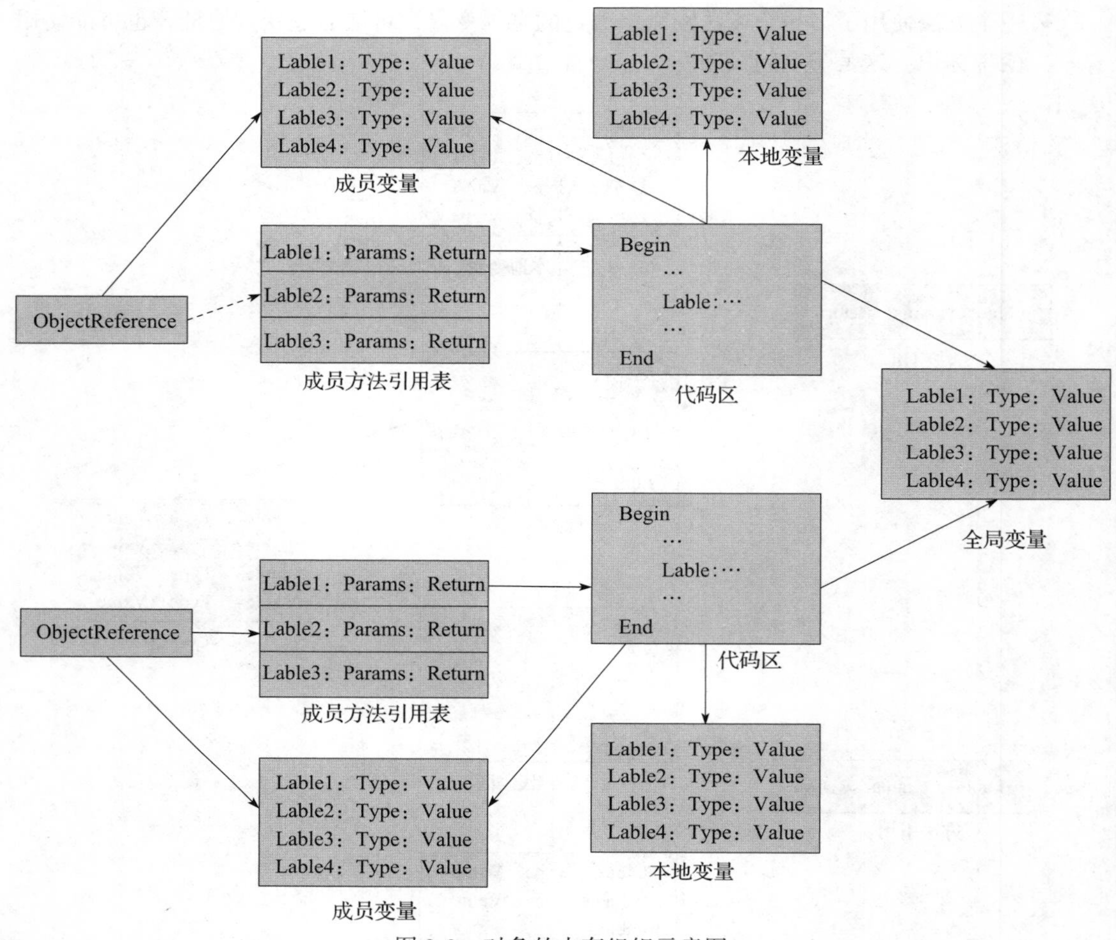


图 3-2　对象的内存组织示意图

## 3.3　（结构化）函数 / 方法之间的耦合

仅仅知道存在哪些联系是远远不够的，耦合分析的关键是要清楚地界定联系的强度，强度越大耦合越高，强度越小耦合越低。

在结构化方法中，模块（代码片段）可能是单个函数 / 方法，也可能是很多函数 / 方法的组合。下面重点讨论代码片段为单个函数 / 方法情况下的耦合。

即使模块是多个函数 / 方法的组合，模块间产生耦合仍然需要其中一个模块的某个函数 / 方法与另一个模块的某个函数 / 方法产生单一联系。复杂模块的耦合就是多个单一联系的组合。所以，复杂模块的耦合仍然要以单个函数 / 方法间的耦合为基础。

### 3.3.1　内容耦合

当一个函数 / 方法直接修改或操作另一个函数 / 方法的本地变量数据，或者不通过方法引用直接转入另一个函数 / 方法的内部代码时，就发生了内容耦合（content couple）。

内容耦合是最强的耦合形式，不要让你的程序出现内容耦合。

### 1. 代码区访问

在结构化方法学中，两个函数 / 方法之间存在的最强联系是一个函数 / 方法直接访问另一个函数 / 方法的代码区内部，这是最糟糕的内容耦合。

这种内容耦合的典型场景是一个函数 / 方法使用 goto 语句，跳转到另一个函数 / 方法内部。比较糟糕的场景是两个函数 / 方法之间互相使用 goto 语句跳来跳去。最为糟糕的场景是一个函数 / 方法在执行过程中直接覆写了另一个函数 / 方法的代码，就像病毒一样。

产生这种内容耦合的常见原因可能是两个方法就不应该被拆开，也可能是程序员被荒唐地要求将每 200 行代码封装为一个方法，还可能是一个方法不可避免地要控制另一个方法。

代码内容耦合的坏处是它完全失去了代码分割的意义，没有了方法引用路径的抽象作用就失去了简洁性，分割之后不仅得不到各部分独立的好处，反而造成了理解的困难，因为一个整体被无谓地分到了两个地方。

不要使用 goto 语句！**goto 语句是有害的**。

### 2. 本地变量访问

一个函数 / 方法直接访问另一个函数 / 方法代码区的本地变量也被视为内容耦合。这样做的结果是第一个函数 / 方法的代码执行严重依赖于第二个函数 / 方法的内部变量状态，这使得第一个函数 / 方法的开发、调试、变更都会变得困难，也使得第二个函数 / 方法修改内部变量时“意外”影响第一个函数 / 方法使其发生错误。

需要强调的是，在内容耦合形式中，一个函数 / 方法得到另一个函数 / 方法的本地变量是不经过函数 / 方法接口传递的。在封装比较严格的编程语言中，已经无法做到这一点了。但是在保留汇编机制的程序设计语言中，还是可以做到的（如 C++ 的指针）。

### 3. 避免内容耦合——针对接口编程

如图 3-3 所示，可以把一个函数 / 方法的组成划分为对外接口和内部实现两部分。内容耦合的问题根源在于一个函数 / 方法直接耦合了另一个函数 / 方法的内部实现，导致二者的内部实现交织在一起，产生了依赖。

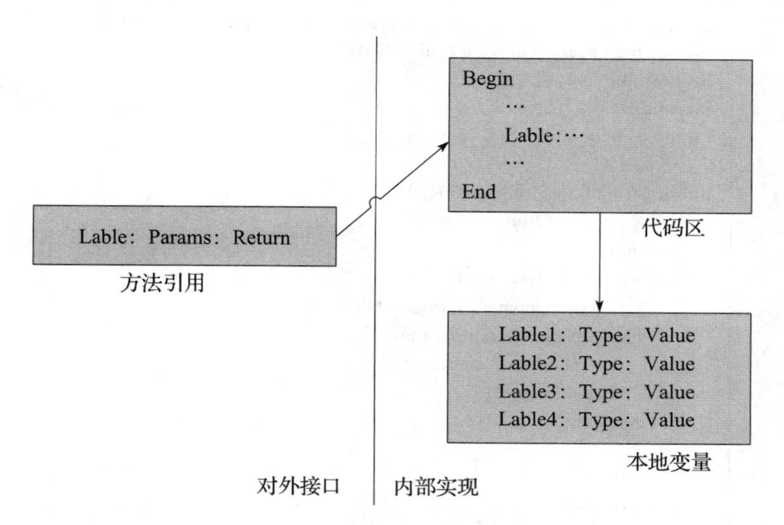


图 3-3　函数 / 方法的接口与实现示意

反之，如果把耦合控制在对外接口部分，一个函数 / 方法只是依赖于另一个函数 / 方法的接口，就可以认为耦合的联系强度可控，因为方法引用是抽象、简洁的。这就是软件程序设计的基本准则——针对接口编程（programming to interface）。

针对接口编程是指通过公开接口使用一个模块，而不是通过访问模块的内部实现。针对接口编程的理想说法是：给模块取一个名字，关联通过使用模块的名字来整体指向模块，不用关心也不需要知道模块的内部。

接口定义代表了函数 / 方法的整体，对象引用代表了类 / 对象的整体。包（package）却不能代表由多个函数 / 方法、类 / 对象组成的模块的整体，因为包没有统一的接口定义。无法通过包的名称直接引用一个包，还是需要调用包的内部，这一问题直到软件体系结构的组件、连接件概念被应用后才得到解决。

## 3.3.2 公共耦合

### 1. 什么是公共耦合

如果两个或多个模块都与相同的一个存储区（如文件系统）、数据区（内存数据）或者设备（物理设备）存在联系，那么这些模块就共享了一个公共环境。因为共享的公共环境而产生的间接模块间的联系被称为公共耦合（common couple）。

公共耦合是指通过一个公共数据环境相互作用的那些模块间的耦合。最为常见的公共耦合是共享数据。

为了区分共享数据和外部设备，有人进一步定义了外部耦合（external couple）：两个或多个模块共享外部工具和设备，例如指定数据格式、通信协议、设备接口等。在原理和处理上，共享数据和共享外部设备是类似的，本书不做区别。

一个公共耦合的示例如图 3-4 所示。users、position、minSize、maxSize 是全局变量，是公共环境，被 find、del、add 三个方法共享。find 方法通过修改 position 影响 del 和 add 的执行。add 和 del 方法通过调整 users 的内容影响 find 方法的结果。add 和 del 方法又因为各自修改了 users 的 size 而相互影响。

```
List<String> users = new LinkedList<String>();
int position = -1;
int minSize = 2;
int maxSize  = 10;

public String find(String name){
    String result = "None";
    position = -1;
    for(int i = 0; i<users.size(); i++) {
        String userName = users.get(i);
        if (userName.contains(name)) {
            result = userName;
            position = i;
            break;
        }
    }
    return result;
}
```

图 3-4　公共耦合示例

```
public void del(String name) throws Exception {
    String user = find(name);
    if (position == -1){
        throw new Exception("No such user");
    } else {
        if (users.size() <= minSize){
            throw new Exception("Minimal Size Limited");
        } else{
            users.remove(position);
        }
    }
}
public void add(String name) throws Exception {
    String user = find(name);
    if (position == -1) {
        if (users.size() >= maxSize){
            throw new Exception("Maximal Size Limited");
        } else {
            users.add(name);
        }
    } else {
        throw new Exception("Already Exist");
    }
}
```

图 3-4 （续）

#### 2. 公共耦合分析

公共耦合的联系比两个模块之间的调用联系要强得多，因为每一个数据都使得一个模块可以同时影响多个其他模块，参与者更多，影响范围更广。

在公共耦合中：

- 如果需要理解一个模块的执行逻辑，就必须理解其他模块是如何影响公共环境的，从而推论到本模块的执行过程。
- 如果需要变更一个模块，需要小心翼翼，谨防变更影响到公共环境，进而对其他模块产生连锁影响。
- 如果需要复用一个模块，需要把公共环境一起复用，进而需要处理其他模块对公共环境的依赖和影响。
- 如果一个模块发生了错误，可能会影响公共环境，从而使得其他模块一起发生错误。

总之，在公共耦合中，每增加一个公共环境变量都会大幅增加各模块之间的联系强度。

假设有 $M$ 个模块通过 1 个全局变量联系起来，那么每一个模块都可以影响其他的 $M-1$ 个模块，考虑到影响是双向的，最终的联系强度等同于 $M\times(M-1)$ 个两模块之间的简单调用联系的累积。

如果有 $M$ 个模块共享 $N$ 个变量，那么它们之间的联系强度可以高达 $N\times M\times(M-1)$ 个两模块之间简单调用联系的累积。

从联系的强度看，公共耦合当然是不好的耦合。

#### 3. 控制公共耦合——局部封装数据

因为联系强度太大，所以公共耦合看上去不是一个理想的耦合类型。但是要完全消除公共耦合也不太可能。

如果完全消除了共享数据，就意味着每一个模块在联系（调用）其他模块时，都需要传递大量的数据，会大幅增加用接口传递参数的需要。以图 3-4 的程序为例，如果消除了共享数据，那么 find 方法接口需要增加输入 users 和输出 position，del 接口需要增加输入 users 和 minSize，add 接口需要增加输入 users 和 maxSize。尤其是信息系统应用，去除了共享数据之后，数据库、文件的所有内容都要通过接口参数传来传去，增加的接口复杂度可想而知。

一个实际有效的方案是使用可控的局部公共耦合。假设有 $M$ 个模块共享了 $N$ 个变量，那么联系强度是 $N \times M \times (M-1)$。

如果存在一种分割方法：

1）将 $M$ 个模块分解为两个部分，一部分包含 $M1$ 个模块，另一部分包含 $M2$ 个模块，$M1+M2=M$。

2）将 $N$ 个变量也分为两个部分，一部分包含 $N1$ 个变量，另一部分包含 $N2$ 个变量，$N1+N2=N$。

3）分解之后，$M1$ 个模块共享 $N1$ 个变量，$M2$ 个模块共享 $N2$ 个变量，同时 $M1$ 个模块不需要联系另外 $N2$ 个变量，$M2$ 个模块也不需要联系另外 $N1$ 个变量。

那么分割后的联系强度为：$N1 \times M1(M1-1)+N2 \times M2(M2-1)$。

分割后的联系强度远远小于分割前的联系强度：

$$
\begin{aligned}
N \times M \times (M-1) &= (N1+N2) \times (M1+M2) \times (M1+M2-1) \\
&= N1 \times M1 \times (M1-1) + N2 \times M2 \times (M2-1) + \\
&\quad N1 \times M1 \times M2 + N2 \times M2 \times M1 + \\
&\quad N1 \times M2 \times (M-1) + N2 \times M1 \times (M-1)
\end{aligned}
$$

也就是说，如果能够对公共耦合的模块及其公共环境进行分割，让分割之后的不同部分之间不再产生联系，那么将大大降低耦合强度。

如果能够将模块及其公共环境拆分到极限，分割到无法再分割的程度，这时产生的就是最小强度的公共耦合，是可以接受的可控局部公共耦合。

需要强调的是分割后的模块需要封装其共享数据，这样才能保证数据共享的局部性，实现对数据影响范围的控制。所以要尤其注意全局变量，要在程序设计时加以限制。“全局变量是有害的”，要限制全局变量的使用，用注释标记全局变量的使用规则和使用范围，尽可能把全局变量封装为局部变量并提供访问的方法接口。

在面向对象方法中，类的成员方法和成员变量之间会建立天然的公共耦合，一个设计良好的类内应该是可控局部公共耦合，也就是说类的成员变量和成员方法是不可再分割的，不能把一个类分解为两个类（两个类各自有成员变量和成员方法而且互不依赖）。在设计复杂模块（包含多个函数 / 方法、多个类）时，也要符合这一特性，要做到不可再分割。

### 3.3.3 控制耦合

除了访问内部（代码区、本地变量）和共享环境之外，两个函数 / 方法之间的联系就剩下通过引用直接调用接口了。直接的接口调用也会有强度区分，比如接口自身的复杂度（越简单的接口耦合越低），再比如接口传递的参数类型。

#### 1. 什么是控制耦合

如果接口调用时，除了数据之外，还传递了控制信号（control flag），那么该调用联系产生的耦合被称为控制耦合（control couple）。

如图 3-5 所示，praise 和 grade 方法之间的耦合就是控制耦合，praise 在调用 grade 时，传递了一个控制信号 level，影响了 grade 的执行逻辑。

```
public void praise(){
    List<Student> students = ...  // 找到所有成绩在 90 分以上的同学
    System.out.println(" 表扬名单 ");
    for (Student student : students) {
        System.out.println(" 姓名：" +student.getName()+" 成绩：" +grade('1'));
    }
}
public String grade(char level) throws Exception{
    switch (level) {
        case "1": return " 优秀 ";
        case "2": return " 良好 ";
        case "3": return " 合格 ";
        case "4": return " 不合格 ";
        default: throw new Exception(" 数据异常 ");
    }
}
```

图 3-5　控制耦合示例

### 2. 区分控制信号与数据

理解控制耦合需要能区分数据和控制信号。数据是指建模、表达了某种客观事实的信息数据。控制信号是指不表达客观事实，仅仅被选来影响行为选择和判定的信号数字。例如图 3-5 中的 level 就是控制信号，如果把传递的 level 改成真正的考试分数 score，如图 3-6 所示，praise 和 grade 之间的耦合就不再是控制耦合，而是数据耦合，因为 score 是代表现实世界的考试成绩，是数据而不是控制信号。

```
public void praise(){
    List<Student> students = ...  // 找到所有成绩在 90 分以上的同学
    System.out.println(" 表扬名单 ");
    for (Student student : students) {
        System.out.println(" 姓名：" +student.getName()+" 成绩：" +grade(student.getScore()));
    }
}
public String grade(int score) throws Exception{
    if ((score < 0) || (score > 100)){
        throw new Exception(" 数据异常 ");
    }
    if (score >= 90) {
        return " 优秀 ";
    } else if (score >= 80){
        return " 良好 ";
    } else if (score >= 60){
        return " 合格 ";
    } else {
        return " 不合格 ";
    }
}
```

图 3-6　区分控制与数据

### 3. 控制耦合分析

控制信号和数据会带来不同耦合效果的关键区别点——决策。虽然不表达客观实际，但控制信号的数字也不是随机得来的，它的产生也建立在一定的数据判定基础之上。例如在图 3-5 的示例中，praise 在调用 grade 时并不是随机使用了“1”，而是因为内含了一个判定条件：在 90 分以上的学生评级时 level 是“1”。这种基于数据而进行的判定就是决策。

控制耦合会使得决策出现在两个以上的地方，至少会出现在控制信号的产生地和控制信号的作用地。例如在图 3-5 的示例中，praise 在调用 grade 时，需要进行“score>=90 → level=‘1’”的判定，在 grade 中还需要再次进行“level=‘1’ → score>=90 → grade=‘优秀’”的判定，这样决策就同时出现在了 praise 和 grade 两个方法中。

如果同样的决策出现在多个地方，那么：

- 在理解决策的效用时，需要同时关注多个地方。
- 在决策发生变更时，需要同时修改多个地方。
- 如果一个地方的决策发生了修改，可能会对另一个地方造成连锁影响。

所以，控制耦合不是一种理想的模块间联系形式。

### 4. 将控制耦合转换为数据耦合

如果在程序中发现了控制耦合，就应分析一下能否找到控制信号产生的根源，如果能够找到判定控制信号的数据，就将控制信号替换为背后的数据，将控制耦合转换为数据耦合。

产生控制耦合还有一个常见的原因是有些模块的内聚性处理得不好。如图 3-7 所示，方法 calculate 的内部是低内聚的，属于逻辑内聚。逻辑内聚的特点是将很多不同目的但是相似的内容写入一个模块，然后用一个控制信号来判定被调用时真正需要的是哪个目的，这样自然就会在调用者和被调用者之间产生控制耦合。解决方法是进行模块分解，把逻辑内聚提升为功能内聚。例如，图 3-7 中的 calculate 方法应该独立为四个方法 add、subtract、multiply、division，这样一来每一个方法都是功能内聚的，对它们的调用就不再需要控制信号 operator，从而消除了控制耦合。

```
public int calculate(String operator, int x, int y) throws Exception{
    if (operator.equals("ADD")) {
        return (x+y);
    } else if (operator.equals("SUBTRACT")){
        return (x-y);
    } else if (operator.equals("MULTIPLY")) {
        return (x*y);
    } else if (operator.equals("DIVISION")){
        return (x/y);
    } else {
        throw new Exception("Unknown operator");
    }
}
```

图 3-7 低内聚导致的控制耦合示例

## 3.3.4 印记耦合

在进行调用时，如果参数传递的数据比需要的数据多，会在接口上产生不必要的联系强度。传递的数据比需要的多的原因往往是调用者有一个复杂结构（例如记录、数组），本来应该只传递复杂结构中的一部分，但程序员为了省下结构拆解的代码而直接传递了整个结构，使得被调用者不需要的部分数据也一起被传递了。

### 1. 什么是印记耦合

如果一个函数 / 方法调用另一个函数 / 方法时传递了复杂数据结构，而且被调用者只需要复杂数据结构的一部分，那么这种调用联系就被称为印记耦合（stamp couple）。

因为印记耦合涉及复杂数据结构的传递，所有又被称为数据结构耦合（data structure couple）。

如图 3-8 所示，praise 在调用 grade 时，传递了复杂数据结构 Student，但是 grade 只是需要 student 的 score 数据而已，所以 praise 和 grade 之间是印记耦合。

```
public void praise(){
    List<Student> students = ……   // 找到所有成绩在 90 分以上的同学
    System.out.println("表扬名单");
    try {
        for (Student student : students) {
            System.out.println("姓名:" + student.getName() + "成绩:" + grade(student));
        }
    } catch (Exception e){
        e.printStackTrace();
    }
}
public String grade(Student student) throws Exception{
    int score = student.getScore();
    if ((score < 0) || (score > 100)){
        throw new Exception("数据异常");
    }
    if (score >= 90) {
        return "优秀";
    } else if (score >= 80){
        return "良好";
    } else if (score >= 60){
        return "合格";
    } else {
        return "不合格";
    }
}
```

图 3-8 印记耦合示例一

如图 3-9 所示，promotion 在调用 giveBonus 时，传递了数组 customers，但是 giveBonus 只使用了 customers 数组的前 10 个数据，更多的数据都未使用，promotion 和 giveBonus 之间的调用联系也是印记耦合。

### 2. 印记耦合分析

印记耦合会产生不必要的依赖：

- 虽然使用的只是复杂结构的一部分，但是被调用者却不得不解析整个结构。例如在图 3-8 的示例中，grade 方法本来可以只关心简单输入 int score，但是现在却不得不解析复杂结构 Student。如果人们想复用 grade 方法，就必须复用 student，而这本来是不必要的。

```
public void promotion(){
    Customer[] customers = loadCustomerToday();    // 得到所有当天的顾客
    //.....
    // 可以确认 customers 的 length 大于 10
    int len = 10;
    giveBonus(customers, len);                      // 给前 10 名顾客奖励
    //......
}
public void giveBonus(Customer[] customers, int len){
    for (int i = 0; i < len; i++){
        customers[i].addBonus(100);
    }
}
```

图 3-9　印记耦合示例二

- 因为传递的数据多于需要的，会产生不必要的数据暴露风险。例如在图 3-9 的示例中，如果 giveBonus 不小心删除了 customers 大于等于 len 的下标数据，就会给 promotion 带来风险。在图 3-8 的示例中，如果 grade 方法操纵了 student 的 setter，也会给 praise 带来风险。如果传递的数据是正好适用的、并不多余，那么这些数据暴露风险都是可以避免的。

### 3. 将印记耦合转换为数据耦合——简单接口原则

解决印记耦合的办法是消除调用接口传递的复杂数据结构，换为简单的必要数据。例如在 praise 调用 grade 时，只传递 int score（student.getScore()），在 promotion 调用 giveBonus 时，只传递 len 长度的 customers（如图 3-10 所示）。

```
public void promotion(){
    Customer[] customers = loadCustomerToday();    // 得到所有当天的顾客
    //.....
    // 可以确认 customers 的 length 大于 10
    int len = 10;
    Customer[] topCustomers = new Customer[len];
    for (int i =  0; i <len; i++){
        topCustomers[i] = customers[i];
    }
    giveBonus(topCustomers);                        // 给前 10 名顾客奖励
    //......
}
public void giveBonus(Customer[] topCustomers){
    for (int i = 0; i < topCustomers.length; i++){
        topCustomers[i].addBonus(100);
    }
}
```

图 3-10　将印记耦合转换为数据耦合

让调用接口尽可能简单就是简单接口（simple interface）原则。

接口越简单，内容越少，连接强度就越低，耦合性就越低，模块分解质量越好。

## 3.3.5　数据耦合

如果两个函数 / 方法间不得不存在耦合，数据耦合就是最好的耦合形式了。

如果一个函数 / 方法调用另一个函数 / 方法的接口，并传递必要的数据，那么它们之间的耦合就是数据耦合。

### 1. 再谈简单接口原则

数据耦合并不意味着就没有进一步的质量改进空间了，如果仔细分析接口的复杂度，还是有可能进一步改进的。

接口复杂度是指在理解和使用接口时需要的信息复杂度。理解和使用一个接口需要的信息量越大，说明接口越复杂，联系强度越大，耦合度越高。

简单接口原则的目的就是简化接口的复杂度，它可以要求减少不必要的数据传递，可以将一个复杂接口分解为多个简单接口，可以要求模糊接口清晰化。

### 2. 过度复杂的接口可以分解简化

如图 3-11 所示，方法 orderTicket 的接口非常复杂，如果有其他方法调用 orderTicket，产生的数据耦合接口比较复杂，但是可以简化。

```
public double orderTicket( int id, String nickName, String password,
                           int row, int column, Date startTime, Date endTime,
                           double ratio, double payment) throws Exception{
    // 用户验证;
    String realPWD = findPWDByID(id);
    if (!realPWD.equals(password)) {
        auditLogin(id, nickName, "用户验证不通过", new Date());
        throw new Exception("用户验证不通过");
    }
    auditLogin(id, nickName, "成功登录", new Date());

    // 确定可用票源
    boolean isAvailable = isTicketAvailable(row, column, startTime, endTime);
    if (!isAvailable ) {
        throw new Exception("票不可用");
    }
    Ticket ticket = new Ticket(row, column, startTime, endTime);

    // 付款
    double basePrice = ticket.getPrice();
    double price = basePrice * ratio;
    double change = payment - price;
    if (change < 0){
        throw new Exception("款额不足");
    }

    ticket.print();
    return change;
}
```

图 3-11　复杂接口分解简化示例

分析后可以发现，orderTicket 的接口比较复杂是因为它做了太多的事情，既要进行用户验证，又要确定可用票源，还要处理付款，它的接口中同时包含了三件事的数据参数。

orderTicket 的问题是内聚性不够高，做了三件不同的事情。如果将 orderTicket 分解为三个方法 login(int id, String nickName, String password)、getTicket(int row, int column, Date startTime, Date endTime)、payment(Ticket ticket, double ratio, double payment)，就可以将一个复杂的接口分解为三个简单的接口，而且分解后的三个接口比较独立，这就可以提升简洁性，让理解接口所需要的信息量大大减少。

**3. 将模糊接口清晰化可以减少接口复杂度**

模糊接口也会增加接口复杂度，让理解接口需要的信息量更多。模糊接口的常见情景是参数内容的组织使用了语法规则，或者故意在参数中使用通用类型以提高适应性。

如图 3-12 所示，在 sale 方法调用 total 时，传递的参数非常复杂。参数的语法规则是：包含多个商品，使用“;”分割；每个商品包含四项内容（商品 ID、名称、价格、折扣率），使用“,”分割。在单独看到 total 接口时，要理解 total 参数进而理解 total 代码是不容易的。

```
public void sale (){
    //......
    //String goodInput = getInput();
    String goodInput = "1" + ","
                      + " 农夫山泉 " + ","
                      + "2" +","
                      + "1"
                      + ";"
                      + "2" + ","
                      + " 康师傅牛肉面 " + ","
                      + "4.5" +","
                      + "0.8";
    double total = total(goodInput);
    //......
}
public double total(String goods){
    String[] goodItems = goods.split(";");
    double total = 0;
    for (String goodItem : goodItems) {
        String[] items = goodItem.split(",");
        double price = Double.valueOf(items[2]);
        double ratio = Double.valueOf(items[3]);
        total += price * ratio;
    }
    return total;
}
```

图 3-12 模糊接口示例一

图 3-13 的 calculate 接口也使用了模糊参数，data 和 operators 两个数组内含了规则：每 2 个 data 元素和 1 个 operators 元素为一组，第一个 data 元素是第一个操作数，第二个 data 元素是第二个操作数，operators 元素是操作符，它们一起构成一个操作描述。

```
public int[] calculate(int[] data,String operators[]){
    int[] results = new int[operators.length];
    int i = 0;
    while (i < operators.length) {
        if (operators[i].equals("ADD")) {
            results[i] = data[2 * i] + data[2 * i + 1];
        } else if (operators[i].equals("SUBTRACT")) {
            results[i] = data[2 * i] – data[2 * i + 1];
        } else if (operators[i].equals("MULTIPLY")) {
            results[i] = data[2 * i] * data[2 * i + 1];
        } else if (operators[i].equals("DIVISION")) {
            results[i] = data[2 * i] / data[2 * i + 1];
        }
    }
    return results;
}
```

图 3-13 模糊接口示例二

要保持接口简单就需要消除模糊因素，让接口清晰。如图 3-14 所示，Good 和 Operation 的结构被清晰地定义，total 和 calculate 接口的参数就很容易理解，接口复杂度被简化了。

接口清晰（to be explicit）：去除接口中的模糊因素，让接口内容清晰易懂。

```
class Good {
    private int id;
    private String name;
    private double price;
    private double ratio;
// ……
}
public double total(List<Good> goods){
    double total = 0;
    for (Good good : goods) {
        double price = good.getPrice();
        double ratio = good.getRatio();
        total += price * ratio;
    }
    return total;
}
```

```
class Operation{
    private int first;
    private int second;
    private String operator;
    //……
}
public int[] calculate(Operation[] operations){
    int[] results = new int[operations.length];
    int i = 0;
    while (i < operations.length) {
        if (operations[i].getOperator().equals("ADD")) {
            results[i] = operations[i].getFirst() + operations[i].getSecond();
        } else if (…… ){
            //……
        }
    }
    return results;
}
```

图 3-14　保持接口清晰示例

### 3.3.6　隐式的耦合

前面所述的各种耦合都是基于函数 / 方法间存在着显式的联系，但函数 / 方法间没有显式的联系时未必就说明模块间没有耦合。函数 / 方法间可能存在着不显现在外、隐式的联系，这些联系也会产生耦合。

#### 1. 重复耦合

最为常见的隐式联系是不同函数 / 方法存在着重复代码。如果需要调试、修改其中一个函数 / 方法的代码，那么必然就需要调试和修改其他函数 / 方法的代码。虽然这些函数 / 方法之间没有显式、外在的相互联系，但逻辑上它们仍然存在联系，需要共同进退，这就是函数 / 方法间的重复耦合。

重复耦合是指两个或多个模块之间存在重复代码，在调整、修改其中一个模块的该部分代码时，也需要修改其他模块的相应部分。

重复耦合非常不容易发现，而且对系统的质量影响是非常明显的。所以编程时一定要谨记：**不要重复（do not repeat）**。

如图 3-15 所示，save 和 autoCalculate 方法存在着大量的代码重复。如果 save 需要修改重复代码，那么很显然也需要修改 autoCalculate。它们之间即使没有相互调用和访问，但仍然是不独立的，存在隐式的联系，产生了重复耦合。

在简单的情况下，代码重复是非常容易界定的，也容易解决——把重复部分抽取出来作为第三方，然后其他模块调用第三方。

如图 3-16 就通过提取重复部分的代码为 setData 方法，解决了 save 和 autoCalculate 两个方法的重复耦合，修改时只需要修改 setData 即可。

```
// 保存数据
public String save(){
    try{
        HttpServletRequest request = ServletActionContext.getRequest();
        String countcounty = request.getParameter("countcounty");
        String countvillage = request.getParameter("countvillage");
        String countfamily = request.getParameter("countfamily");
        if (countcounty != null) {
            cts.setCountcounty(countcounty);
        }
        if (countvillage != null) {
            cts.setCountvillage(countvillage);
        }
        if (countfamily != null) {
            cts.setCountfamily(countfamily);
        }

        updateTableRows();
        tablesService.temporarySaveTable(cts, tc, ua, tableid);
        return SUCCESS;
    }catch(Exception e){
        e.printStackTrace();
        return ERROR;
    }
}
// 完成计算
public String autoCalculate(){
    try{
        HttpServletRequest request = ServletActionContext.getRequest();
        String countcounty = request.getParameter("countcounty");
        String countvillage = request.getParameter("countvillage");
        String countfamily = request.getParameter("countfamily");
        if (countcounty != null) {
            cts.setCountcounty(countcounty);
        }
        if (countvillage != null) {
            cts.setCountvillage(countvillage);
        }
        if (countfamily != null) {
            cts.setCountfamily(countfamily);
        }

        updateTableRows();
        result = this.tablesService.caluateTableExpression(
                    tc, tableid, departmentid);
        return SUCCESS;
    }catch(Exception e){
        e.printStackTrace();
        return ERROR;
    }
}
```

图 3-15 重复耦合示例

```
private void setData() throw Exception{
    try{
        HttpServletRequest request = ServletActionContext.getRequest();
        String countcounty = request.getParameter("countcounty");
        String countvillage = request.getParameter("countvillage");
        String countfamily = request.getParameter("countfamily");
        if (countcounty != null) {
            cts.setCountcounty(countcounty);
        }
        if (countvillage != null) {
            cts.setCountvillage(countvillage);
        }
        if (countfamily != null) {
            cts.setCountfamily(countfamily);
        }

        updateTableRows();
} catch (Exception e) {
        e.printStackTrace();
        throws new Exception("Set Data Exception");
    }
}
// 保存数据
public String save(){
    try{
        setData();
        tablesService.temporarySaveTable(cts, tc, ua, tableid);
        return SUCCESS;
}catch(Exception e){
        e.printStackTrace();
        return ERROR;
    }
}
// 完成计算
public String autoCalculate(){
    try{
        setData();
        result = this.tablesService.caluateTableExpression(
                    tc, tableid, departmentid);
        return SUCCESS;
    }catch(Exception e){
        e.printStackTrace();
        return ERROR;
    }
}
```

图 3-16 消除重复耦合示例

在复杂的情况下，重复代码不容易界定，常常是重复和不重复相互交织，或者多层嵌套结构的某一层有着部分的重复。复杂情况下的代码重复解决起来并不简单。

### 2. 隐式调用耦合

基于事件、基于消息的交互方式也会使得不同模块之间产生隐式的耦合关系。

在基于事件、基于消息的交互方式中，主动方通过声明事件、发送消息来发起交互。事件和消息被集中的广播和路由机制收集和处理，转发给交互的被动方。被动方接收到事件和消息后，再执行相应的行为。在整个过程中，主动方和被动方之间没有直接的交互，不会进行相互调用，看上去没有显式的联系。但是交互双方都与广播和路由机制联系，经由广播和路由机制的桥梁作用，交互双方实质上还是发生了类似于调用的控制流转移，交互的实质仍然是调用。所以，基于事件、基于消息的交互方法又被称为隐式调用，基于它们产生的耦合被称为隐式调用耦合。

异常是常见的事件机制。如图 3-17 所示，getUserType 与 defaultUserType 方法之间没有直接的调用联系，但是在 getUserType 中抛出的 NullPointerException 异常导致了 defaultUserType 被执行。这里的异常（事件机制）就是一种隐式调用。具体过程为：getUserType 抛出事件；setUser 是事件路由器，它接收了事件并转发给 defaultUserType ；defaultUserType 的行为响应了事件。

本质上，就是 getUserType 在 user==null 时调用了 defaultUserType。

```
public String  getUserType(User user) throws NullPointerException {
    if (user == null) {
        throw new NullPointerException(“Not Logined”);
    }
    return user.getType();
}
public String defaultUserType(){
    return “ 游客 ”;
}
public void setUser(){
    ......
    User user = context.getProperty(“user”);
    String profile ;
    try {
        profile = getUserType(user);
    } catch (NullPointerException e){
        profile = defaultUserType();
    }
    ……// 后续处理
}
```

图 3-17　异常的隐式调用示例

因为双方之间不存在直接联系，不再依赖于对方的接口，所以隐式调用是一种比数据耦合更低的耦合，一般使用在模块间需要非常松散耦合的系统中。隐式调用耦合不适宜大规模广泛使用，因为它解除了模块间直接联系之后，使得开发中的调试工作变得困难。

### 3.3.7　函数 / 方法之间的耦合小结

综合前面的分析，如果不考虑复杂机制（对象引用、关联、继承、成员变量等），只分析结构化方法中两个函数 / 方法之间的联系，那么可能的耦合机制如图 3-18 所示。

两个函数 / 方法之间，耦合度越低越好：

- 理论上，如果没有耦合关系最好，但这不符合事实，因为完全独立的部分无法组成复杂系统。
- 隐式调用耦合虽然耦合度很低，但是无法适用大多数复杂系统，因为隐式调用机制会给系统的调试和正确性保障带来挑战。隐式调用耦合通常只出现在松散耦合系统中。

| | | | |
|---|---|---|---|
| 耦合高 | 内容耦合 | 不可接受 | 避免内容耦合 |
| | 公共耦合 | 全局公共耦合不可接受 | 实现可控局部公共耦合 |
| | 重复耦合 | 不可接受 | 消除重复代码 |
| | 控制耦合 | 可以接受，不够好 | 转为数据耦合 |
| | 印记耦合 | 可以接受 | 简单接口 |
| | 数据耦合 | 比较好 | |
| | 隐式调用耦合 | 仅适用松散耦合系统 | |
| 耦合低 | 无耦合 | | |

图 3-18　函数 / 方法间的耦合关系

- 数据耦合是比较好的耦合，实践中被大量使用。
- 系统中出现少量的控制耦合和印记耦合在实践中是可以接受的，虽然它们的耦合度高于数据耦合。更好的做法是将它们转为数据耦合。
- 重复耦合是不可接受的，需要消除重复代码。实践中出于各种原因，重复代码的现象大量发生，被重构视作“头号敌人”，是出现最多的坏味道（bad smell），消除这些代码重复现象比想象中要困难得多。
- 全局的公共耦合是不能接受的，但一个系统完全没有公共耦合是不可能的，需要进行公共环境及其依赖模块的分解，实现可控的局部公共耦合，例如类就是在类的范围内让成员方法共享成员变量。又如如果实在需要在 Java 中使用 Static 变量，一定要控制和明确标记它的影响范围。
- 内容耦合是最坏的耦合，是完全不能接受的。实践中，除了极其特殊的情况之外，都需要避免内容耦合的出现。这些特殊的情况包括：汇编编程、系统资源控制、代码安全检查、C++ 友元（friend）等。

## 3.4 （结构化）函数 / 方法的内聚

让分割后的模块尽可能独立的方法除了实现模块间低耦合之外，还有另一种方法：实现模块内部的高内聚。因为如果一个系统的代码不得不存在一些联系，那么在分割时，把越多的联系分割到单个模块内部，那么不同模块之间留下的联系就会越少。

可以使用粘合性（binding）来衡量模块内部代码之间的相关度，进而衡量内聚强度。

在结构化方法中，内聚可以发生在多个层次。如果模块比较简单，只是单个的函数 / 方法，那么模块的内聚就是单个函数 / 方法内部的粘合度。如果模块比较复杂，包含很多函数 / 方法，包含模块内部的共享数据，那么模块的内聚就有两个层次，首先是每个函数 / 方法的内部粘合度，然后是各个函数 / 方法以及共享数据之间的相关性。无论模块大小，函数 / 方法内部的粘合性总是分析模块内聚度的基础，所以下面就关注于分析单个函数 / 方法内部的内聚度。

参照图 3-3，一个函数 / 方法的内部有代码和本地变量两个部分，其中本地变量从属于代码，所以一个函数 / 方法的内聚度主要是其代码的粘合性。

要注意的是：需要讨论粘合性的并不是函数 / 方法内的每一行代码，而是不同的代码段。每一个代码段都具备一个目的，由一行或多行代码组成。如果把一个代码段拆解开来，那么分开后的代码行就失去了意义。如图 3-18 所示，它有三个代码段，粘合性是指三个代码段之间的关系。如果分开讨论 connection 的构建和 ContextProperty 的数据设置，这两行代码的每一行独立出来都是没有意义的。

### 3.4.1 偶然内聚

一个函数 / 方法的偶然内聚（coincident cohesion）是指函数 / 方法内部的代码没有任何相关性，只是被偶然、随意地放到了一起。

如图 3-19 所示，在 setUp 方法中，完成了三件事，这三件事情之间完全没有任何关联。

```
public int setUp(int usersNumber, String dbParams, String fileName){
    // 用户登录数量 +1
    usersNumber ++;

    // 设置数据连接
    DBConnection  connection = new DBConnection(dbParams);
    ContextProperty.setProperty("DBConnection", connection);

    // 读取并显示用户的欢迎词
    String helloWords;
    helloWords = readToString(fileName);
    System.out.println(helloWords);

    return userNumber;
}
```

图 3-19　偶然内聚示例

函数 / 方法被建立为偶然内聚形式的常见情景是：有很多零碎的功能，每个功能都很小，于是程序员把它们都放置在一个函数 / 方法中，以让代码看着丰富一些。其实，不用顾忌一个函数 / 方法的代码量很小，可以把 setUp 的内容分解为三个方法 addUsersNumber、setDBConnection、showHelloWords，虽然分解后 addUserNumber 短到只有一行代码，但分解是合理的，分解后的 addUserNumber 方法也是合理的。

事实上，真正需要斟酌的不是代码行的多少，而是所蕴含功能的数量，如果功能太多，即使代码量少也需要分解，如果功能就一个，即使代码量很多也可以接受。

原本分割代码的目的是使理解和修改代码变得更容易一些：将代码分割为模块之后，建立更简洁的模块接口，这样在使用模块时就不再需要总是进入内部细节代码，只需要先根据简洁接口进行定位，然后再斟酌局部的代码细节。

但是偶然内聚让一切代码分割失去了意义，模块内部代码的不相干性意味着无法定义有意义的模块接口，模块接口不再能够代表任何事情，要定位代码就必须直接分析内部代码细节。所以偶然内聚等于让代码分割和模块化不再起作用，自然是最为糟糕的内聚形式。

### 3.4.2 逻辑内聚

一个函数 / 方法是逻辑内聚的如果它内部的代码仅仅因为逻辑相似而组织在一起。逻辑内聚的粘合性依赖逻辑上的相似性（similarity）。

如图 3-20 所示，方法 saveToFile 做了几件相似但不同的事情：保存用户数据、保存事务数据、保存账户数据。这几件事相似是因为它们都是要把数据写到文件里，但它们都出于不同的目的处理不同的事情，仅仅是逻辑相似而已。

```
public void saveToFile(char type, User user, Transaction transaction, Count count) throws Exception{
    String fileName;
    String data;
    switch(type){
        case 'u': fileName = "User.dat";
            data = user.toString();
            break;
        case 't': fileName = "Transaction.dat";
            data = transaction.toString();
            break;
        case 'c': fileName = "Count.dat";
            data = count.toString();
            break;
        default: throw new Exception("Type Invalid");
    }
    BufferedWriter os = new BufferedWriter(new FileWriter(fileName));
    os.write(data);
    os.flush();
    os.close();
}
```

图 3-20　逻辑内聚示例

一个函数 / 方法被设计为逻辑内聚的主要原因是人们总是有归纳、分类的思想，以至于把逻辑上相似的代码写到了一起，常见的例子有：

- 处理输入的函数 / 方法，为了不同的目的，接受不同的数据，但都是输入。
- 处理输出的函数 / 方法，为了不同的目的，处理不同的数据，仅仅因为它们都是输出。例如图 3-20 的 saveToFile 方法。
- 实现操作 / 算法的函数 / 方法，归纳不同操作 / 算法，因为它们作用的相似性。例如图 3-7 的 calculate 方法。

逻辑内聚把不同目的但相似的代码组织在一起，每次执行的时候其实只需要执行一条路径，必然需要判定不同的执行路径，所以逻辑内聚常常和控制耦合一起出现。如果去除了控制信号的作用，代码中的不同部分在实质上其实是完全无关的，粘合它们的仅仅是一个控制信号而已，内聚度很低。

逻辑内聚的缺点是把不同的内容组织在一起，每次理解、调试和修改时本来应该只涉及其中一部分，但组织在一起之后就出现了代码交织，增加了操作难度。例如在图 3-19 的例子中，如果需要将 User 的数据保存到数据库，修改起来就会出现困难，需要增加额外的代码复杂度，除非将 Transaction 和 Count 的数据也一并保存到数据库。

应该把逻辑内聚的函数 / 方法分解为多个部分，调用者依据场景直接调用相应方法而不是使用控制信号来选择执行路径，这也可以消除控制耦合。

### 3.4.3　时间内聚

如果一个函数 / 方法内部的代码被组织在一起时仅仅是因为它们需要被同时执行，那么该函数 / 方法就是时间内聚（temporal cohesion）的。时间内聚的粘合性是时间上的相同性，即同一个时间（same time）。不同的代码段有不同的目的，只是恰好同时执行而已。

如图 3-21 所示，方法 initTransaction 在一个转账事务 Transaction 被创建后进行初始化时执行，它的代码有四个部分，分别用于得到递增的 Key、记录参与用户的行为、设置账户、设定数额。这四个行为之间没有联系，除了都需要在初始化事务时被执行之外。initTransaction 方法是时间内聚的。

```
public void initTransaction(int uid, int sid, int did, int number) {
    /* 初始化模块 */
    transactionID = TransactionKey.increment();

    user = new User(uid);
    user.setLatestTime(new Date());
    user.setBehavior("Transaction", transactionID);
    user.auditBehavior();// 记录行为

    source = new Count(sid);
    source.setRole(" 转出方 ");
    destination = new Count(did);
    destination.setRole(" 转出方 ");

    this.number = number;
}
```

图 3-21　时间内聚示例

系统中最常见的时间内聚情景有：

- 初始化一个现场，如图 3-21 的示例。
- 处置、清除行为执行后的现场。
- 一个事件（异常）被触发后的响应（如果响应过程完整而且目的明确单一，就应该是功能内聚，否则就是时间内聚）。

时间内聚的粘合性高于逻辑内聚，因为至少它的代码会被同时全部执行。但是如果它的不同代码被交织在一起了，仍然会带来理解、调试和修改上的困难。

时间内聚的另一个缺点是它的命名很难代表和概括代码的内容，所以即使知道一个方法名为 init 或者 clear，仍然需要进入方法内部才能真正了解到底初始化或清除了哪些数据。所以，时间内聚的模块一定程度上丧失了其接口的抽象和简洁性作用，给人们的阅读增加了不必要的复杂度。

对于时间内聚的代码，重要的是要把不同部分的代码清晰地分离开来，必要的时候独立封装出来，这一点将在信息隐藏方法中进一步解释。

### 3.4.4　过程内聚

如果一个函数 / 方法的代码被组织起来仅仅是因为它们是一个过程的不同步骤，那么这个函数 / 方法就是过程内聚（procedural cohesion）的。过程内聚的粘合性是同一个过程（same process），不同的步骤联合起来构成一个过程。每一个步骤都可以算作独立的目的，它们被安排在同一个过程中。

如图 3-22 所示，sale 方法的代码有四个部分：验证用户、计算总价、付账找零、打印票据。四个部分分别是销售商品功能的四个步骤，联合起来完成销售过程。sale 方法是过程内聚的。

```
public void sale(User user, List<ProductItem> products, double payment) throws Exception{
    Scanner scanner = new Scanner(System.in);
    String pwd = scanner.nextLine();
    if (!user.validate(pwd)){
        throw new Exception("Invalid User");
    }

    if (products == null){
        throw new Exception("None Product");
    }
    double total = 0;
    for (ProductItem product : products){
        double itemValue = product.getPrice() * product.getNum();
        total += itemValue;
    }

    double change;
    if (payment < total){
        throw new Exception("Payment not Enough");
    }
    change = payment - total;
    Post.dealChange(change);

    Invoice invoice = new Invoice(user, products, payment);
    invoice.print();
}
```

图 3-22　过程内聚示例

在实践中，过程内聚是非常常见的，因为解决问题总是需要一个步骤接着一个步骤。越是复杂的功能越需要进行步骤分解，对于现实来说，一个步骤就能实现的功能过于简单了。

过程内聚也是不可避免的，因为无论如何处理，最终总是需要把不同步骤衔接起来构成完整的功能过程。

有些过程是比较完整的，它的整体能够表达一个目的，那么这个过程的内聚度会更高，会是功能内聚的（而不是过程内聚的）。但过程也有可能是不完整的，它可能只是从整体过程中随手切出来的一段（例如把付账找零和打印收据封装到一个过程中），或者可能是多个目的的组合体（例如图 3-22 的 sale 方法，具有“验证用户”和“销售”（包括计算价格、付款和打印收据）两个目的，“验证用户”并不能算是“销售”目的的一部分）。如果过程不完整或者有多重目的，那么知道接口命名无助于了解其内部实现细节，所以这种情况下的过程内聚会和时间内聚一样一定程度上丧失了接口的抽象和简洁性作用。

与时间内聚相比，过程内聚的不同代码段区分起来更加容易，通常不会混在一起。但如果有糊涂的程序员仍然把它们混淆、交织在了一起（如图 3-23 所示），也会给程序理解、调试和修改带来困难。

对于过程内聚：

- 首先要保持代码整体只有一个目的，并且是一个完整的过程。
- 其次不要混淆不同的代码段，必要的时候使用信息隐藏方法将它们都独立封装出来。

```
public void sale(User user, List<ProductItem> products, double payment) throws Exception{
    double total = 0;
    double change;
    if (products == null){
        throw new Exception("None Product");
    }
    Invoice invoice = new Invoice(user, products, payment);
    Scanner scanner = new Scanner(System.in);
    for (ProductItem product : products){
        double itemValue = product.getPrice() * product.getNum();
        total += itemValue;
    }
    change = payment - total;
    if (payment < total){
        throw new Exception("Payment not Enough");
    }
    String pwd = scanner.nextLine();
    if (!user.validate(pwd)){
        throw new Exception("Invalid User");
    }
    Post.dealChange(change);
    invoice.print();
}
```

图 3-23 代码混淆的过程内聚示例

### 3.4.5 通信内聚

如果一个函数 / 方法的代码都处理同一个数据，并因此而被组织起来，那么这个函数 / 方法就是通信内聚（communicational cohesion）的。通信内聚的粘合性是同一个数据（same data）。不同代码段处理的都是相同的数据，它们可以有不同的目的。

如图 3-24 所示，process 方法有三个代码段，分别完成数据纠偏、计算平均成绩、建立优秀名单三个不同的目的，但它们之间都处理同样的数据 students。process 方法是通信内聚的。

通信内聚在实践中也是较为常见的，人们经常需要对一个数据进行各种各样的处理。

其实，在不同的代码段之间是数据耦合的，所以对它们中一个代码段的理解和变更需要其他代码段的帮助。例如，在图 3-24 的示例 process 方法中，如果纠偏代码段将“>100”的数据也设置为“0”（或者极端情况下程序员不小心地把所有 student.score 都设置为 0），就会影响 avgScore 的计算结果和 praiseList 的名单结果。

```
public void process(Student[] students){
    // 纠正偏差数据
    for (int i = 0; i<students.length; i++){
        if (students[i].getScore()<0) {
            students[i].setScore(0);
        } else if (students[i].getScore()>100) {
            students[i].setScore(100);
        }
    }
    // 计算平均值
    avgScore = 0;
    for (int i = 0; i<students.length; i++){
        avgScore += students[i].getScore();
    }
    avgScore /= students.length;
    // 找到并建立优秀名单
    praiseList = new LinkedList<Student>();
    for (int i = 0; i<students.length; i++){
        if (students[i].getScore()>=90) {
            praiseList.add(students[i]);
        }
    }
}
```

图 3-24 通信内聚示例

通信内聚的代码也需要保持不同代码段之间的清晰界线，并在必要的情况下进行独立封装和信息隐藏处理。因为通信内聚方法的代码段之间本来就是共享数据的，所以它们的代码容易被纠缠在一起（为了减少处理数据代码的重复），如果它们之间混淆和交织了起来，那么修改工作就会变得非常糟糕。如图 3-25 所示，想要修改任何一个目的（数据纠偏、计算平均成绩、建立优秀名单）都纠缠着其他目的的代码。

```
public void process(Student[] students){
    avgScore = 0;
    praiseList = new LinkedList<Student>();
    for (int i = 0; i< students.length; i++){
        if (students[i].getScore()<0) {
            students[i].setScore(0);
            avgScore += 0;
        } else if (students[i].getScore() > 100) {
            students[i].setScore(100);
            avgScore += 100;
            praiseList.add(students[i]);
        } else if (students[i].getScore() > 90){
            praiseList.add(students[i]);
            avgScore += students[i].getScore();
        } else {
            avgScore += students[i].getScore();
        }
    }
    avgScore /= students.length;
}
```

图 3-25　混淆的通信内聚代码示例

## 3.4.6　顺序内聚

如果一个函数 / 方法的代码段被相继执行，并且前一个的输出数据被作为下一个的输入数据，那么该函数 / 方法就是顺序内聚（sequential cohesion）的。

在顺序内聚的背后，存在着一个问题结构（problem structure）：它要求代码顺序执行因为这是问题解决的过程，各个步骤之间传递数据因为它们共享同一个问题（的不同阶段）。所以，顺序内聚的粘合性是同一个问题（same problem）。顺序内聚的粘合性比过程内聚更强，因为它除了过程之外还要求数据联系。顺序内聚的粘合性也比通信内聚更强，因为它除了数据之外还要求过程联系。

如图 3-26 所示，sale 方法有 4 个代码段：输入商品、计算总价、付款和打印收据。它们相互衔接形成销售过程，而且每一个代码段都为下一个代码段提供数据。sale 方法是顺序内聚的。

```
public void sale(){
    // 输入商品
    Scanner scanner = new Scanner(System.in);
    System.out.println("请输入商品 ID，-1 结束输入：");
    int id = scanner.nextInt();
    List<ProductItem> products = new LinkedList<ProductItem>();
    while (id > 0){
        ProductItem product = new ProductItem(id);   // 依据 ID 装载产品数据
        products.add(product);
        System.out.println(product.toString());
        System.out.println("请输入商品 ID，-1 结束输入：");
        id = scanner.nextInt();
    }
    // 计算总价
    double total = 0;
    for (ProductItem product: products){
        total += product.getPrice();
    }
    // 付款
```

图 3-26　顺序内聚示例

```
        System.out.println("请输入付款数额：");
        double payment = scanner.nextDouble();
        double change = payment - total;
        Post.dealChange(change);                          // 收银机找零
        // 打印收据
        Invoice invoice = new Invoice( products, payment);
        invoice.print();
    }
```

图 3-26 （续）

因为不同代码段是不同的步骤，所以顺序内聚的不同代码段比较容易区分，不太会发生混淆。因为不同代码段之间传递数据而不是共享数据，所以顺序内聚的不同代码段之间也免除了公共耦合缺陷，所以顺序内聚是比较理想的内聚类型，实践中比较常见，它的粘合性仅次于功能内聚。

顺序内聚不如功能内聚是因为它和过程内聚一样，可能只是一个完整过程的片段，或者具有多重目的。

## 3.4.7　功能内聚

一个函数 / 方法最好的内聚形式是功能内聚，它是指函数 / 方法内部的代码都是为了实现一个功能而组织起来的。功能是一个模糊概念，更准确的说法是所有代码都是为了实现一个目的。功能内聚的粘合性是同一个目标（same goal）。

### 1. 功能与目标

理解功能内聚的关键是界定功能和目标。如果一个函数 / 方法（如图 3-27 所示）只有一个不可再分的代码段，那么它很明显是功能内聚的，因为一个代码段只能是一个目的、一个功能。

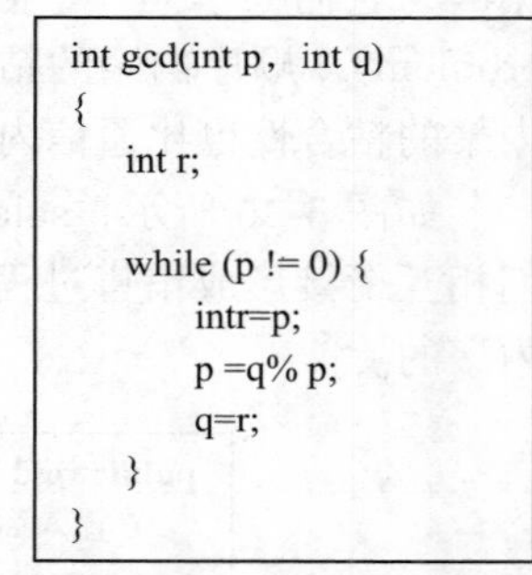

```
int gcd(int p, int q)
{
    int r;

    while (p != 0) {
        intr=p;
        p =q% p;
        q=r;
    }
}
```

图 3-27　功能内聚示例

如果一个函数 / 方法包含了多个代码段，虽然每个代码段都有自己的目的，但它们联合起来表达了一个统一的、更大的目的，那么该函数 / 方法仍然是功能内聚的。如图 3-26 所示，如果"输入商品、计算总价、付款和打印收据"联合起来恰好准确定义了销售过程，那么 sale 方法就应该是功能内聚的（反之就是顺序内聚的）。

### 2. 功能内聚的简单判定方法

为了帮助界定何为"同一个功能""同一个目的"，设计者可以尝试使用一句话描述函数 / 方法的功能：

- 如果描述的谓语后面没有宾语，动词后面没有对象，那么函数 / 方法可能是逻辑内聚的。因为多个不同目的归类到一起，无法抽象一个共同的对象，只能使用行为分类。例如，图 3-7 中的 calculate 方法的合理描述是"执行……计算"，图 3-20 中的 saveToFile 的合理描述是"保存……到文件"。
- 如果描述中出现"初始化""清理""在……时"，那么函数 / 方法可能是时间内聚的。
- 如果描述中出现"首先""其次""然后""之后"等词汇，那么函数 / 方法可能是过程内聚、顺序内聚或时间内聚的。

- 如果描述使用了组合句式，或者使用了多个动词，那么函数 / 方法可能有多重目的，可能是过程内聚、通信内聚或顺序内聚的。
- 如果是只使用一个动词的简洁句式，简单明了，那么函数 / 方法可能是功能内聚的。

### 3. 功能内聚与需求

目的（goal）一词是相对概念，相对于用户需求而言，应该是恰好表达了一个完整的用户需求，是一个“有用的单位”。

用户需求是有层次的，高层次上是粗粒度需求表达大目标，低层次上是细粒度需求表达细节行为。但无论是哪个层次，需求总是有完整性的，只要是一个完整的需求，就可以视为实现一个目的，实现的代码也可以被认为是功能内聚的。

例如，一个层次化需求示例如表 3-1 所示。如果一个模块实现了最低层次的一条单独需求，比如 SR1.1.1.1、SR1.1.2、SR1.2 或者 SR9、Rule3，该模块都是功能内聚的。如果一个模块实现了一个高层次需求并且包含了其所有的低层嵌套需求，比如实现了 SR1.1[ 包括 SR1.1.1（包括 SR1.1.1.1 ～ SR1.1.1.3）～ SR1.1.3]，那么该模块也是功能内聚的。但如果一个模块实现的需求不能构成一个整体，比如仅仅实现了 SR1.1.1.2 和 SR1.1.1.3 或者仅仅实现了 SR1.3（包含 SR1.3.1），该模块就不是功能内聚的。

**表 3-1　层次化需求示例**

| 需求 ID | 需求描述 |
|---|---|
| SR1 | 收银员可以使用系统输入顾客购买的商品 |
| SR1.1 | 在收银员输入商品目录中已存在的商品标识时，系统显示输入商品的信息，包括 ID、名称、描述、价格、特价、数量、总价 |
| SR1.1.1 | 在收银员要求输入数量时，系统应该允许收银员输入商品的数量 |
| SR1.1.1.1 | 在收银员输入大于等于 1 的整数时，系统修改商品的数量为输入值，并更新显示 |
| SR1.1.1.2 | 在收银员输入大于库存的数时，系统提示超出库存 |
| SR1.1.1.3 | 在收银员输入其他内容时，系统提示输入数量无效 |
| SR1.1.2 | 如果收银员不输入数量，系统默认商品数量为 1 |
| SR1.1.3 | 在收银员输入商品目录中不存在的商品标识时，系统不予处理 |
| SR1.2 | 在显示商品信息 0.5s 之后，系统显示已输入商品列表，并将新输入的商品添加到列表中 |
| SR1.3 | 系统应该计算输入商品的总价，并显示在已输入列表底端 |
| SR1.3.1 | 如果存在适用（商品标识、今天）的商品特价策略（参见 Rule3），系统将该商品的特价设为特价策略的特价，并计算分项总价为（特价 × 数量），并将其计入特价商品总价 |
| SR1.3.2 | 当商品是普通商品时，系统计算该商品分项总价为（商品的价格 × 商品的数量），并将其计入普通商品总价 |
| SR2 | 收银员可以从已输入商品列表中删除一个已输入商品 |
| …… | …… |
| SR3 | 收银员可以使用系统帮助顾客结账 |
| …… | …… |
| SR9 | 在付款之前，收银员可以取消销售任务 |
| DR1 | ID 是规则为…的商品条形码 |
| Rule3 | 适用（商品标识，参照日期）的商品特价促销策略：<br>（促销商品标识 = 商品标识）而且 [（开始日期早于等于参照日期）并且（结束日期晚于等于参照日期）] |

所以，按照层次从高到低，如果一个模块恰好实现了用户的一个目标、一个任务、一个交互行为、一个数据处理，那么这些模块都是功能内聚的，它们都可以被很好地抽象，都可以使用更简洁的接口描述代替内部细节展示。

功能内聚的模块可以更好地进行抽象，因而在理解、调试、修改时可以表现得更好。但这并不意味着功能内聚的模块就已经没有了进一步提升的空间，“功能内聚＋信息隐藏”的模块才是质量最好的，这一点将在信息隐藏章节进行阐释。

### 3.4.8　函数 / 方法的内聚小结

综上所述，如果只考虑单个函数 / 方法内部的代码内聚，那么可能的内聚类型如图 3-28 所示。

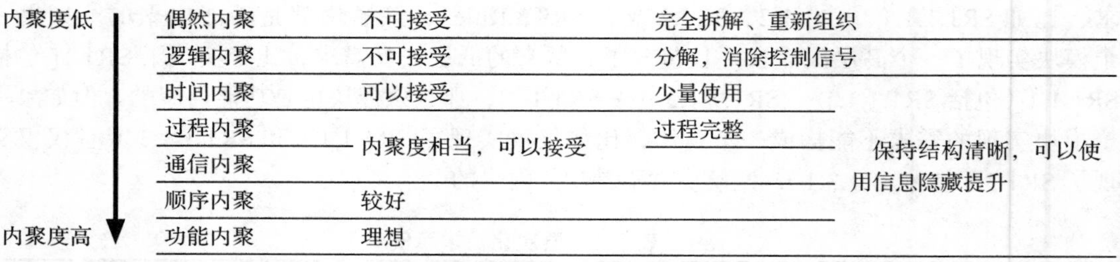

| 内聚度 | 内聚类型 | 评价 | 建议 | |
|---|---|---|---|---|
| 内聚度低 | 偶然内聚 | 不可接受 | 完全拆解、重新组织 | |
| | 逻辑内聚 | 不可接受 | 分解，消除控制信号 | |
| | 时间内聚 | 可以接受 | 少量使用 | |
| | 过程内聚 | 内聚度相当，可以接受 | 过程完整 | 保持结构清晰，可以使用信息隐藏提升 |
| | 通信内聚 | | | |
| | 顺序内聚 | 较好 | | |
| 内聚度高 | 功能内聚 | 理想 | | |

图 3-28　函数 / 方法的内聚

一个函数 / 方法的内聚可能有如下多种形式，内聚度越高越好。

- 偶然内聚和逻辑内聚是内聚度最低的两种形式，会带来质量缺陷，不可接受。
- 时间内聚的内聚度虽然可以接受，但也可能带来不少问题，所以建议少量使用。
- 过程内聚和通信内聚的内聚度相当，它们都是可以接受的，也是实践中比较常见的。
- 顺序内聚的内聚度较高，但实践中能够建立顺序内聚的情景并没有想象的那么多。
- 功能内聚是最理想的内聚形式。大部分的函数 / 方法可以处理为功能内聚的，但总有部分函数 / 方法无法达到功能内聚的高度。因为复杂系统不可能由孤立的众多小目的组成，总是需要联系、结合、梳理各个小目的，形成大目标，进而建立大系统，这些联系、结合、梳理的工作很难组织到功能内聚的高度。

## 3.5　（面向对象）类 / 对象之间的耦合

### 3.5.1　类 / 对象之间的耦合类型

在面向对象方法下，多了一个重要的单位——类，它由成员变量（局部公共环境）和成员方法组成，有自己的引用，如图 3-2 所示。

面向对象的代码段间的联系有两种结构化方法中没有的特殊机制——对象引用和成员变量。

#### 1. 方法间的耦合

如果不考虑面向对象的特殊机制，那么耦合联系就仍然存在于两个方法之中，与结构化方法的函数 / 方法之间的耦合是基本一样的。

#### 2. 成员变量产生的耦合

如果考虑成员变量，那么耦合联系只会存在于一个类的方法去访问另一个类的成员变量的情况。毕竟，成员变量是不能主动发起访问的，只有方法才能主动发起一个联系。而且如果一个类的成员方法访问自己的成员变量，这将成为内部实现问题（就像函数 / 方法的代码访问它自己的本地变量），不存在于模块之间，所以不产生耦合问题。

对象引用机制会复杂一些。对象引用会被使用在两个完全不同的场景：协作和继承。

#### 3. 组件耦合

如果一个类需要和另一个类协作，那么它们之间就需要先行建立关联关系，协作的主动发起类把被动访问类作为组件，所以这里把使用对象引用进行协作而产生的耦合称为组件耦合。

在面向对象方法中，引用的作用是导航，帮助定位成员方法和成员变量。成员方法和成员变量产生的耦合前面已有分析，组件耦合只关注两个类的关联联系，不需要深入探讨关联关系下面隐含的成员方法调用和成员变量访问。

组件耦合关心的是：关联关系的存在，给两个类的开发、变更、复用等工作带来的复杂度。按照这个思路，组件耦合可以分为：隐藏组件耦合（hidden component couple）、分散组件耦合（scattered component couple）和明确组件耦合（specified component couple）。

#### 4. 继承耦合

继承是面向对象方法的一种非常特殊的机制，它可能会使一个子类型对象引用持有一个父类型对象引用（子类型驱动），也可能使一个父类型对象持有一个子类型对象引用（父类型驱动）。

虽然有两个引用，但它们对外却并不是扮演两个不同对象，而是一个相同对象表现出两种类型行为。因为继承关系只对外表现一个类 / 对象，所以在分析耦合关系时，父子类之间的联系并不是主要关注点，因为它们是一个整体。

继承耦合分析真正需要关注的是：如果一个客户对象调用了一个继承关系中的对象，那么客户对象在理解、变更、复用时，理解该耦合关系需要的信息量有多大。

根据所需要信息量的不同，可以把继承耦合划分为修改型继承耦合（modification inheritance couple）、改进型继承耦合（refinement inheritance couple）和扩展型继承耦合（extension inheritance couple）。

### 3.5.2　方法之间的耦合

如果不考虑面向对象的特殊机制，那么两个方法之间的耦合形式与结构化方法仍然是相同的。

如果两个方法属于同一个类，那么：

- 内容耦合是需要避免的。
- 两个方法共享成员变量是可控的局部公共耦合，是可以接受的。但两个方法共享全局变量是不可接受的，需要把全局变量封装为独立类供两个方法调用，从而建立三个类 / 对象之间的数据耦合，消除全局变量共享的公共耦合。
- 两个方法如果存在隐式的代码重复耦合，就需要抽取重复部分，封装建立类的私有方法，然后让这两个方法去调用私有方法，消除代码重复耦合。

- 如果两个方法是控制耦合或印记耦合，应该尽量把它们转化为数据耦合。
- 数据耦合是比较理想的耦合形式。
- 可能是隐式调用耦合，但通常只用来进行异常处理。也就是说这两个方法中，有一个抛出异常，另一个处理异常。

如果两个方法属于两个不同的类，那么：

- 内容耦合是需要避免的。
- 两个方法共享全局变量是不可接受的，需要把全局变量封装为独立类供两个方法调用，从而建立三个类 / 对象之间的数据耦合，消除全局变量共享的公共耦合。
- 两个方法如果存在隐式的代码重复耦合，就需要抽取重复部分为新方法，然后让这两个方法去调用新方法，消除代码重复耦合。新方法可以被封装于两个类中的一个，也可以封装在第三个类或一个新的类中。
- 如果两个方法是控制耦合或印记耦合，应该尽量把它们转化为数据耦合。
- 数据耦合是比较理想的耦合形式。
- 可能是隐式调用耦合。一种情况是异常处理，有一个方法抛出异常，另一个方法处理异常。另一种情况是一个方法向事件路由抛出事件，另一个方法从事件路由中得到通知处理事件。

### 3.5.3 成员变量产生的耦合

成员变量是面向对象方法中的一种特殊机制，在结构化方法中是没有的。

如图 3-29 所示，成员变量被视为类的内部实现。如果一个类的方法直接访问了另一个类的成员变量，那么产生的耦合就属于内容耦合。

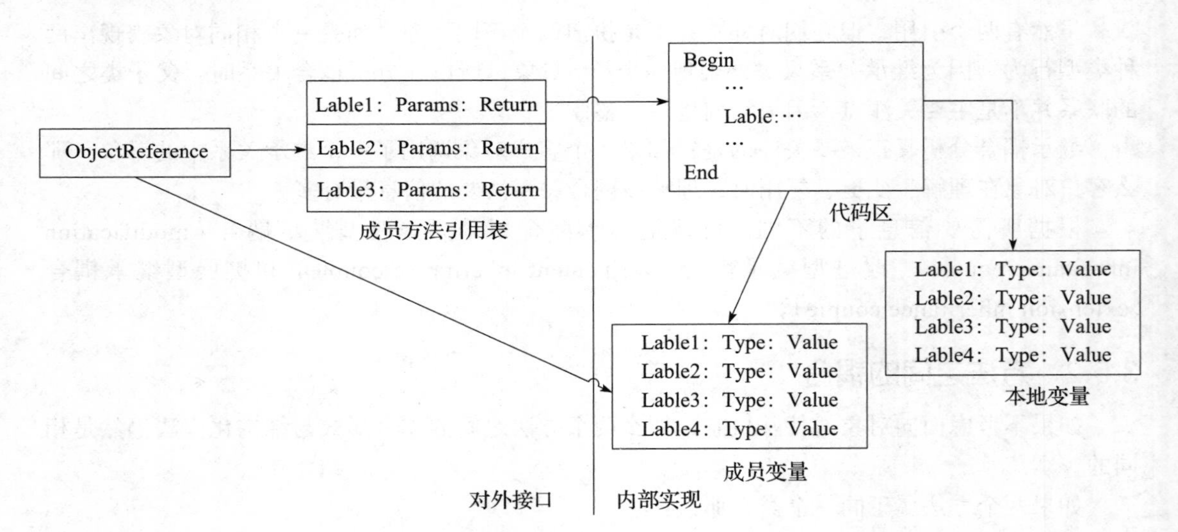


图 3-29 类的接口和实现示意

也就是说，如果成员变量使用不当，很容易产生内容耦合，使得一个类的理解、调试、修改和复用都可能涉及另一个类的内部。要避免内容耦合，就需要封装类的成员变量。

如图 3-30 所示，Course 类的 test 方法内部直接访问了 Student 类的成员变量 avgScore。如果 Student 需要调整 avgScore，例如修改类型、改名称、改为 private 或者直接删除，都需要级联修改 Course 类。而且因为 Course 未经过 Student 的接口直接修改了 avgScore 的值，那么调试 Student 的时候就无从监控 avgScore 的变化，除非把 Course 一起监控了。

```
class Student {
    //……
    public double avgScore;
    //……
}
class Course {
    private List<Student> enrolledStudent;
    public void test(){
        //……
        for (Student student : enrolledStudent){
            // 得到学生的测试成绩
            double score = getScore(student);
            student.avgScore += score;
        }
        //……
    }
}
```

图 3-30　成员变量导致的内容耦合示例

所以，要谨记：如果将类的成员变量 $x$ 声明为 public 并直接被其他类使用，产生的就是内容耦合，因为接口 getX 所能提供的隔离和抽象作用已经不存在了，两个类的内部已经直接联系在一起了。正确的做法是封装成员变量 $x$ 并提供 getter 和 setter 对外服务（如图 3-31 所示），那么产生的就是数据耦合，因为联系路径是成员方法引用表。

```
class Student {
    //……
    private double avgScore;
    public double getAvgScore() {
        return avgScore;
    }
    public void setAvgScore(double score) {
        this. avgScore = score;
    }
    //……
}
class Course {
    private List<Student> enrolledStudent;
    public void test(){
        //……
        for (Student student : enrolledStudent){
            // 得到学生的测试成绩
            double score = getScore(student);
            student.setAvgScore( student.getAvgScore() + score);
        }
        //……
    }
}
```

图 3-31　正确封装成员变量，使用数据耦合

## 3.5.4 隐藏组件耦合

### 1. 什么是隐藏组件耦合

如果类 A 关联类 B，A 的对象使用了 B 的对象，但是 B 的名称既没有出现在 A 的对外接口中，也没有出现在 A 的内部实现中，那么 A 和 B 的组件耦合就是隐藏组件耦合。

产生隐藏组件耦合的最常见原因是在 A 中使用了级联消息（cascading message）访问，而 B 只是级联调用中的一环，所以没有出现。

如图 3-32 所示，在类图中 FundsTransfer 类和 Customer 类没有关联，在 FundsTransfer 的接口和实现中也没有出现名称字符“Customer”，但是仔细分析可以发现在 FundsTransfer.execute() 的伪代码中，payee.getHolder() 返回的是一个 Customer 类型对象，payee.getHolder().isMonitored() 其实就是调用 Customer 的 isMonitored()，所以 FundsTransfer 和 Customer 之间是隐藏组件耦合。理论上，图 3-32 的类图应该在 FundsTransfer 和 Customer 类之间有一条关联关系线条，只是它被隐藏了。

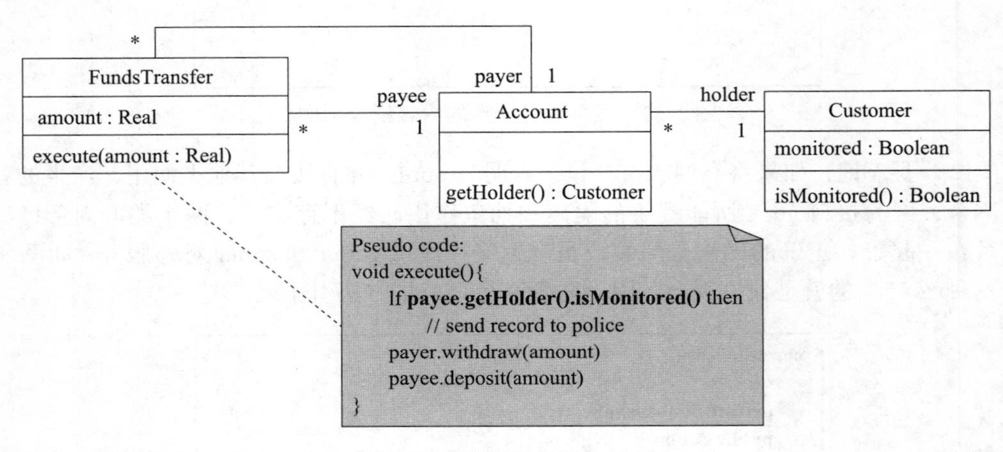


图 3-32 隐藏组件耦合示例

### 2. 隐藏组件耦合分析

隐藏组件耦合会给类的开发、变更、复用带来额外的困难。在开发和调试 FundsTransfer 时，按照类图线索只需要考虑 Account 类环境，但实际上 Customer 类也需要考虑。在复用 FundsTransfer 类时，从代码上分析很难发现需要级联复用 Customer。在修改 Customer 的 isMonitored 方法时，即使使用全局代码搜索也发现不了 FundsTransfer 类会受到影响。

### 3. 使用委托消除隐藏组件耦合

处理隐藏组件耦合的最简单的方法是使用一个本地变量中转，把级联调用变为多个简单调用。例如可以把“ if payee.getHolder().isMonitored()” 修改为“ Customer customer = payee.getHolder(); if customer. isMonitored()”。

简单的方法可以消除隐藏现象，但过于直接的处理可能会忽略真正的问题。例如，FundsTransfer 本来就不应该和 Customer 发生关联，上面的简单方法忽略了这一点，所以这种解决方案并不理想。

正确的做法应该参照迪米特法则（demeter law），使用委托加以解决（如图 3-33 所示）。

先给 Account 增加一个公开接口 isHolderMonitored，FundsTransfer 的 execute() 调用新接口；之后在 isHolderMonitored 中委托调用 Customer.isMonitored()。

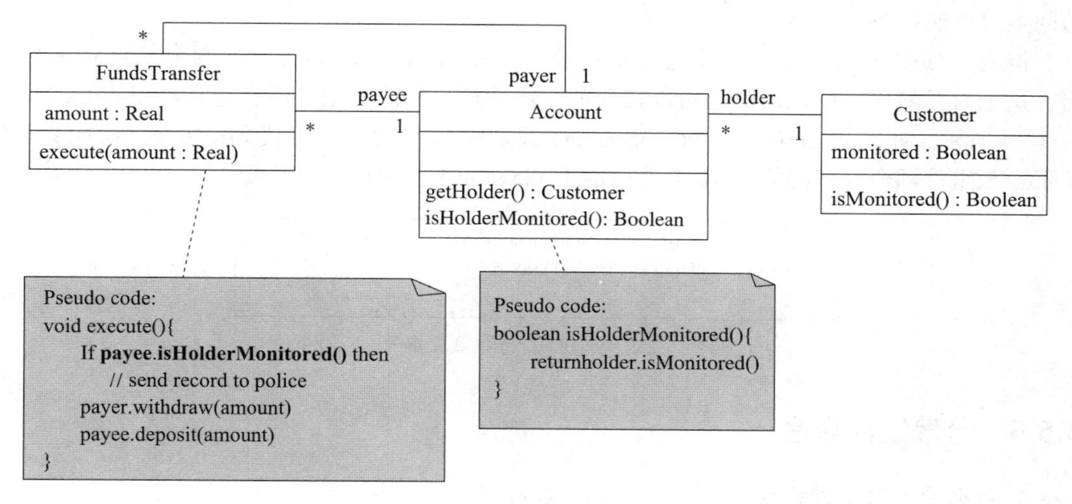


图 3-33 隐藏组件耦合的解决示例

#### 4. 迪米特法则

迪米特法则的本意是最小化类 / 对象之间的耦合，尽可能缩小一个类的耦合范围。它的方法是让一个类 / 对象只与它最亲近的类 / 对象发生交互，而且只对其他类有尽可能少的了解。

按照迪米特法则，一个类 / 对象只与下列类 / 对象进行交互：

- 自己（this），即可以调用自己的方法，访问自己的变量。
- 作为接口参数传递给自己的对象，可以调用它的公开接口。
- 在某个方法内部创建的对象，可以调用它的公开接口。
- 成员变量指向的对象，可以调用它的公开接口。

在图 3-32 的示例中，Customer 是作为返回值（不是接口参数）被传递给 FundsTransfer 的，它不属于 FundsTransfer 可以交互的范围，所以 FundsTransfer 不能调用 Customer 的方法。

使用本地变量中转的简单方法也是不符合迪米特法则的，因为即使声明了一个本地变量 Customer customer = payee.getHolder()，使得“Customer”名称字符串出现在了 FundsTransfer 中，但 customer 对象仍然是作为返回值（不是接口参数）被传递给 FundsTransfer，仍然不是 FundsTransfer 可以交互的对象，所以 FundsTransfer 调用 customer.isMonitored() 时仍然是违反迪米特法则的。

图 3-33 的解决方案是符合迪米特法则的，因为 FundsTransfer 只调用了亲近对象 Account（关联导航，成员变量），而 Account 也只调用了亲近对象 Customer（关联导航，成员变量）。

如果设计方案符合迪米特法则，自然不会产生级联耦合，也可以消除隐藏组件耦合，但是它会导致太多的委托方法（例如 Account.isHolderMonitored()），这些委托方法只是转发请求，本身无实际贡献，一旦多起来会破坏设计方案的简洁性。所以迪米特法则的使用不是无条件的，很多情况下人们为了设计简洁性会违反迪米特法则（例如使用 Factory 时）。

#### 5. 例外情况：稳定类库

隐藏组件耦合的缺点是：理解、调试、复用主动类时需要被访问类的信息帮助，修改被访问类时可能影响主动类。

但是，如果被访问类是一个稳定的类库，例如 java.util，那么上述两个缺点就不再突出，这个时候使用级联调用就是可以接受的，因此产生的隐藏组件耦合也是可以接受的。如图 3-34 所示，student.getBirthday().toString() 就是级联调用，使得代码所在类与 Date 类产生了隐藏组件耦合，但因为 Date 类是稳定类（java.util），所以可以接受。

```
public String getBirthday(Student student){
    return student.getBirthday().toString();
}
```

图 3-34　稳定类库产生的隐藏关联耦合示例

### 3.5.5　分散组件耦合

#### 1. 什么是分散组件耦合

如果类 A 关联类 B，A 的对象使用了 B 的对象，B 的名称没有出现在 A 的对外接口中，而是出现在 A 的内部实现中，那么 A 和 B 的耦合就是分散组件耦合。

一个对象 a 获得对象 b 的引用有下列途径：

①在其他对象调用 a 时，b 被作为参数，出现在 a 的接口中，传递给 a。

② b 是 a 的成员变量，而且已经被初始化了。

③ a 在本地代码中创建了 b。

④在 a 调用其他对象的方法时，b 被作为返回值传递给 a。

参照图 3-29 的类结构示意，可以发现只有情况①是 B 的名称出现在 A 的对外接口中，其他三种情况下 B 的名称都是出现在 A 的内部实现，产生的都是分散组件耦合。

如图 3-35 所示，类 Student 的对象在 select 方法中与多个其他对象产生了组件耦合：

- 与 courses 对象是聚合关系②，是分散组件耦合。
- course 对象是接口参数传递来的①，不是分散组件耦合。
- teacher 对象是调用 course 方法 getTeacher 时作为返回值传递来的④，是分散组件耦合。
- selection 对象是本地创建的③，是分散组件耦合。

```
class Student {
    private List<Course> courses =  new LinkedList<Course>();
    public void select(Course course){
        courses.add(course);
        Teacher teacher = course.getTeacher();
        Sheet selection = new Sheet(this, course, teacher);
        selection.print();
    }
    ……
}
```

图 3-35　分散组件耦合示例

### 2. 分散组件耦合分析

如果一个类 / 对象所有可能的组件耦合都出现在方法接口中，都是第①种情况，那么可以想象只要分析一下该类的公开接口，花费很少的工作量，就能明确该类对其他类的依赖，在进行理解、变更、复用时都会更加容易。

反之，如果一个类 / 对象的组件耦合有部分或者全部是分散组件耦合，那么意味着要想搞清楚该类 / 对象的对外依赖关系，需要分析它的所有实现代码，这个工作量可要大得多了，这就是分散组件耦合不如明确组件耦合理想的原因。

### 3. 使用文档注释 @see 改善分散组件耦合

虽然分散组件耦合有些不理想，但是要想完全消除分散组件耦合是不可能的，也是不必要的。如果所有对象引用都通过方法参数进行传递，方法接口将复杂得难以维护。

在实践中，人们不仅可以使用分散组件耦合，而且实际上大多数关联关系都是分散组件耦合。只需要稍微做些工作，就可以改善分散组件耦合，取得明确组件耦合的效果，可以做到只需要方法接口的信息就能够了解一个类 / 对象的所有对外依赖，改善的方法就是使用文档注释 @see。

@see 用来标记一个方法需要参考的其他主题，对外依赖的类和方法就是典型的需要参考的主题。如图 3-36 所示，在方法 select 的文档注释中，通过使用 @see，明确标记了它的对外依赖：

- 成员变量 courses，类型 List<Course>
- 类 Course 的方法 getTeacher()
- 类 Teacher
- 类 Sheet 的构造方法 Sheet（…）
- 类 Sheet 的方法 print()

```
/**.
 * 方法注释，其他省略
 * @see #courses List<Course>
 * @see Course#getTeacher()
 * @see Teacher
 * @see Sheet#Sheet(Student student, Course course, Teacher teacher)
 * @see Sheet#print()
 */
public void select(Course course){
    courses.add(course);
    Teacher teacher = course.getTeacher();
    Sheet selection = new Sheet(this, course, teacher);
    selection.print();
}
```

图 3-36　使用文档注释 @see 改善分散组件耦合示例

通过使用文档注释 @see，可以很明确地标记一个类 / 对象的方法的所有对外联系，这使得在理解、变更和复用该方法时，只需要通读文档注释即可，与通读实现代码相比大大减少了工作量，所以应该得到广泛应用。

在某种意义上，@see 的使用将分散组件耦合改善为明确组件耦合。

### 3.5.6 明确组件耦合

如果类 A 关联类 B，A 的对象使用了 B 的对象，而且 B 的名称出现在 A 的对外接口中，那么 A 和 B 的耦合就是明确组件耦合。

在图 3-35 的示例中，select 方法中的 Course 与 Student 的耦合就是明确组件耦合。

明确组件耦合是一种比较理想的耦合，因为它在更简洁的接口中明确了耦合关系的存在，使得处理耦合的工作更加容易。

#### 1. 供给接口与需求接口

在程序设计语言中定义一个类的接口通常是它对外公开的方法，可以为其他类提供的服务。但通过上述组件耦合的分析可以发现，一个类对外依赖的其他类的服务也很重要，为此，人们将一个类的接口更全面地定义为供给接口（provided interface）和需求接口（required interface）。

- 供给接口：一个类和模块提供给其他类和模块使用的公开接口和服务。
- 需求接口：一个类和模块需要其他类和模块提供给自己使用的公开接口和服务。

例如，在图 3-35 的示例中，select 方法本身是类 Student 的供给接口的一部分，它的 @see 注释则是 Student 类的需求接口的一部分。

一个类的所有 public 方法构成了它的完整供给接口，它的所有实现的对外依赖 @see 注释的集合构成了它的完整需求接口。

在文档化一个类和模块的接口时，最好是同时定义它的供给接口和需求接口。

#### 2. 导入和导出

一个类和模块的“供给接口 + 需求接口”完整定义了它与外界的依赖关系，表达了它与外界的耦合。

对于一个模块，尤其是独立建立源文件的模块来说，供给接口就是它需要导出的（Export，声明为 public）接口，需求接口就是它需要导入的接口。导入 / 导出关系是模块间关系的基础。

### 3.5.7 修改型继承耦合

#### 1. 什么是修改型继承耦合

如果子类在继承的父类方法中，以不遵守父类接口定义的方式修改了方法，那么产生的耦合就是修改型继承耦合。

接口的定义由功能描述、前置条件、后置条件和不变量组成。如果下面的条件被满足，那么就认为子类遵守了父类接口定义，否则子类就破坏了父类接口定义：

- 功能描述一致，也即目标一致。子类可以增加、减少或者修改父类方法的代码，但调整后的目标方向要和父类方法的目标方向一致。
- 子类接口的前置条件更弱，例如父类要求“参数 >1”而子类要求“参数 >0”，或者父类要求 5 项数据而子类只要求其中的 4 项，这保证了父类可以接受的输入，子类也都能接受。
- 子类的后置条件更强，例如父类要求“返回值 >0”而子类要求“返回值 >5”，或者父类输出了 4 项数据而子类输出了更多的 5 项（含父类 4 项），这保证了子类的输出一定能满足父类的客户。

● 不变量约束更强，子类不会破坏父类的不变量约束。

让子类接口违反父类接口定义规则，产生修改型继承耦合的常见原因是将不该定义为继承结构的情景错误地定义成了继承结构（例如为了复用），或者是继承结构定义存在偏差。

如图 3-37 所示，VIPCustomer 继承 Customer。Customer 是一个商店的普通顾客，是不需要注册的。因为没有固定注册信息，所以 Customer 的 name 和 phone 属性通常是无意义的，没有提供 getter 和 setter。只有在顾客提出需要打印票据时，才会使用 name 和 phone 属性，通过 inputForInvoice 方法得到顾客的真实数据，然后在 printInvoice 方法中使用数据输出票据。

```
public class Customer {
    private String name;
    private String phone;
    public void inputForInvoice(){
        Scanner scanner = new Scanner(System.in);
        System.out.println("请输入姓名：");
        name = scanner.nextLine();
        System.out.println("请输入联系方式：");
        phone = scanner.nextLine();
    }
    public void printInvoice(Sale sale){
        System.out.println("日期："+(new Date()).toString()+"  顾客："+ name);
        System.out.println("联系方式:" +phone);
        //……逐一打印销售数据 sale
    }
}
class VIPCustomer extends Customer{
    double bonus;
    //……更多的属性描述，getter、setter
    public void addBonus(double number){
        this.bonus += number;
    }
    @Override
    public void inputForInvoice(){
        //
    }
    @Override
    public void printInvoice(Sale sale){
        this.addBonus(sale.getTotal());
        System.out.println("日期："+(new Date()).toString()+"  顾客："+ this.getName());
        System.out.println("联系方式："+this.getPhone());
        //……逐一打印销售数据 sale
    }
}
```

图 3-37　修改型继承耦合示例

VIPCustomer 是会员顾客，是专门进行注册登记的，所以它的 name 和 phone 是有意义的，需要提供 getter 和 setter。

因为 VIPCustomer 的 name 和 phone 是初始化过的有意义的数据，所以 inputForInvoice 方法显得多余了，VIPCustomer 直接把这个方法去掉了。

另外，在printInvoice方法中，除了要打印票据之外，VIPCustomer还顺带着增加了顾客的积分。

Customer和VIPCustomer之间就是修改型继承耦合关系，因为VIPCustomer没有遵守Customer的接口规则，修改了两处方法：

- Customer的inputForInvoice的后置条件是设置数据name和phone。而VIPCustomer的inputForInvoice方法的后置条件是None，弱于（而不是强于）Customer的inputForInvoice方法，所以这里VIPCustomer违反了Customer的inputForInvoice接口定义。
- Customer的printInvoice方法只有一个功能：输出票据。而VIPCustomer的printInvoice除了输出票据功能之外，还增加了一个功能：累积积分。所以VIPCustomer的printInvoice也违反了Customer的printInvoice接口定义。

### 2. 修改型继承耦合分析

修改型继承耦合增加了客户方的理解难度。假设有一个client对象持有一个Customer类型的对象实例Customer，client要正确处理这个引用就需要知道它到底是父类型对象还是子类型对象，需要同时了解Customer类和VIPCustomer。

修改型继承耦合的缺点在于父类失去了抽象作用，因为子类没有遵守它的约定。反之，如果子类遵守了父类的接口定义，那么客户对象只需要知道父类就足够了，不再需要了解子类的信息。也就是说，如果VIPCustomer遵守了Customer类的接口定义，那么client对象只需要知道Customer的信息就足够了。

### 3. Liskov可替代性原则

要避免修改型继承耦合就要在使用继承时遵守LSP（Liskov Substitution Principle，Liskov可替代性原则）。

在某种意义上，可替代性就是接口一致性，LSP就是要求子类遵守父类的接口定义。如果子类不遵守父类的接口定义，增加、减少或者变更了一些内容，那么就无法保证子类对父类的可替代性。在继承关系中，LSP要求子类型必须能够代替它们的父类型起作用。在任何一个对父类型引用的调用中，如果把父类型对象替换成子类型对象，调用的结果仍然是正确的。

### 4. 消除修改型继承耦合，实现LSP

如果发现一个继承关系产生了修改型继承耦合，违反了LSP，可以从下述几方面进行修正：

- 分析继承关系是否不应该存在。很多时候，让子类继承父类只是为了复用父类的代码，完全没有子类型概念。这个时候就应该消除继承关系，让子类独立为单独类，并使用成员变量引用一个父类对象，通过对该成员变量的委托调用实现代码复用。
- 如果继承关系是成立的，就进一步分析父类和子类的界定是否准确，继承结构是否准确。例如在图3-37的例子中，Customer的界定是非VIP顾客，VIPCustomer的界定是VIP顾客，它们是排他关系，建立继承结构是不准确的。要想修正图3-37的例子，就应该重新定义Customer类为所有顾客，它只有一个接口printInvoice，建立两个子类VIPCustomer和CommonCustomer，inputForInvoice是CommonCustomer的特有接口，addBonus是VIPCustomer的特有接口。VIPCustomer的printInvoice方法不再调用addBonus。

● 如果继承关系和继承结构都是准确的，就分析父类的接口定义是否准确。父类接口定义可能范围太宽，把本来不属于共性的内容也定义到了接口，使得子类无法满足。这时应该修正父类接口定义，把过多的内容移到某些子类或者封装起来。例如在图 3-38 中，对 Bird 的定义就太多了，fly 并不是所有鸟的特征，应该从 Bird 中移除，这样 Penguin 类就可以和 Bird 类建立符合 LSP 的关系。
● 如果继承关系、继承结构、父类接口都没有问题，那就是子类接口存在问题，一般来说是对接口的理解和界定存在问题，修正即可。

```
class Bird {
    // 属性
    public  void mimic(){}
    public  void fly(){}          // 鸟会飞
    public  void show(){}
};

class Penguin extends  Bird {    // 企鹅是鸟类
    @Override
    public void fly() {
         System.out.println("Penguins don't fly!");
    }
    //……
}
```

图 3-38 违反 LSP 的继承关系示例

### 3.5.8 改进型继承耦合

如果子类在继承的父类方法中，进行了修改，而且修改工作是在父类方法接口定义规则下进行的，那么父类和子类的继承关系产生的是改进型继承耦合。

改进型继承耦合在实践中非常常见，例如：

● 父类定义了所有类的共性部分，子类扩展各自的特性部分。
● 父类定义了抽象目标，完成最为常见的情况下的代码，子类遵循目标定义，重写特殊情况下的代码。

如果一个继承结构是改进型的，那么一个类 client 持有一个父类型引用时，它不需要关心该引用到底是父类型对象还是子类型对象，只要访问依照父类方法接口规则，都可以得到理想的结果。只是在维护该继承结构时，还需要辨别父类和子类的不同代码编写。

改进型继承耦合是一种可以接受的继承关系。

### 3.5.9 扩展型继承耦合

如果子类在继承了父类后，完全复用、没有修改父类的任何方法代码，只是额外增加了子类自己特有的属性和方法，那么父类和子类的继承关系产生的是扩展型继承耦合。

扩展型继承耦合是最为理想的继承关系。因为在扩展型继承耦合中，不论是理解 client 持有的引用，还是维护继承结构自身，都只需要一份信息。

在实践中，扩展型继承耦合也比较常见。但要想将所有的继承关系都处理成扩展型继承耦合是不切实际的。父类和子类在方法定义上只有共性没有差异性在很多情况下都是不成立的。

### 3.5.10 继承的降耦合作用

只考虑简单的继承结构不足以体现继承机制的作用。如果继承结构更复杂一些，如图 3-39 所示，继承的作用就变得非常突出了。

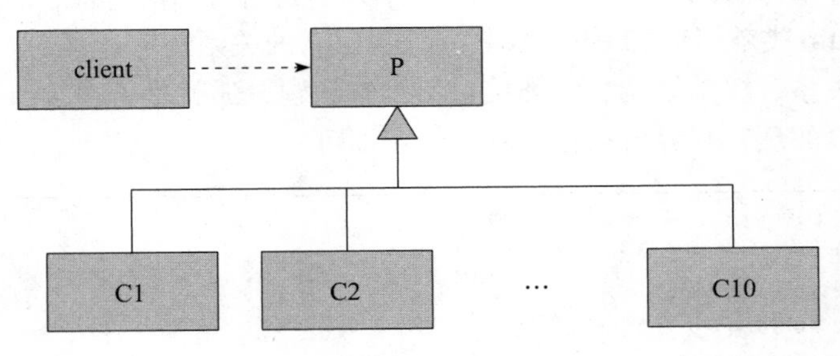


图 3-39　继承的降耦合作用示意一

如果 P 与 C1 ～ C10 之间是修改型耦合关系，那么 client 在持有一个 P 类型引用时，需要了解 P、C1 ～ C10 共 11 个类的信息，才能保证对该引用的使用是正确的，因为在修改型耦合关系下，每个类对接口的定义都是不同的。也就是说，client 与该继承结构的耦合关系相当于 11 个关联耦合。

如果 P 与 C1 ～ C10 之间是改进型耦合关系或者扩展型耦合关系，那么 client 在持有一个 P 类型引用时，只要了解 P 类的信息，就能够保证对该引用的使用是正确的，因为所有子类都符合父类的接口定义。也就是说，client 与该继承结构的耦合关系相当于 1 个关联耦合，降耦合的效果极其突出。

图 3-39 表明，如果能够为 *N* 个类建立继承结构，并符合改进型耦合关系或者扩展型耦合关系，那么就可以将原本可能存在的 *N* 个关联耦合强度降低到只相当于一个关联耦合强度。也就说是，如果系统中不同类之间存在着可以抽象、概括的共性特征，就应该为它们建立继承结构，从而大幅度降低耦合。

继承机制除了可以在广度上（子类型数量）降低耦合外，（按照同样的道理）还可以在深度上降低耦合。如图 3-40 所示，如果 P1 ～ P10 的深度继承结构都是改进型耦合关系或者扩展型耦合关系，那么对于 client 对象来说，它可以只关心 P1，忽略 P2 ～ P10，实现降耦合。

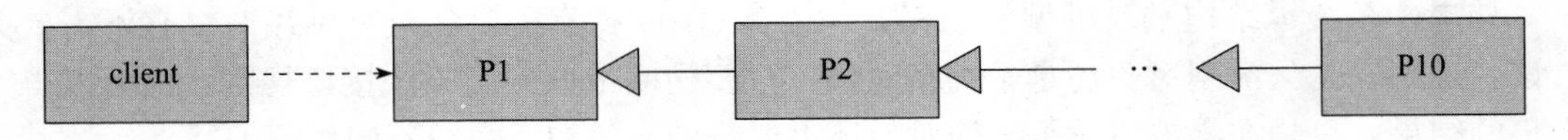


图 3-40　继承的降耦合作用示意二

需要注意的是：虽然有大幅度降低对外耦合的作用，也不意味着继承树的深度和广度都越大越好，因为还需要考虑继承树内部结构维护。广度和深度的上升，会使得维护该继承树内部结构的难度和工作量也直线上升。实践中，会将继承树深度和广度都维持在一个合理范围（不超过 6 层）。

从另一个角度分析，如果 C1 ～ C*n* 因为各种原因被建立为修改型继承耦合关系，那么不仅不能降低耦合，反而可能提升耦合。多出来的父类 P，以及为了维护继承结构而需要额外付出的努力，所有这些都使得维持继承结构还不如直接使用类 C1 ～ C*n*。所以修改型继承耦合关系必须被消除。

### 3.5.11 继承的弱点：灵活性

继承的降耦合作用使得它成为面向对象机制中最受欢迎的特性，不过，继承机制也有弱点——灵活性，碰到灵活性相关场景的时候不能使用继承，还是要使用组件耦合。

继承机制的不灵活是指：对于一个父类型的实例来说，在创建的那一刻其子类型就被固定了，事后无法变化。如图 3-41 所示，同一个 Person 类实例会在不同场景中切换角色：Passenger、Agent 或者 Agent Passenger（既是 Passenger 又是 Agent）。使用图 3-41 的继承结构，可以让 Client 只关心 Person 接口，降低了耦合。但是，如果一开始 Person 是 Passenger 角色，那么 Person 的实例就被会创建为 Passenger 子类型，后期需要切换为 Agent 时，只能先销毁 Passenger 子类型实例再创建 Agent 子类型实例，在这个过程中，数据的传递会是个大麻烦。如果 Person 需要频繁地切换角色，或者可能的角色不是 3 种而是十几种，这个设计的质量明显就有问题了。

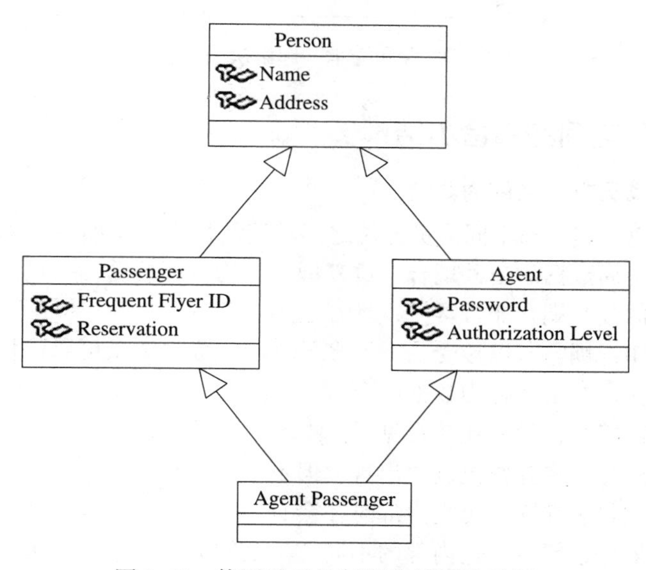


图 3-41 使用继承机制解决灵活性示例

一个改进的设计方案如图 3-42 所示，它使用组合（组件耦合）而不是继承，Person 需要切换角色时，更改它的角色组件（Passenger、Agent 或者同时都有）就可以了。

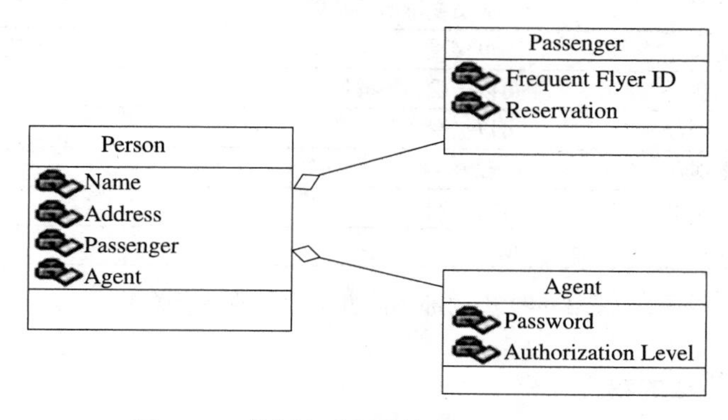


图 3-42 使用组合机制解决灵活性示例

图 3-42 的设计方案也不完美，因为它没能降低耦合：有几种角色，就存在几种组件耦合。一种更好的方式如图 3-43 所示，它把组合和继承结合使用，既实现了灵活性，又降低了耦合，其中组合机制是主体，继承补充组合机制。

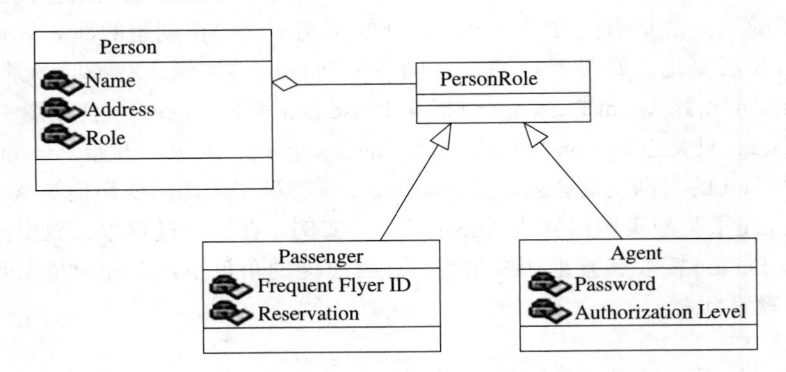


图 3-43　组合和继承一起解决灵活性示例

## 3.5.12　类 / 对象之间的耦合小结

### 1. 类内部不同成员方法之间的耦合

对于一个类来说，其内部不同成员方法之间可能的耦合关系如图 3-44 所示。

- 内容耦合、全局数据的公共耦合、重复耦合，均不可接受，一旦出现要加以解决。
- 对成员变量的公共耦合非常常见，推荐使用。
- 控制耦合和印记耦合可以接受，但不多见，因为成员变量可以代替部分复杂数据的传递，如果存在最好也转化为数据耦合。
- 数据耦合可以接受，而且比较常见。
- 隐式调用耦合可能在异常机制中出现，但不多见，只有异常处理被封装为方法，并且和异常触发点封装在同一个类内部时才会有。
- 无耦合当然最好，但一个类内部的不同方法之间完全无耦合是很少见的，它们被封装到一起往往就是因为它们之间不独立。

| | | | |
|---|---|---|---|
| 耦合高 | 内容耦合 | 不可接受 | 避免内容耦合 |
| | 公共耦合 | 全局公共耦合不可接受<br>对成员变量的公共耦合可以接受 | 封装全局数据 |
| | 重复耦合 | 不可接受 | 提取建立新的私有方法 |
| | 控制耦合 | 可以接受，不够好 | 转为数据耦合 |
| | 印记耦合 | 可以接受 | 简单接口 |
| | 数据耦合 | 比较好 | |
| | 隐式调用耦合 | 异常机制 | |
| 耦合低 | 无耦合 | 很少 | |

图 3-44　类内部不同方法之间的耦合关系

### 2. 不同类之间方法的耦合

对于不同类的方法之间可能的耦合关系如图 3-45 所示。

- 内容耦合、全局数据的公共耦合、重复耦合，不可接受，一旦出现要加以解决；其中重复耦合的解决会比较复杂。
- 控制耦合和印记耦合可以接受，但最好能转化为数据耦合。
- 数据耦合可以接受，而且比较常见。
- 隐式调用耦合可能在异常中出现，它要求一个类的方法触发异常，另一个类的方法处理异常。
- 隐式调用耦合也可能在使用了事件驱动的松散耦合系统中出现，一个类的方法声明事件，经过事件广播和路由机制，另一个类的方法接收到事件被触发。

| 耦合高→耦合低 | | | |
|---|---|---|---|
| 耦合高 | 内容耦合 | 不可接受 | 避免内容耦合 |
| | 公共耦合 | 全局公共耦合不可接受 | 封装全局数据 |
| | 重复耦合 | 不可接受 | 提取建立新的公开方法，放置在两个类之一或第三个类中 |
| | 控制耦合 | 可以接受，不够好 | 转为数据耦合 |
| | 印记耦合 | 可以接受 | 简单接口 |
| | 数据耦合 | 比较好 | |
| | 隐式调用耦合 | 事件驱动、异常机制 | |
| 耦合低 | 无耦合 | | |

图 3-45　不同类的方法之间的耦合关系

### 3. 类成员变量之间的耦合

类的成员变量可能导致的耦合关系如图 3-46 所示。

- 内容耦合不可接受，要封装成员变量，建立数据耦合。

| 耦合高→耦合低 | | | |
|---|---|---|---|
| 耦合高 | 内容耦合 | 不可接受 | 封装成员变量 |
| 耦合低 | 数据耦合 | 可以接受 | |

图 3-46　类成员变量之间的耦合关系

### 4. 组件耦合

持有对象引用可能导致的耦合关系如图 3-47 所示。

- 隐藏组件耦合是不可接受的，除非被隐藏的是稳定类库。
- 分散组件耦合可以接受，但不够好。实践中广泛存在，可以使用文档注释手段进行提升。
- 明确组件耦合比较好，但实践中并不是主流，要求所有组件耦合都是明确组件耦合是不现实的。

| 耦合高→耦合低 | | | |
|---|---|---|---|
| 耦合高 | 隐藏组件耦合 | 不可接受<br>使用稳定类库可以接受 | 按照迪米特法则改进 |
| | 分散组件耦合 | 可以接受，但不够好 | 使用 @see 注释 |
| 耦合低 | 明确组件耦合 | 比较好 | |

图 3-47　组件耦合关系

### 5. 继承耦合

继承机制可能产生的耦合关系如图 3-48 所示。

- 修改型继承耦合不可接受，会起到反作用，带来额外的负担。

- 改进型继承耦合和扩展型继承耦合可以接受，而且推荐使用，因为能够大幅降低耦合。

| 耦合高→耦合低 | 类型 | 可接受性 | 处理 |
|---|---|---|---|
| 耦合高 | 修改型继承耦合 | 不可接受 | 拆散或重构继承结构，考虑 LSP |
| | 改进型继承耦合 | 可以接受 | |
| 耦合低 | 扩展型继承耦合 | 可以接受 | |

图 3-48 继承耦合关系

## 3.6 （面向对象）类 / 对象的内聚

类的内聚有两个层次：每个成员方法的内聚度，这和结构化方法的函数 / 方法的内聚度一致；整个类的内聚度。

与结构化方法人为建立函数 / 方法、模块的思路不同，面向对象的类不是人为切分出来的，而是从问题域发现的。也就说是，函数 / 方法本来是不存在的，人们根据需要可以任意建立，这时就需要讨论内聚度问题。但面向对象方法认为，类 / 对象本来就是存在于现实世界的，软件开发者只是去识别、发现和定义它们，所以这里的类 / 对象只有它的定义是否符合现实的问题，没有按照什么准则切分变量和方法的问题。

一个现实世界中的对象应该被识别为软件设计方案的类 / 对象的准则是该现实对象需要在软件系统中扮演独立可界定的角色。一个类 / 对象可以有多个角色，每一个角色都表现为一个内聚逻辑行为组。例如，一个人可以作为学生执行选课、听课、考试等行为，也可以作为顾客执行选择、购买、退货等行为，还可以作为家庭成员执行打扫卫生、洗碗等行为，所以人可以有三个角色（学生、顾客、家庭成员），行为有三组。

类 / 对象的每个角色的对应内聚逻辑行为组都描述了一个职责，职责是指对象持有、维护特定知识并基于知识行使固定职能的能力，因此，要求对象有明确的角色就是要求对象在应用中维护一定的知识和行使固定的职能，简单地说就是要拥有状态和行为。

一个类 / 对象维护其自身的状态需要对外公开一些方法，行使其职能也要对外公开一些方法，这些方法组合起来定义了该类 / 对象允许外界访问的方法，或者说限定了外界可以期望的表现，它们是类 / 对象需要对外界履行的协议（protocol）。

按照这个思路，可以认为：

- 内聚最低的类 / 对象是随意堆砌的，不扮演任何角色，不具备任何职责。它的成员变量和成员方法往往无法联系到现实世界的有意义抽象。
- 内聚度稍低的类 / 对象具有角色、职责意识，但是角色不完整，职责只是片段。
- 内聚稍高的类 / 对象是扮演多个角色、有多个职责的类 / 对象。需要对它进行分解，让分解后的每一个类 / 对象都只扮演一个角色，只有一个职责。
- 内聚最高的类 / 对象是只扮演一个角色，只有一个职责的类 / 对象。

如果非要和结构化方法的内聚类型进行比较，可以认为单一职责的类 / 对象是功能内聚的，因为它只有一个目的——扮演好角色，行使好职责。

深入分析一个系统的设计结构可以发现，虽然很多类的确是来自于现实抽象，是承载需求的。但也有很多的类与现实世界无关，是因为软件环境、技术细节和质量因素而产生的，例如 UI 类、持久化类、算法类等。关于技术实现类的内容不适用于角色和职责的思路，而是封装和信息隐藏的思路，这一点将在信息隐藏章节进行解释。

## 3.7　复杂模块的耦合与内聚

前面的耦合和内聚分析都是以典型单位（函数 / 方法、类 / 对象）为基础进行的，它们的粒度都很固定。实际开发中，复杂模块的粒度更大，它可能包含了很多子模块、类，以及函数 / 方法。

如果一个模块是复杂的，那么在模块层次上，它关心的内容会与函数 / 方法、类有所不同。

### 3.7.1　复杂模块之间的耦合

衡量两个复杂模块间耦合的基本思路是：

1）找到所有的模块间联系，联系可能是一个模块函数 / 方法与另一个模块函数 / 方法的联系，也可能是一个模块类与另一个模块类的联系。

2）使用之前的思路分析每一个模块间联系。

3）所有模块间联系的耦合关系之和就是两个复杂模块的耦合度，所有联系的强度之和就是模块间耦合的强度。

基于上述思路，可以定义一个复杂模块的扇入（fan-in）和扇出（fan-out），用来衡量单个复杂模块对外界的耦合度：

- 扇入：所有其他模块发起的，与本模块存在的联系的合集。通常情况下扇入就是所有其他模块使用的本模块内函数 / 方法、类的集合。
- 扇出：所有本模块发起的，与其他模块存在的联系的合集。通常情况下扇出就是本模块使用的所有其他模块的函数 / 方法、类的集合。

因为模块间耦合（扇入 / 扇出）完全是以函数 / 方法间耦合为基础的，没有新的特殊形式，所以这里就不再分析。

### 3.7.2　复杂模块的内聚

#### 1. 复杂模块的偶然内聚

如果一个复杂模块的不同子模块、不同类、不同函数 / 方法之间没有任何相关性，只是被随机地放到一个模块里，那么它可以是偶然内聚的。

产生偶然内聚复杂模块的最常见原因是：为了避免代码重复而抽取出了很多被广泛调用的子模块、类、函数 / 方法，然后把它们纳入一个模块，人们经常将其命名为 utility、tools 等。

产生偶然内聚复杂模块的另一个常见原因是系统有太多无处安置的类、函数 / 方法，最后被硬性归总到了一个模块内部，还常常将模块命名为 Operations、Others 等。

偶然内聚是需要被消除的。一方面，不要担心模块的内容太少，能清晰表达自己比粒度大小更加重要。另一方面，即使使用 utility 也要考虑一下内部单位的相似性，必要的时候分解为多个更具意图性的 **utility，改进到逻辑内聚是勉强可以接受的，但偶然内聚是无法接受的。例如 JDK 的 java.utility 就是逻辑内聚的，它包含各种数据结构对象，属于逻辑相似。

#### 2. 复杂模块的逻辑内聚

如果一个复杂模块的不同子模块、不同类、不同函数 / 方法之间是逻辑相似的，那么它是逻辑内聚的。

如果从功能需求分配和实现的角度考虑，逻辑内聚是不可接受的，会带来质量问题。但除了功能需求之外，人们还要处理操作系统、数据库、硬件设备等交互环境，还要考虑安全、性能、可靠性等质量因素，还需要为了达成质量而提取重复代码、隐藏复杂结构和算法，所有这些都很容易产生逻辑内聚的复杂模块，例如把所有的UI都封装为一个模块、将所有数据库交互都封装为一个模块，把各类复杂结构封装为一个模块，把所有加密算法都封装为一个模块，等等。

总之，为了质量治理、交互环境、技术细节而产生的逻辑内聚复杂模块是可以接受的，是实践中的主流做法。但是单纯承担功能需求分配的复杂模块不能接受逻辑内聚。

使用逻辑内聚复杂模块的关键是保持内部结构的清晰界限，不要让不同函数/方法、不同类、不同子模块之间产生重叠、交织或太高的耦合。要仔细考虑每一部分的封装、变更和可复用性，要让每一个函数/方法（类、子模块）的理解、修改和复用尽量不依赖于其他函数/方法（类、子模块）。

逻辑内聚复杂模块的内容最好是同样稳定的，要么一起不变更，要么一起变更。

#### 3. 复杂模块的时间内聚

如果一个复杂模块的不同子模块、不同类、不同函数/方法都是因为需要同一时间段执行而组织在一起，则它是时间内聚的。

时间内聚的复杂模块在实践中比较常见，虽然数量不多，但每个项目里可能都会有几个这样的模块。

最为常见的时间内聚模块是系统启动时的现场装载模块和系统退出时的现场善后模块。经常用到的异常和故障处理模块也可能是时间内聚的。

使用时间内聚复杂模块的关键是控制数量和影响范围。有几个启动、退出、故障处理之类的典型时间内聚模块是正常的，但不能太多的模块都是时间内聚的。要控制时间内聚模块的影响范围，最好是独立工作，可以通过传递数据与其他模块联系，不要到处调用其他模块内部。

#### 4. 复杂模块的过程内聚

如果一个复杂模块的不同子模块、不同类、不同函数/方法都位于一个执行过程中，并因此而被组织在一起，那么该复杂模块就是过程内聚的。

过程性功能需求的分配和实现导致了最多的过程内聚复杂模块。例如，实现一个复杂数据流图所表达的需求可能会产生一个包含很多函数/方法的过程内聚模块，实现一个用例可能会产生一个包括很多类的过程内聚模块，实现一条工作流可能会产生一个包含很多子模块的过程内聚模块。

除了需求实现之外，细节的技术实现过程也可能会产生过程内聚的复杂模块。例如，高安全机制使得资源访问需要经历多个环节，网络环境使得建立通信需要多个步骤，数据质量使得数据使用要进行预处理，等等。

使用过程内聚复杂模块的关键是不要混淆不同步骤，不要让不同函数/方法、不同类、不同子模块之间发生不必要的耦合。

通常的做法是将整个过程的控制和各个步骤的执行分离开来：

- 面对多个函数/方法，建立更高层的统一控制函数/方法（例如Main方法）。

- 面对多个类，建立控制类（例如 Controller）。
- 面对多个子模块，建立整体过程控制模块（例如 Main 模块、Master 模块）。

将过程控制和具体步骤细节分离之后，各个步骤只与控制过程产生耦合，相互之间保持独立，这样就可以避免各个步骤之间产生不必要的耦合。

#### 5. 复杂模块的通信内聚

如果一个复杂模块的不同子模块、不同类、不同函数方法都处理相同的数据，并因此而被组织起来，那么该模块就是通信内聚的。

如果复杂模块的设计使用了“面向数据结构”的设计方法，那么产生的模块大多是通信内聚的。它可能以共享数据为中心封装所有处理这些数据的函数 / 方法，也可能为大的数据主题建立子模块并组织子模块。围绕公共数据组织函数 / 方法符合封装思想，是最为基础的设计手段，所以使用多个函数 / 方法及其公共数据建立一个通信内聚模块的情况非常常见。

在面向对象方法中，数据被封装在类中，所以可以认为如果两个功能共享了相同的类结构，那么它们就能够在一定程度上共享数据，就可能是通信内聚的。例如销售与退货、商品入库与商品出库等，多个需求功能（用例）在实现上出现了类结构重复，为了避免重复（它们的类结构），往往会把多个需求功能的实现放在一个模块中完成，这时模块就是通信内聚的。

在设计一个模块的子模块结构时，如果使用了体系结构的存储库（repository）风格，那么产生的多个子模块就是共享数据的，把它们组织在一起的模块就是通信内聚的。

使用通信内聚复杂模块的关键是让不同函数 / 方法、不同类、不同子模块之间尽可能相互独立，它们的交互都以公共数据为桥梁进行。

#### 6. 复杂模块的顺序内聚

如果一个复杂模块的不同子模块、不同类、不同函数方法都属于一个执行过程，并且每个步骤的数据输出恰好是下一个步骤的数据输入，那么该模块就是顺序内聚的。

多个函数 / 方法组成一个顺序内聚复杂模块是很常见的，如果数据流图是线性的，那么实现该图的模块内部的多个函数 / 方法就应该是顺序内聚的。

多个类组成一个顺序内聚复杂模块是很少见的，因为让一个类仅仅实现过程的一个步骤不太符合类的建立思想。基于维持的状态，一个类可以行使的职能通常是多方面的。

如果复杂模块使用线性的管道 - 过滤器（pipe-filter）风格组织子模块，那么子模块们就是顺序内聚的，每一个子模块处理完数据后交给下一个子模块顺序执行。

#### 7. 复杂模块的功能内聚

如果按照功能分解的思想组织模块，那么不论模块内部是函数 / 方法、类，还是子模块，它都可能是功能内聚的。

如果一个模块实现的是一个完整的数据流图子图，那么模块内的函数 / 方法就是功能内聚的，它们的目标就是该子图所要表达的需求。这在实践中很常见。

如果一个模块实现的恰好是一个完整的用例，那么模块内的类就是功能内聚的，它们的目标就是用例的目标。这在实践中不常见。在实践中一个模块往往会实现多个相关用例（因为大部分用例会与其他用例有领域模型相似现象），拥有多个目标，建立的模块是通信内聚的。

如果一个模块实现的是一个完整的功能主题（实现一个战略业务需求或者一个高层次功

能特征)，那么模块内的子模块就是功能内聚的，业务需求和功能特征就是它们的目标。这在实践中很常见。

## 3.8 按功能设计与按决策设计

鉴于模块化方法的低耦合分析比较烦琐，容易让设计师停留在“按功能设计”的浅显层次，信息隐藏方法提出“按决策设计”，它能够以更易于接受、更容易操作的方式实现低耦合。

简单地说，信息隐藏方法就是：在进行模块设计时，让每一个模块都封装一个设计决策。这个决策属于内部实现，对外部不可见。如果将来需要变更该决策，就可以只修改模块内部，完全不影响外部。

为了说明“按功能设计”和“按决策设计”的不同效果，David Paras 使用 KWIC（Key Word In Context，上下文关键词）为例进行了两种方法的比较，下面详细介绍一下。

### 3.8.1 KWIC

KWIC 是为全文关键词检索建立索引的系统，它的基本功能是：

1）输入一段文本。文本包括很多行，每行包含很多关键词，每个关键词包括很多字符。

2）轮转行。对一行进行多次轮转，每次轮转都是把原来的第一个单词放到行的末尾，然后把后续单词逐一前移。每次轮转都产生一个行输出，多次轮转产生多个行输出。理论上，一行有多少个关键词，就会产生多少个轮转行输出。

3）排序。把轮转后的所有行按照字母顺序排序。

4）按照排序顺序输出所有行。

另外，KWIC 处理的通常是大量文本，所以需要节省存储空间，可以只存储原始文本一次，在轮转行和排序部分使用第一个关键词的位置索引即可，如图 3-49 所示。

| 输入 | 轮转行 | 排序 |
| --- | --- | --- |
| Happy World | Happy World | Context Keywords in |
| Keywords in Context | World Happy | Happy World |
| | Keywords in Context | In Context Keywords |
| | In Context Keywords | Keywords in Context |
| | Context Keywords in | World Happy |
| 存储 | 索引 | 索引 |
| Happy World | 1 | 23 |
| Keywords in Context | 7 | 1 |
| 1 | 12 | 21 |
| 12 | 21 | 12 |
| | 23 | 7 |

图 3-49 KWIC 处理示意

### 3.8.2 按功能进行设计

整个 KWIC 处理过程有四个步骤，如果按照功能进行设计，可以建立如图 3-50 所示的设计结构。Master control 模块控制整个过程，Input 模块实现输入功能，Circular Shift 模块实现轮转行功能，Alphabetizer 模块实现排序功能，Output 模块实现输出功能。Characters、

Index、Alphabetized Index 是三个共享数据区，分别存储原始文本、轮转行处理后的文本索引、排序轮转行后的文本索引。Input medium 和 Output medium 是两个外部设备。

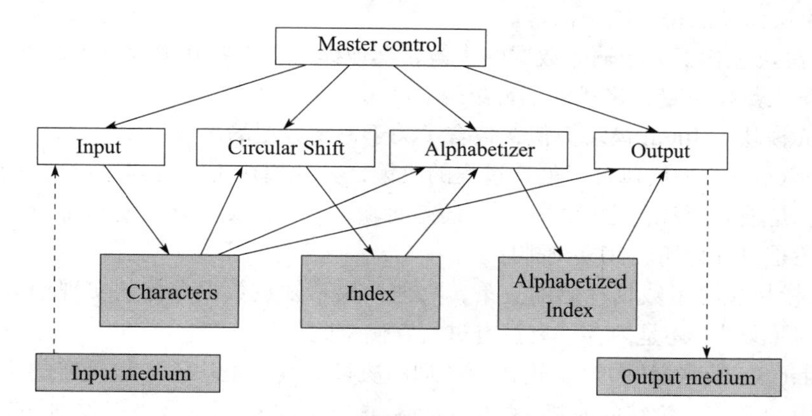


图 3-50　方案一：按功能设计的 KWIC 系统结构

五个模块（Master control、Input、Circular Shift、Alphabetizer、Output）都是功能内聚的（虽然 Master control 实现了一个过程，但整个过程完整而且目的单一，所以是功能内聚而非过程内聚）。

Input、Circular Shift、Alphabetizer、Output 都公共耦合于数据区 Characters。Circular Shift、Alphabetizer 公共耦合于数据区 Index。Alphabetizer、Output 公共耦合于数据区 Alphabetized Index。Master control 与 Input、Circular Shift、Alphabetizer、Output 模块之间是数据耦合。

### 3.8.3　按决策进行设计

还可以按照决策将 KWIC 设计为如图 3-51 所示的方案。Master control 模块控制整个过程，Input 模块实现输入功能，Lines 模块处理输入数据的内存组织，Circular Shifter 模块实现轮转行功能，Alphabetizer 模块实现排序功能，Output 模块实现输出功能。Input medium 和 Output medium 是两个外部设备。

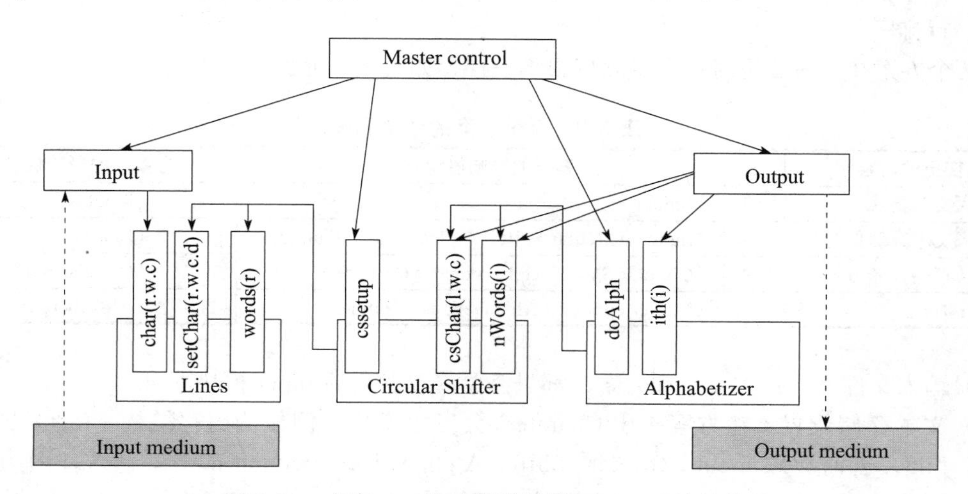


图 3-51　方案二：按决策设计的 KWIC 系统结构

该方案之所以设计成这个样子，是因为该方案认为系统有六个重要的设计决策，每个模块都恰好包含一个决策，并把这个决策作为内部实现隐藏起来，让外界只能通过封装后的简洁接口访问模块而无法得到决策内幕。

- Input 模块包含了关于输入数据的决策，其他模块不需要知道和输入数据相关的实现，例如输入数据位置、格式、字符集等。
- Output 模块与 Input 模块类似，包含了关于输出数据的决策。
- Master control 模块包含了处理过程的决策，其他模块不需要知道过程是怎样组织的，例如，是输入全部行之后才轮转，还是每输入一行立刻轮转，是全部行轮转完成才排序，还是每一行轮转完立刻排序。
- Lines 模块包含了数据存储的决策，其他模块不知道数据存储的实现细节，例如存储于外存（文件）还是内存，有没有进行存储空间压缩。
- Circular Shifter 模块包含了轮转行处理的决策，其他模块不知道轮转的实现细节，例如使用的算法，轮转的时机（接收到行数据立刻轮转，还是等接收到 Alphabetizer 请求时才轮转），轮转后数据是 index 还是 characters。
- Alphabetizer 模块包含了排序处理的决策，其他模块不知道排序的实现细节，例如使用的算法，排序的时机（接收到数据后立刻排序，还是等接收到 Output 的请求时才排序），轮转后数据是 index 还是 characters。

### 3.8.4 方案比较

比较设计方案的标准是效用、坚固（质量）和美感。很明显上述两个方案的效用是一样的，甚至它们给用户呈现的界面都可以是完全一致的，它们的美感也很难分出明显的高低，但它们的坚固性却明显不同。

假设在系统开发完成之后，后续需要对系统进行下列变更：

- 输入文件格式。
- 输入后文本存储区的位置，由原来存储在内存变更为存储在外存（文件）。
- 轮转行的存储方式，由原来使用 index 变更为存储全部文本。
- 排序时机，由“先全部排好序等待 Output 使用”，变更为“ Output 需要使用时才进行排序”。

两个方案在面对变更时的质量表现很不一样，如表 3-2 所示。

表 3-2 两个方案的变更影响比较

| 变更的内容 | 方案一的影响模块 | 方案二的影响模块 |
| --- | --- | --- |
| 输入文件格式 | 1 个（Input） | 1 个（Input） |
| 输入文本存储位置 | 4 个（Input、Circular Shift、Alphabetizer、Output） | 1 个（Lines） |
| 轮转行的存储方式 | 3 个（Circular Shift、Alphabetizer、Output） | 1 个（Circular Shifter） |
| 排序时机 | 3 个（Master control、Alphabetizer、Output） | 1 个（Alphabetizer） |

- 输入文件格式：方案一和方案二都只需要修改各自的 Input 模块即可。
- 文本存储位置：在方案一中 Charaters 会发生变化，例如从内存结构（List）变更为 File，进而导致 Input、Circular Shift、Alphabetizer、Output 都需要修改，因为它们都公共耦合于 Charaters，都需要从内存结构读写修改为文件读写；在方案二中，只

需要修改 Lines，Lines 只需要修改内部代码，不需要改变接口，所以其他模块可以不变。

- 轮转行的存储方式：在方案一中，需要修改 Index 为 Shifted Characters，从而需要修改公共耦合于 Index 的 Circular Shift 和 Alphabetizer，Alphabetizer 的修改又可能会影响 Alphabetized Index，进而导致 Output 也可能会需要修改；在方案二中，需要修改 Circular Shifter 关于内部数据的实现，但不需要修改接口，所以不会影响其他模块。
- 排序时机：在方案一中，需要修改 Master Control 和 Output，让 Output 而不是 Master Control 调用 Alphabetizer，也要修改 Alphabetizer，因为事先一次性排序和需要某个次序数据时再排序不应该是一个接口；在方案二中，只需要修改 Alphabetizer 的内部实现，让 doAlph() 不工作，让 ith(i) 接管排序工作即可，不需要修改接口，不影响其他模块。

通过比较两个方案可以发现，信息隐藏方法的设计方案质量更好一些。

### 3.8.5　比较结果分析

与按功能设计相比，按决策设计（信息隐藏方法）能建立更高质量的设计方案。

1）通过强调封装和隐藏，实现了低耦合。

信息隐藏要求决策细节不能为外界所知，这保证了模块间的低耦合。在 KWIC 示例中，方案二就是通过强调封装和隐藏，保证了各个模块都是最好的耦合形式——数据耦合。而在方案一中，虽然各个模块是高内聚的，但模块间却是低耦合的——公共耦合。

2）突出接口，做到针对接口编程。

虽然模块化的低耦合要求针对接口编程，但大多数的编程语言都无法做到为模块定义一个有形的接口，实际工作中模块间访问时仍然直接进入模块的内部，调用模块内部的类、函数 / 方法，导致在模块层级没有封装可言。信息隐藏方法要求明确区分复杂的内部实现和简洁的对外接口，无论编程语言是否支持，都可以在意识上帮助设计者按照针对接口编程的方式开展工作。在 KWIC 示例中，方案二就为各模块都定义了明确接口，虽然最后实现所使用的不一定是面向对象语言。对接口和封装的明确强调可以帮助控制系统复杂度、提升质量。

3）除了功能，还考虑了非功能特征，实现了多方面的关注点分离。

按功能设计可以做到功能分离，但是对于非功能的内容就无计可施了。而信息隐藏讲究的是按决策进行设计，决策可以是功能，也可以是非功能，能做到更全面的关注点分离。关注点分离得越好，对该关注点的理解、开发、变更、复用等工作也就做得越好。在 KWIC 示例中，Lines 的决策就不属于功能决策（数据存储问题属于技术环境问题而不是用户需要的任务和行为），但是当数据存储发生变化时（如改变输入文本的存储位置），方案二可以更好地应对。

简而言之，“按功能设计”只强调了高内聚，“按决策设计”既关注高内聚又强调了低耦合，所以“按决策设计”可以得到更高质量的结果。

不得不指出的是，“按决策设计”质量好的前提是设计者要能够辨别出不同的关注点并进行分离。每一个关注点就是一个决策，它可能是一个功能需求，也可能是一个技术实现细节，还可以是一个质量要求。在 KWIC 示例中，发生的几个变更点都是在进行方案二设计时识别、分离并封装过的，所以效果很好。如果有一个未预计到的变更，例如在文本中

加入特殊字符如 *、&、#、/n（换行）等，那么方案二就无法把变更控制在一个模块内部，Input、Circular Shifter、Alphabetizer、Output 都会受到影响。

尤其是在考虑除了功能之外的关注点方面，信息隐藏方法完全优于模块化方法。模块化方法没有考虑过技术环境、质量、复杂技术等非功能的关注点，而这些关注点越来越重要，因为软件系统越来越复杂，越来越需要在这些关注点上有所表现。

## 3.9 信息隐藏

### 3.9.1 基本思路

#### 1. 什么是信息隐藏

“信息隐藏”这个名字起得非常有误导性。很多人认为“信息”就是“数据”，信息隐藏就是数据封装。这当然是不对的。

信息隐藏真正要隐藏的是设计决策：

1）每个模块都包含有设计决策。决策是人们在理解、开发、变更和复用软件时要一体化考虑的事情。它比较复杂，需要进行认真的组织和处理。它也需要被整体对待。

2）设计决策需要被隐藏起来，成为设计秘密。外部模块能够访问接口看到决策的含义和目的，但不能看到决策的细节——它只属于内部，是真正的秘密。接口需要非常简洁。

3）设计决策之间相互独立，不能互相交织，也即关注点要分离。高质量的模块只有一个秘密。这样它只有一个被改变的原因。高质量的设计把一个秘密只放在一个模块中。这可以保证一个改变发生时，只会影响一个模块。

#### 2. 信息隐藏的作用

如果每一个模块都是符合信息隐藏的，那么：

- 简洁，容易理解、开发。高质量模块只有一个决策，所以它是简洁的，意图会非常简明，接口抽象、概括度高。
- 易于调试、变更。因为一个决策只会在一个模块中出现，所以模块间没有重叠，功能分配会很清晰，寻找和定位起来非常方便，利于调试和修改。
- 封装和隐藏后只暴露模块接口，能够带来低耦合的各项质量：
  - 理解一个模块时，最多只需要其他模块的接口信息。
  - 开发一个模块时，只需要其他模块的接口环境。
  - 调试时，只需要观察接口就能快速定位缺陷所在模块。
  - 修改时，只要不修改接口，就不会影响其他模块，不会有级联影响。
  - 复用时，只需要重新适配接口环境。

### 3.9.2 隐藏设计决策

#### 1. 决策与秘密

看上去信息隐藏方法似乎非常简单，每个设计决策封装一个模块就可以了。但“设计决策”是一个非常模糊的概念，不像“功能”那么容易识别和定位。

决策是指在设计软件时需要做的一个判定，这个判定是整体性的，拆解后就不再是该判定。例如，在商品销售系统中，人们需要确定一个销售的处理流程，这就是一个决策，如果只是讨论其中的几个步骤是没有意义的，因为它们只有组成连续过程才能发挥作用。

决策有不同粒度，一件事情可能有多个决策需要进行。“判定用户可以使用哪些付款方式”是一个决策，“输入购买的商品有哪些方式”还是一个决策，“如何计算总价”还是一个决策，在建立模块时需要把它们分别封装到不同模块。

所以，按照决策进行设计可能建立如图 3-52 所示的设计方案。SaleProcess 模块封装了销售过程，ProductInput 模块封装了商品输入方式，Total 封装了总价计算算法，Payment 封装了用户付款方式。如果需要调整销售过程、付款方式、商品输入方式、总价计算规则，那么都只需要修改一个模块就可以了。整个销售过程除了“付款、商品输入、总价计算”之外还会有其他功能，例如标记会员、打印收据等，因为它们不被视为决策，是固定和稳定的，被封装在 SaleProcess 中，这种封装不会产生不良后果。

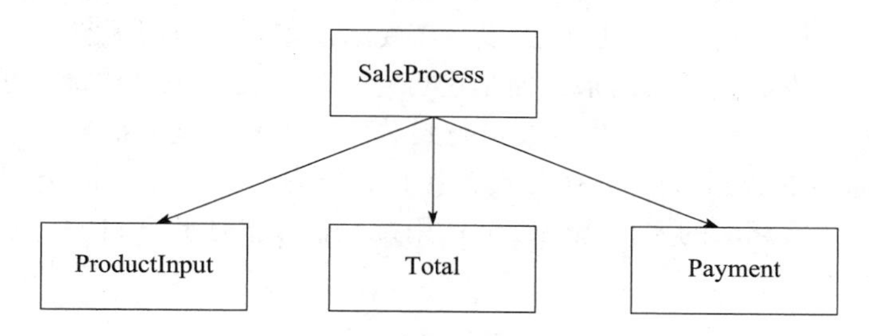


图 3-52　信息隐藏按决策设计示例

决策是相对的，相对于所开发产品的需求而言。如果需求需要做一种判定，在目前或将来的情况下保留多个选择可能，它才是决策。如果需求不需要做判定，它就不能成为决策。例如，如果需求要求用户只能使用现金购买，那么“判定用户可以使用哪些付款方式”就不是决策，如果用户只规定了一种永远固定的购买流程，那么销售处理流程也不是决策。虽然现在使用 MySQL 数据库，但未来有更换的可能，那么数据库选择就是一个决策。

因为决策有整体性，所以可以抽象出一个非常简洁的接口，而且保证了内部实现是有意义的。这保证了模块的高内聚，一定程度上也导致了低耦合。

一个决策被隐藏起来的秘密实质上就是选择和判定的细节，以及选择和判定可能造成的影响。“秘密”的意图就是如果形式发展了，需要重新选择，甚至是重构整个判定过程，影响范围都是局部可控的，外界完全不需要关心。这保证了低耦合。

**2. 用户需求都可能是设计决策，需求的实现需要保持秘密性**

大量的实践调查一再表明，用户所提出的需求总是有可能变化的，总是有重新选择可能的。一般情况下，用户需求的稳定性只有 50% 左右，也就是说任何一条修改都有 50% 的可能发生变化，用户会重新选择该需求。这意味着所有的用户需求都是可能改变的，在需求被规格化的那一刻只是一种暂时的判定，未来用户可能重新判定。

所以，实践经验告诉人们，每一个用户需求都可能是一个设计决策。如果一系列需求会形成整体，一起变化（例如销售过程里面的很多需求），那么它们就应该被作为一个设计决策，封装到一个模块里面。在情况复杂时，在集体改变的需求集合中，又有一些局部会独自变化，也就是说如果集体发生改变那么局部可能会跟着改变，如果整体不改变局部也可能会改变，这时就需要根据层级建立两个层次的封装模块，高层模块封装整体，低层模块封装局部。图 3-52 就是这样的例子。

如果一个整体需求被视为一个设计决策，那么就需要建立它的一个抽象接口，表达需求的意图，然后隐藏需求实现的细节。这就是一种典型的简洁外部抽象和复杂（坚固）内部结构兼备的机制。

**3. 实现细节也可能是设计决策，细节知识要保持秘密性**

除了需求之外，实现细节也可能需要重新判定，也可能是设计决策。

有些实现细节需要在运行时间依据环境进行判定，例如外界读卡器类型、操作系统类型、数据库类型等。也有一些实现细节需要保持开放性，它可能在未来发生变动，需要重新判定。例如一个复杂算法，程序员可能开始时无法预测、保证它的最终性能表现，就会保留一种将来修正、替换的可能。又如，一个基于用户名、口令进行身份验证的软件，预计到在将来会采用指纹、秘钥等其他安全验证手段，需要给使用新手段留下空间。

这些实现细节并不直接反映需求，而是进行外部环境与约束、质量（可扩展性、可变更性）的处理。它们也是设计决策，也需要进行封装。要为它们建立抽象接口，保持细节的秘密性。例如使用通用的数据库语言 SQL 作为接口，隐藏具体数据库的类型和复杂机制；抽象一个算法接口，隐藏算法的实现代码细节；用接口抽象描述验证目的，把验证的手段、机制和细节封装为秘密。

### 3.9.3 封装变化

设计决策和秘密主要有两种：主要秘密——需求；次要秘密——实现细节。它们统称为变化（change）。

信息隐藏的核心就是封装变化：一个模块只有一个需要变化的理由，如果在一个模块中发现了另外一个可能的变化，就应该为该变化建立新的单位（函数 / 方法、类、子模块），然后封装该单位，通过简洁接口使得实现细节保持独立，这可以保证变化发生时，只修改新单位，而不影响其他部分。

下面详细介绍常见的变化。

（1）需求

用户需求总是可变的。

（2）技术环境

一方面，软件需要适配不同的软件环境，另一方面在软件的生存周期内外界环境也会发展、更替。

常见的技术环境有：

- 平台环境，包括操作系统、中间件、框架等。如果需要访问操作系统 API，那么应该将所有访问操作系统 API 的代码封装在一个模块中。将来要兼容多种操作系统、更换操作系统或者升级 API，只需要修改一个模块。
- 输入 / 输出环境，包括界面、数据库、文件、网络。经验表明输入 / 输出环境是多变的，尤其是界面和数据持久化部分。把输入 / 输出环境单独封装起来，如果需要并存多种输入 / 输出（例如多种风格界面）或者变更输入 / 输出（如修改文件格式及存储位置），都只需要修改一个模块。

- 软硬件交互环境，包括扫描仪、刷卡机等硬件设备，也包括需要交互的外部软件系统。把需要交互的内容封装在一个模块里，如果需要兼容多种可能或者变更交互对象，只需要修改一个模块。
- 技术标准，例如XML、图像格式等。技术标准也是在持续发展的，要保持开放性，兼容未来的可能修改，需要将解析技术标准的部分封装起来，建立一个解析标准的模块。如果将来标准发生了变化，只需要修改一个模块。

（3）被共享的数据环境

如果一个数据结构被多个模块共享，那么就应该将其封装在单独模块中，暴露访问接口。如果这个数据结构发生变化，只要接口不变，其他模块就可以保持不变。

（4）复杂数据结构与算法

一方面，复杂数据结构和算法本身就代表一种数据组织和代码组织，这种组织方式原本就容易发生变化。例如堆栈变更为队列、树变更为图、冒泡排序变更为快速排序、先进先出调度变更为优先级调度，等等。

和简单相比，复杂更加不可控和不可测，所以复杂数据结构和算法很难一次性开发正确，实践中更容易发生变化。例如大容量数据结构、非结构化数据结构、实时性（time-critical）算法、高性能（performance-critical）算法等。

复杂数据结构和算法被封装为独立模块，就给后期被动和主动的修改留足了空间，只要接口不变，就只需要修改一个模块。

（5）需要特殊关注的设计主题

实践经验告诉人们，有一些特殊的设计主题是需要关注的，因为如果设计不好，它们可能散布的到处都是，导致理解、定位、变更、复用等工作都变得困难。

这些主题包括：

- 监控。要把监控功能从正常功能中分离出来并加以封装。需要监控的地方常常到处都是，不能让监控代码与业务代码交织在一起。
- 异常处理。异常处理代码应该从正常功能中分离出来并加以封装。如果不分离出来，异常可能会分布的到处都是，不利于工作。
- 日志。与异常处理同理。
- 业务规则。一些细节的业务规则会在很多功能中出现，例如数据约束（手机号码规则、最大数量）、行为规则（如果账户为0不能取款，超过期限会进行处罚等）、缺省值和默认值等。只有将它们封装在一起，才能在发生修改时只影响一个模块。

## 3.10 （结构化）函数/方法的信息隐藏分析

有了信息隐藏的思路，理解结构化方法的耦合和内聚会更加容易。

关于函数/方法之间的耦合：

- 内容耦合和公共耦合没有进行秘密的隐藏，所以不可接受。
- 重复耦合和模糊接口是把一个设计决策分布到了多个地方，所以不可接受。
- 控制耦合和印记耦合也把一个设计决策（关于控制信号的识别和判定、数据结构中哪些有用的判定）分布至多个地方，需要改进。因为多地分布只发生在接口中，所以这里的决策好于重复耦合。

- 数据耦合，实现了设计决策的封装、隐藏，比较理想。
- “针对接口编程”和“简单接口”两个原则都是符合信息隐藏思想的。

关于函数 / 方法的内聚：

- 偶然内聚要么是很多决策混杂，要么是很多决策的片段，没有整体性，不可接受。
- 逻辑内聚是在一个函数 / 方法内进行了多个决策，路径判定和各个分支都是决策。这使得理解、变更、复用函数 / 方法时，存在多个关注点，需要改进。而且逻辑内聚通常会产生控制耦合，这一点也需要改进。
- 时间内聚可能有多个目的，包含多个决策点，需要分解为多个函数 / 方法。
- 过程内聚可能有多个目的，也可能整体性不足（只是一个过程的片段），需要分解为多个函数 / 方法，或者将决策补充完整，全部整合到一个新函数 / 方法。
- 通信内聚的优点是封装了数据，但可能有多个目的，也可能整体性不足（单纯对数据的处理不能构成有意义的整体），可以把各个处理分解后独立封装为多个新函数 / 方法，或者把所有处理补充完整全部整合到新函数 / 方法。如果可能的话，数据应该被封装起来。
- 顺序内聚可能有多个目的，也可能整体性不足（只是一个过程的片段），需要分解为多个函数 / 方法，或者将决策补充完整，全部整合到一个新函数 / 方法。
- 功能内聚是比较符合信息隐藏思路的。如果只考虑功能需求，它只有一个决策，而且是完整的决策。如果除了功能需求之外，函数 / 方法内还有需要封装的技术实现内容（例如复杂数据结构），那么功能内聚就不够好了，还需要改进，应该将技术实现独立并封装为新函数 / 方法。

## 3.11 （面向对象）类 / 对象的信息隐藏分析

### 3.11.1 耦合、内聚与信息隐藏

面向对象方法的封装概念是基于信息隐藏思想的，封装又是类定义的一个基础，所以定义良好的类 / 对象是非常符合信息隐藏的：

- 封装要求类 / 对象分离接口和实现，对外公开接口，隐藏内部实现，这与信息隐藏完全一致。
- 封装可不仅仅是封装数据，还要封装实现细节，例如内部结构、持有的其他对象引用等，这也与信息隐藏相一致。
- 按照面向对象的类建立原则，类的接口只需要包含其职责需要履行的行为，外界也只能期望这些行为，这符合信息隐藏，关于类的内部实现细节完全被隐藏了。

也就是说，职责驱动设计、封装良好、单一职责原则的类 / 对象既是高内聚的，又是信息隐藏的。

在类 / 对象特有的几项耦合关系中，信息隐藏可以更好地帮助理解：

- 直接成员变量访问的内容耦合是违反封装和信息隐藏的，不可接受。
- 从其他类 / 对象那里获得本该其内部持有的某一个类 / 对象的引用（例如成员变量引用）是违反信息隐藏的，所以迪米特法则在该情况下是有意义的。
- 按照信息隐藏原则，如果一个引用是父类型，就应该符合父类型接口，而且不需要外界知道它的具体实现子类型，所以修改型继承耦合是不可接受的。

## 3.11.2 单一职责原则

按照面向对象的内聚要求，类 / 对象只扮演一个角色、只有一个职责，这也与信息隐藏比较一致。这里有一个偏差，除了来自需求的职责之外，类 / 对象还可能包含会变化的技术关注点，例如数据库读写、UI 交互、复杂算法等，这时类 / 对象需要进行分解才能信息隐藏，分解后需求职责被一个类 / 对象承载，每一个会变化的技术关注点也被一个类 / 对象承载，例如 UI 类、持久化 DAO 类、Strategy 类。

考虑到需求也是一种变化点，所以上述将需求职责和变化关注点联合设计的思路可以概括为：每一个类只有一个被修改的原因，要么是需求职责，要么是技术关注点。这就是面向对象的单一职责原则（Single Responsibility Principle，SRP）。

例如，一个游戏系统有动物类 Duck，如图 3-53 所示。

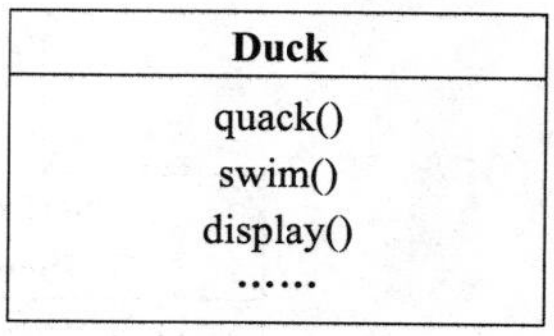

Duck
quack()
swim()
display()
……

图 3-53 单一职责示例一

如果只看需求的抽象，它是单一职责的。假设现在增加了一个需求：display 行为会比较灵活多样，会根据游戏进展更改 display 行为。那么 Duck 就有了两个被修改的原因：需求职责、display 灵活性。这时，图 3-54 的设计才是单一职责的。

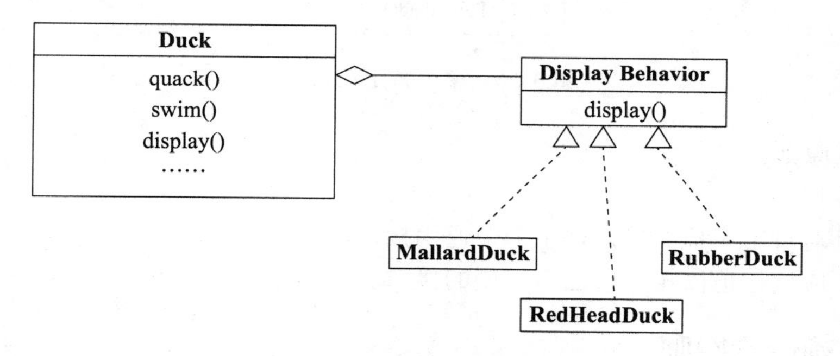


图 3-54 单一职责示例二

## 3.11.3 接口分离原则

如果一个类对所有的 client 都隐藏一样的秘密，提供一样的公开服务，那么简单的封装是非常好的实现手段。但是在特定情况下，类需要对不同的 client 隐藏不同的秘密，为不同的 client 提供不同的公开服务，简单的封装就稍显不足。

例如，在图 3-55 的设计中，Server 希望 GUI 调用 forGUI()、Console 调用 forConsole()、Touchpad 调用 forTouchpad()，但是很明显做不到。

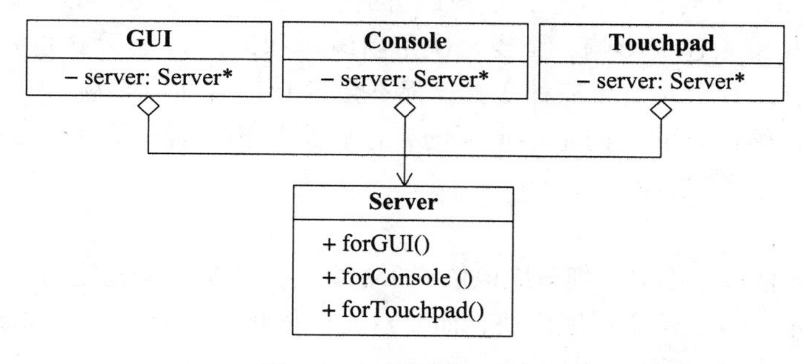


图 3-55 通用接口示例

解决思路是真正做到接口与实现相分离，使用不同的接口隐藏不同的秘密、提供不同的公开服务，如图 3-56 所示。这就是面向对象设计的接口分离原则（Interface Segregation Principle，ISP）。

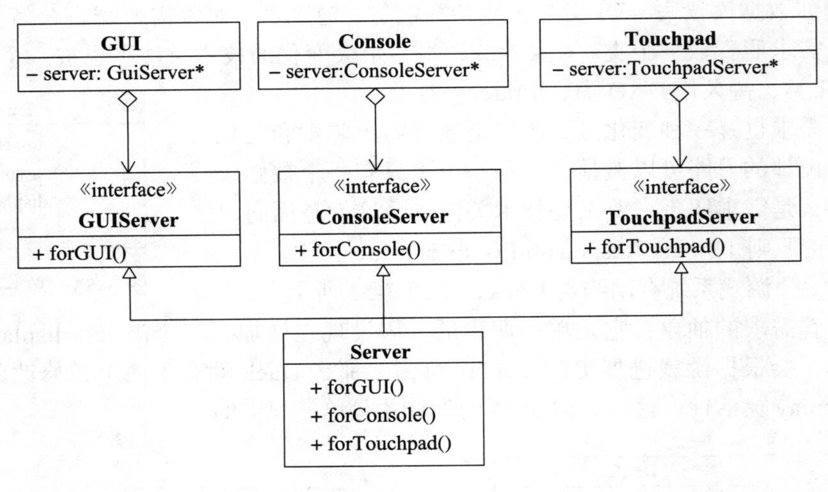


图 3-56 多个特定接口示例

接口分离原则：

- 简单接口。
- 多个针对特定客户的接口好于一个通用接口。
- 客户不应该被迫依赖于自己不需要的接口。

### 3.11.4 依赖倒置原则

#### 1. 稳定性与耦合的方向性

模块化方法不考虑封装变化，所以它认为耦合度只与数量和强度有关，与方向无关，类 A 调用 B.f() 和类 B 调用 A.f() 的耦合度是一样的。

信息隐藏要求封装变化，如果耦合的两端 A 和 B 发生变更的可能性不同，那么耦合方向就是很重要的。如图 3-57 所示，类 A 拥有信息 x，类 B 拥有信息 y，那么计算“x+y”时，必然需要“A 调用 B”（如方案 1 所示）或者“B 调用 A”（如方案 2 所示）。

一般情况下，上述方案 1 与方案 2 是等价的。但是，如果 A 的其他方法是不稳定的，B 是非常稳定的，那么方案 1 就会优于方案 2。因为 A 会发生修改，在方案 2 中每次 A 发生修改时就可能给 B 带来连锁影响，至少每次重新编译和链接 A 之后 B 也要被重新编译和链接。而在方案 1 中，不论 A 发生何种变更，都不会对 B 造成任何影响。

所以，很多时候耦合的方向是很重要的，这就是依赖倒置原则（Dependency Inversion Principle，DIP）的主要关注点。

依赖倒置原则：

- 抽象不应该依赖于细节，细节应该依赖于抽象。因为抽象是稳定的，细节是不稳定的。
- 高层模块不应该依赖于低层模块，而是双方都依赖于抽象。因为抽象是稳定的，而高层模块和低层模块都可能是不稳定的。

方案 1：A 依赖于 B

```
public class Client {
    ......
    public static void main(string []args){
        A a=new A(x, y);
        int result=a.getAddedValue();
        ......
    }
}

public class A {
    private int x;
    private B b;
    A(int i, int j){
        x=i;
        b=new B(j);
    }
    public int getAddedValue(){
        return x+b.getY();
    }
    ......
}

public class B {
    private int y;
    B(int i){
        y=i;
    }
    public int getY(){
        return y;
    }
    ......
}
```

方案 2：B 依赖于 A

```
public class Client {
    ......
    public static void main(string []args){
        B b=new B(x, y);
        int result=b.getAddedValue();
        ......
    }
}

public class B {
    private int y;
    private A a;
    A(int i, int j){
        y=j;
        a=new A(i);
    }
    public int getAddedValue(){
        return a.getX()+y;
    }
    ......
}

public class A {
    private int x;
    A(int i){
        x=i;
    }
    public int getX(){
        return x;
    }
    ......
}
```

图 3-57　耦合的方向性示例

### 2. DIP 的实现方法：接口和实现相分离

“依赖倒置”在说法上容易产生误解，依赖倒置并不是把依赖关系从“A → B”，修改成“B → A”，关键是要考虑 A 和 B 哪个是细节、哪个是抽象。如果 A、B 都是具体类，那么它们就都是细节，A → B 和 B → A 都不符合 DIP。

实现 DIP 的关键是建立“抽象”，真正做到接口和实现相分离，如图 3-58 所示。

为满足需求，在 A 需要依赖于 B 的情况下：

- 如果 B 是抽象的，那么“A 依赖于 B”是符合 DIP 的。
- 如果 B 是具体的，那么“A 依赖于 B”就不符合 DIP。此时的办法是为 B 建立抽象接口 BI，然后使用 A 依赖 BI、B 实现 BI，那么依赖关系将被倒置为“A 依赖于 BI、B 依赖于 BI”，这两个依赖关系都是符合 DIP 的。

在简单的体系结构分层设计中，上层模块依赖于中层，中层又依赖于下层，这不符合 DIP 原则。更好的设计是：

- 将中层和下层的接口和实现分离。

- 上层和中层都依赖于中层的抽象接口。
- 中层和下层都依赖于下层的抽象接口。

这样无论是哪一层，都只和抽象接口有耦合，而与具体的实现没有任何耦合，符合 DIP。

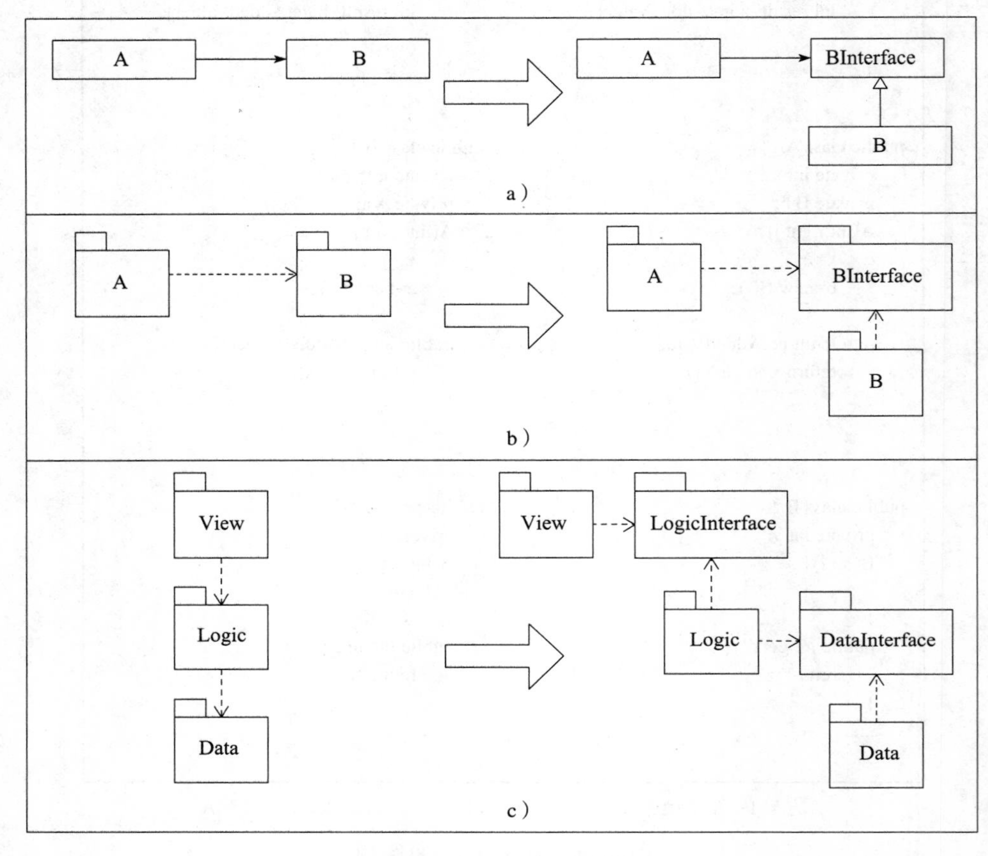


图 3-58 DIP 实现示例

### 3. DIP 分析

如果只考虑耦合的数量和强度，DIP 并没有降耦合的效果，甚至是增加了代码复杂度和耦合数量。

但是如果从信息隐藏的思路考虑，DIP 的价值是发现了可能的变化，并进行了封装和隔离。

耦合带来的麻烦是被依赖端会影响到另一端的理解、开发、调试、修改、扩展和复用，尤其是被依赖端发生变更时，依赖端必然会被连锁影响。DIP 通过将耦合方向转向“抽象”，默认了被依赖端不会发生变更，避免了连锁影响。

## 3.11.5 开闭原则

如果重点考虑“变化”的处理方式，力求实现对“变化”的信息隐藏，就不得不提面向对象设计的开闭原则（Open-Closed Principle，OCP）。

开闭原则：

- 软件实体应对扩展开放，但对修改封闭。
- 变化发生时，不要修改原有实体，而是扩展新实体。

如图 3-59 所示，Copy 类从 ReadKeyboard 类中读取字符，然后交给 WritePrinter 输出。假设现在需要增加一个新的需求：有时需要使用 WriteDisk 类输出。那么按照图 3-60 进行的变更很明显违反了 OCP，因为它修改了原有代码。正确的做法应该是按照图 3-61 的方式进行变更。

```
void execute:: Copy(ReadKeyboard& r, WritePrinter& w){
    int c;
    while ((c = r.read ()) != EOF)
        w.write (c);
}
```

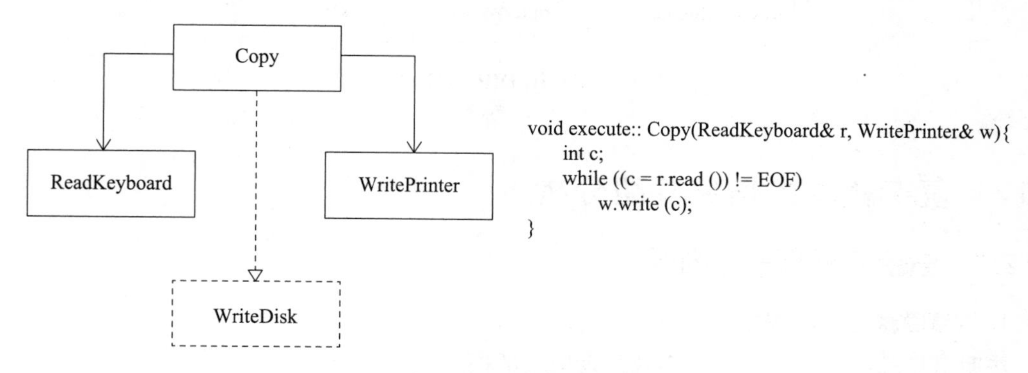

图 3-59　需求变更示例

```
void execute::Copy(ReadKeyboard& r, WritePrinter& wp, WriteDisk& wd, OutputDevice dev){
    int c;
    while((c = r.read())!= EOF)
        if(dev == printer)
            wp.write(c);
        else
            wd.write (c);
}
```

**修改**

图 3-60　违反 OCP 的修改方案

```
DiskWriter:: Write(c){
    WriteDisk(c);
}
```

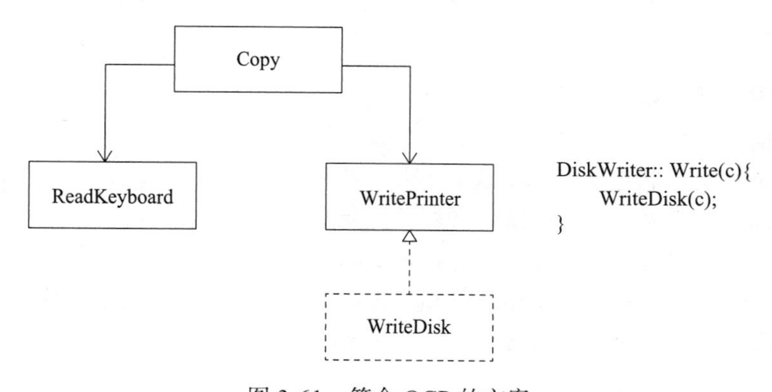

图 3-61　符合 OCP 的方案

DIP 和 LSP 联合起来，是实现 OCP 的最佳方案。将设计方案再改进一下，如图 3-62 所示。开始时就封装了抽象接口 Writer，在需要增加 DiskWriter 时，只需要让 DiskWriter 实现 Writer 接口即可。

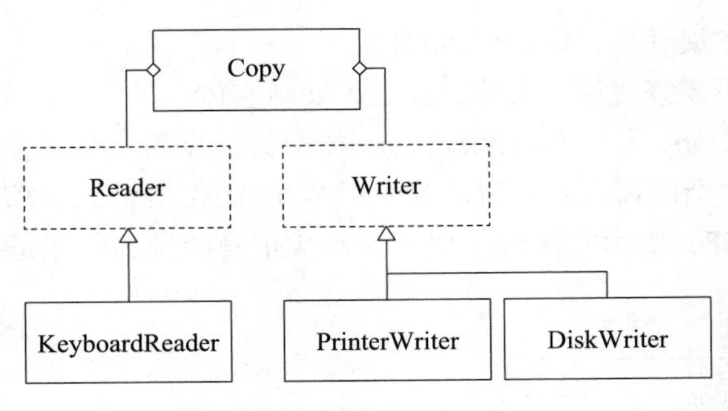


图 3-62 利用 DIP 实现 OCP

# 3.12 复杂模块的信息隐藏分析

## 3.12.1 重新审视耦合与内聚

### 1. 信息隐藏与模块耦合

按照信息隐藏原则，是可以实现复杂模块的模块间低耦合的：

- 每一个模块都应该明确定义接口，隐藏内部实现，这样基本就排除了内容耦合联系存在的可能。
- 如果两个模块有公共耦合，应该封装后使用公共环境，这样可以消除公共耦合，转为二者与新模块的数据耦合。
- 每个决策只分布在一个模块。
  - 可以避免不同模块间的很多代码重复，消除重复耦合。
  - 一定程度上可以规避模糊接口。
  - 一定程度上可以避免控制耦合。
- 尽可能隐藏内部信息，最小化对外暴露，一定程度上可以避免印记耦合。

总之，按照信息隐藏原则，复杂模块的模块间耦合可以实现低耦合形式（如数据耦合、隐式调用耦合）。

### 2. 模块粒度与决策数量

高质量的信息隐藏希望一个模块只有一个设计决策和秘密，这一约束在面对复杂模块时需要调整。复杂模块可能包含多个函数 / 方法、多个类或多个子模块，每一个被包含的单位自身是存在设计决策与秘密的，所以严格来说复杂模块是含有多个设计决策与秘密的。

关键在于复杂模块的多个设计决策与秘密之间的联系强度，如果它们能够被整体抽象和归纳，联合起来表达一个更大的整体决策和秘密，那么可以认为该复杂模块仍然是符合信息隐藏的，它拥有一个设计决策和秘密——联合起来的整体决策和秘密。

### 3. 信息隐藏与模块内聚

从信息隐藏视角看待复杂模块的内聚，会产生和（功能分解的）模块化方法很不一样的观察结果：

1）逻辑内聚的复杂模块可能符合信息隐藏，这很常见，而且也是高质量的。

一个复杂模块内部的多个函数 / 方法、多个类或多个子模块有可能功能不同，但是属于同一个技术关注点。例如数据持久化模块都属于数据持久化技术、UI 模块都是界面技术、算法封装模块都是复杂算法，等等。这些复杂模块并不想把自己抽象、归纳为单一整体功能，但是可以抽象、归纳为单一的技术关注点。从这一点上讲，这些模块是符合信息隐藏的，它们隐藏的是技术关注点，不是功能需求。技术关注点（例如持久化技术、UI 技术、算法策略）就是要隐藏的设计决策。它们的实现被作为秘密封装在内部，利用抽象接口与其他模块交互。例如持久化模块有公开方法（查找、更新、删除、新增等）供外界调用，持久化的细节（协议、定义、格式、时机）都被隐藏起来。算法模块抽象算法的输入 / 输出作为公开接口供外界调用，算法的逻辑结构和代码细节被隐藏起来。

总之，逻辑内聚的复杂模块在实际开发中很常见，一个模块内部的多个函数 / 方法、多个类、多个子模块处理的是不同的功能，但因为它们都涉及相同的技术而被组织在一起。

2）时间内聚复杂模块在典型情况下是符合信息隐藏的，可以达到高质量。

所谓的“典型情况”就是“时间”成了关键决定性因素的场景，例如系统启动装载、系统卸载退出、高实时性事件处理（如应急故障）。

需要注意的是，这些模块并不反映用户的功能需求，所以不是功能内聚的。它们更多的是软件解决方案的必要部分，例如启动装载通常是一种内存数据预处理、卸载退出通常是内存数据和临时数据的处置、高实时性事件处理是为了达到高实时性质量。“内存数据预处理”“内存数据和临时数据的处置”“高实时性质量”都是解决方案的需要，是技术上的关注点，不是用户的功能需要。

这些复杂模块反映了一致的关注点，有统一的设计决策和秘密，所以是符合信息隐藏的，质量是有保障的。

3）通信内聚的复杂模块是符合信息隐藏的，是具备高质量的。

通信内聚复杂模块封装了数据。数据封装不是功能需求，而是技术关注点，是一个很常见的设计决策。

4）过程内聚复杂模块和顺序内聚复杂模块通常不符合信息隐藏，需要改进。

它们都涉及一个核心问题——过程：

- 如果过程完整而且目的单一，那么该模块的内聚类型应该是功能内聚而非过程内聚或顺序内聚。
- 如果过程不完整，那就意味着关于过程的设计决策被分散了，复杂模块包含了一部分，外部模块包含了其他部分，这不符合信息隐藏“一个决策只在一个模块内”的要求。
- 如果过程完整但是有多重目的，那么该模块就包含了多个设计决策，每一个目的就是一个设计决策，这不符合信息隐藏“一个模块只有一个决策”的要求。

所以，过程内聚复杂模块和顺序内聚复杂模块可能不符合信息隐藏，会存在质量隐患，需要改进：

如果是过程不完整，就需要纳入其他过程，重新整合，建立完整的过程。如果整合后的完整过程是单一目的，那么整合后的模块应该是功能内聚的。如果整合后的完整过程出现了多重目的，就应该建立层次结构，上层模块负责整个过程的控制，每个目的都被封装为一个下层模块。处理之后的每一个下层模块都符合信息隐藏，而且通常是功能内聚的。处理之后的上层模块过程完整而且只保留了一个目的（过程控制），所以也可以被视为是功能内聚的。

5）功能内聚可能是符合信息隐藏的，但已不是唯一理想方式。

功能内聚的复杂模块可能是符合信息隐藏的，它的功能就是需要隐藏的设计决策。

只是信息隐藏视角认为功能虽然是最重要和最常见的设计决策，但并非唯一的设计决策，技术关注点、复杂实现、预期变更都是合理的设计决策，所以功能内聚不再是模块设计的唯一理想方式。

而且，功能内聚的复杂模块通常是高质量的，但不能保证一定是高质量的。因为复杂模块除了有“功能”这个设计决策与秘密之外，可能还会同时有技术关注点、复杂实现、预期变更等其他的设计决策与秘密，这时功能内聚的模块是违反信息隐藏的，需要被分解为多个模块。

### 3.12.2 决策的层次结构

多个设计决策和秘密能够被归纳为一个整体更大的设计决策与秘密，这使得设计决策能够建立层次结构。

整体与部分的分解关系是设计决策形成层次结构的一个常见场景。例如，一个完整的商品销售过程就是一个设计决策，它负责过程活动的衔接安排和流向判定，该过程可以在商品输入、总价计算、促销等多个更具体的环节存在更细节的设计决策（输入方式、计算规则、促销策略），这样就形成了如图 3-63 所示的设计决策层次结构。

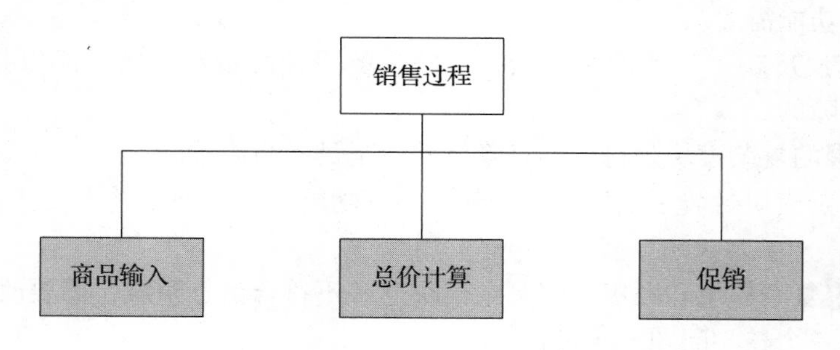


图 3-63 销售过程的设计决策分解

多个相互交织的关注点的渐次分离是设计决策形成层次结构的另一个常见场景。如图 3-64 所示，设计方案处理了两个关注点：数据持久化、功能需求。高层设计决策 DAO 关注的是持久化的实现细节。低层的三个设计决策关注的是每一个功能需求所要求的持久化数据类型。

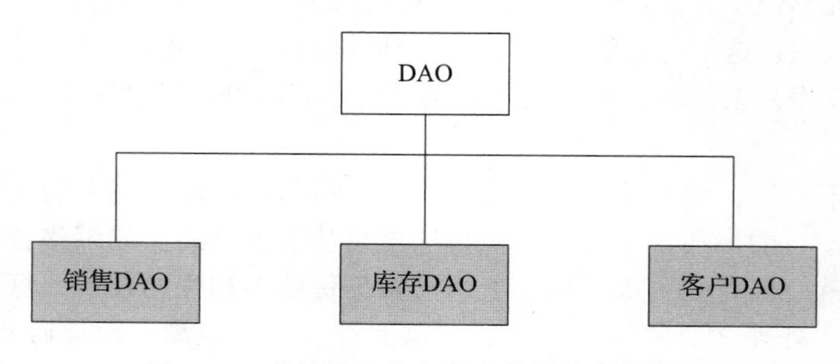


图 3-64 多关注点分离形成的设计决策结构

### 3.12.3　模块的层次结构

设计决策的层次结构可以很自然地反映在复杂模块的层次结构上，可以为图 3-62 和图 3-63 建立与其决策结构完全一样的模块结构。

无论是结构化方法还是面向对象方法，在处理需要独立部署的复杂系统或子系统时，都需要进行代码分割，以方便开发、调试和变更。如果产生的复杂模块众多，就需要进行模块结构组织，建立层次结构就是必要的。

也就说是，如果系统比较简单，可以使用多函数 / 方法，多类 / 对象直接组织系统，可以认为系统只有一个模块。如果系统再复杂一些，就需要组织多模块，让每一个模块包含多函数 / 方法或多类 / 对象。到这里为止，模块结构都是扁平的。

如果系统更加复杂，产生的模块太多，就需要建立高层模块，让高层模块包含多个子模块，每个子模块包含多函数 / 方法、多类 / 对象或子子模块。这时建立的模块间结构就是层次结构。

需要强调的是：这里的模块层次结构是组织结构，反映了设计决策的分解，不是模块间依赖结构，不反映模块间的耦合关系。模块间的耦合关系通常是网状的，只有在少数情况下（例如主程序子路径风格）才是层次式的。

### 3.12.4　模块说明

一个复杂系统通常有非常多的设计决策，有大量的模块和复杂的层次结构，要逐一推敲、设计每一个模块的设计决策与秘密还是颇费周章的。为了让复杂系统的模块设计工作，尤其是模块间层次结构设计工作，变得简单和条理化，David Parnas 建议为模块建立模块说明（module guide），这样可以有效运用信息隐藏方法。

一个模块说明主要有以下四个主题。

（1）模块的主要秘密

主要秘密（primary secret）描述的是这个模块所要实现的用户需求。可以基于用户需求的分解结构进行设计决策分解，建立模块间层次结构。根据这个描述，还可以检查模块是否覆盖了所有的用户需求，是否有用户需求被分散到了多个地方，如果发现问题可以及时修正。

（2）模块的次要秘密

次要秘密（secondary secret）描述的是这个模块的技术关注点和关键实现细节，它们也是建立模块间层次结构的重要依据，也可以帮助设计人员发现和纠正被分散到多地的设计决策。

（3）模块的角色

描述模块在整个系统中所承担的角色（role），所起的作用，以及与其他模块存在的关联关系。

（4）模块的对外接口

模块的对外接口（facility）是模块提供给其他模块使用的接口。

一个模块的模块说明可以只有主要秘密没有次要秘密，也可以只有次要秘密没有主要秘密，还可以兼而有之。例如可以为图 3-49 中的 Circular Shift 模块建立如表 3-3 所示的模块说明。

表 3-3 Circular Shift 模块说明

| 项目 | 内容 |
| --- | --- |
| 主要秘密 | 实现行轮转功能，参见需求文档的 *x.y* 节至 *x.z* 节 |
| 次要秘密 | 1）轮转行算法<br>2）轮转后文本行的存储机制 |
| 角色 | 作用：将输入的文本行进行轮转，以帮助建立从任意词开始的全文索引<br>关联：1）由 Master Control 模块启动；2）调用 Lines 模块的接口访问文本行；3）为 Alphabertizer 模块提供行轮转后的文本行访问接口 |
| 对外接口 | public void cssetup(); /* 功能、参数、返回值、前置、后置等 */<br>…… |

如果一个模块的主要秘密和次要秘密合起来超过一个，就说明该模块还需要进行层次分解。如果一个秘密在多个模块中同时出现，就说明模块设计需要调整。

## 3.13 总结

### 3.13.1 模块化方法总结

模块化的主要工作是划分模块，主要目标是让划分后的模块尽可能独立进而实现高质量，主要手段是分析、处理耦合与内聚，做到低耦合、高内聚。

关于耦合与内聚的分析非常复杂，涉及不同粒度的单位（函数 / 方法、类 / 对象、复杂模块）、不同的实现方式（数据访问、代码跳转、程序调用、对象引用、继承等）、不同的方法体系（结构化、面向对象）、不同的应用情景（适配技术环境、符合约束、保证质量、解决问题、维持状态、实现目标）等，内容繁多，而且非常琐碎。

这里做一个简短的总结：

1）模块化的浅显理解就是按功能进行设计，以高内聚为主。按照功能进行模块划分，按照功能分解结构建立模块的层级结构。这个理解容易接受，容易操作，能够实现模块的高内聚。但如果对模块化的理解只停留在这个表面层次，就谬误大了。

2）模块化的本质是使模块间尽可能独立，以低耦合为主。不论划分模块的准则是什么，它都只是起始，不是重点。真正重要的工作是实现划分后模块间的低耦合，需要细致分析模块间的联系方式，逐一进行需要的优化。这个工作琐碎、细致，但它是模块化方法真正的关键。

内容耦合、公共耦合、重复耦合、隐藏组件耦合、修改型继承修改是不可接受的。

控制耦合、印记耦合、分散组件耦合是可以接受的，但是有改进的空间。

数据耦合、隐式调用耦合、明确组件耦合、改进型继承耦合和扩展型继承耦合是较为理想的。

偶然内聚在任何情况下都是不可接受的。逻辑内聚是不可接受的，但是稳定代码库是一个例外。

时间内聚、过程内聚、通信内聚、顺序内聚都是可以接受的，常用于实践，都有改进的空间。

功能内聚是最理想的内聚形式。

### 3.13.2 信息隐藏方法总结

信息隐藏是指在设计单元内部隐藏只有自己才能知道的设计决策和设计秘密。外部使用者只是使用接口与其交互，并不知道单元内部存在着隐藏的决策和秘密。

需求职责、复杂数据结构和算法、外部接口等在未来有较大可能发生变更的常见因素就是需要隐藏的设计决策和设计秘密。

对函数 / 方法、类和底层模块来说，要求一个设计单元只有一个秘密，一个秘密只存在于一个设计单元的内部。

对于高层设计模块来说，一个模块可以有多个秘密，一个秘密只能在一个设计单元之中。高层设计模块必须要被分解成底层模块。

### 3.13.3 设计原则

主要设计原则包括：

- Goto 语句是有害的。
- 针对接口编程。
- 全局变量是有害的。
- 简单接口。
- 接口清晰。
- 不要重复。
- 迪米特（Demeter）法则。
- Liskov 可替代性原则。
- 灵活性面前组合胜过继承。
- 单一职责原则。
- 接口分离原则。
- 依赖倒置原则。
- 开闭原则。

# 第4章

# 软件设计方法学

## 4.1 概述

### 4.1.1 什么是软件方法学

程序设计语言的发展提供了模块、类、函数/方法、数据类型等高质量的程序单位。结构化编程理论、数据结构、模块化、信息隐藏、面向对象设计原则等构成了高质量软件设计的技术基础。但是这些单位和技术不会自动工作，不能自动地显示和改进各种设计中的质量问题，还是需要设计师在工作中贯彻它们。软件方法学（software methodology）的作用就是将各种基础设计单位和设计技术组织起来，系统性地将它们应用到从需求分析到软件设计方案的过程中。

软件方法学将很多具体方法集成在一起使用，这些具体方法有相同的思路，可以相互协同。软件方法学主要涉及指导软件设计的原理和原则，以及基于这些原理、原则的方法和技术。软件方法学的目的是寻求科学方法的指导，使软件开发过程“规范化”，即要寻找一些规范的“求解过程”，把软件开发活动置于坚实的理论基础之上。

### 4.1.2 软件方法学流派

SWEBOK 将软件方法学归纳为 4 大流派。

#### 1. 启发式方法

启发式方法（heuristic method）是最为典型的软件方法学，它将工作实践中产生的最佳实践（方法、技术、原则）综合起来，系统化地应用于软件开发。它是基于经验的软件工程方法，在软件行业中得到了相当广泛的应用。

启发式方法流派包含四个广泛应用的类别：逐步精化程序设计、结构化软件设计、数据为中心的软件设计、面向对象软件设计。

#### 2. 形式化方法

形式化方法是应用严格的、基于数学的符号和语言来规格化、开发和验证软件的软件工程方法。通过使用规范语言，可以自动或半自动地系统化检查软件模型的一致性（或是否缺乏歧义）、完整性和正确性。

常见的形式化方法包括规范语言、程序精化和派生、形式验证和逻辑推理等。

#### 3. 软件原型设计

软件原型设计是一种创建不完整或功能最低的软件应用程序版本的活动。软件工程师选择原型设计方法通常是因为存在不了解的软件功能或组件。如果后期没有大量的开发返工或重构，原型通常不会成为最终的软件产品。

#### 4. 敏捷方法

敏捷方法出现在 20 世纪 90 年代，目的是减少大型软件开发项目中使用的重量级、基于计划的方法所带来的巨大开销。敏捷方法被视为轻量级的，其特点包括迭代开发周期短、自组织团队、更简单的设计、代码重构、测试驱动的开发、频繁的客户参与，以及强调在每个开发周期创建一个可证明的工作产品。

比较流行的敏捷方法包括快速应用程序开发（RAD）、极限编程（XP）、Scrum 和功能驱动开发（FDD）。

### 4.1.3　软件设计方法学

实践中能够做到系统化、规范化指导软件设计活动的方法学主要是启发式方法。依据其启发式原则的不同，可以进一步将其划分为不同的软件设计方法学。

#### 1. 逐步精化程序设计

逐步精化（stepwise refinement）程序设计方法是最早的结构化设计思路，是结构化软件设计的一种特殊类别，专门用于指导复杂程序的设计。它使用自顶向下层次式分解和逐步求精的思路，将一个复杂的程序逐次分解，直至分解后的底层问题可以映射到简单编程单位，实现对复杂程序设计的分而治之。

#### 2. 结构化软件设计

结构化软件设计方法是一个经典的软件设计方法，采取自顶向下或者自底向上的方式，将复杂软件系统设计为层次式功能分解结构，并围绕该结构组织系统的数据处理。结构化软件设计主要使用结构图（structure chart），本书不对其进行介绍，需要的可以参考相关专著。

#### 3. 数据为中心的软件设计

数据为中心的（data centered）软件设计方法又被称为数据结构为中心的（data structure centered）方法和数据建模（data modeling）方法。它首要关心的是软件系统中的数据信息，为软件系统进行数据设计，再以数据模型为中心进行功能设计。

#### 4. 面向对象软件设计

面向对象软件设计将设计方案表示为一组类 / 对象，这些类 / 对象封装数据和功能，并通过方法与其他对象交互。类 / 对象可以源自现实世界，也可以是为了技术实现或质量考虑而虚构的。面向对象设计过程的关键是进行类 / 对象之间的职责分配和协作。

### 4.1.4　使用软件设计方法学的好处

使用软件设计方法学最大的好处是让设计过程规范化、系统化，从而使得设计工作可复制，设计结果质量可控。

使用软件设计方法学在审美上还有明显的好处：

- 一致性。要用同样的方式做同样的事情，这样整个系统的结构才会井井有条，而不是一团混沌。人们只要搞清楚一个基本逻辑就能够理解整个系统的逻辑，这对于系统质量的贡献度是不言而喻的。
- 结构清晰。方法学的统一思路让各个程序单位组成的整体结构非常清晰，开发人员能够“显而易见地”判定它们之间会发生什么，实现整体软件的易理解性、易调试性和易测试性，能在发生故障时快速判定故障点从而实现较好的可维护性。

## 4.2　逐步精化程序设计

### 4.2.1　基本思想

逐步精化程序设计方法是结构化编程理论的一部分，专门用于指导程序员编写复杂的程序。它在编程过程中区分计算结构和程序结构。

计算结构是解决问题所需要的解系统结构，它关注的是问题解决的基本逻辑，不关心需要使用哪种程序设计语言单位及其关键字。例如如果解决问题需要交换两个变量的取值，就直接表达为 swap(x, y)，并不关心使用的语言中有没有 swap 这种单位。

程序结构是使用特定程序设计语言单位构建起来的复杂结构。例如使用 Java 交换两个变量的取值表达为“temp=x; x=y; y=temp;”。

如图 4-1 所示，逐步精化程序设计的基本思路就是：在编程时先为问题建立最容易的初始计算结构框架，后续通过一系列针对初始框架的精化步骤完成编程。

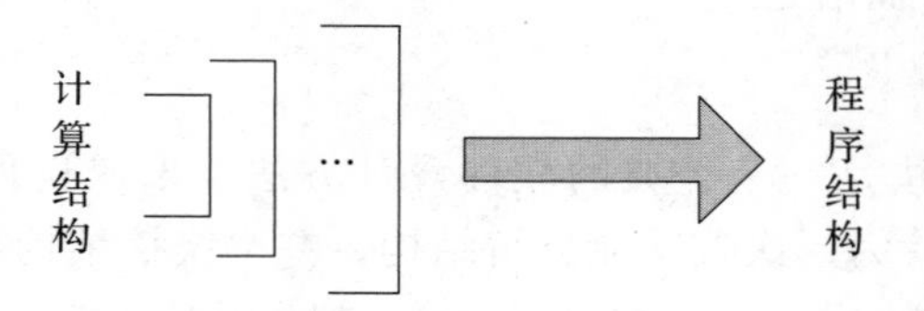


图 4-1　逐步精化示意

- 把编程看作对计算结构进行的一系列渐进的精化步骤。
- 在每一个步骤中，计算结构中的一个或多个指令被分解为更加细节的指令。
- 在计算结构的某个细节指令能够直接被写成程序设计语言单位时，针对该指令的分解和精化过程终止。
- 在计算结构所有的指令都可以直接被写成程序设计语言单位时，整个程序的分解和精化过程终止。
- 在精化任务时，数据也需要被精化、分解和结构化，也就说，程序和数据的精化是并行的。
- 每一个精化步骤都隐含了一些设计决策，要明确决策的目标和后续解决方案。这些决策应该清晰化，让程序员能意识到底层标准和可能的其他后续方案。

### 4.2.2　示例一

先看一个简单的 Java 编程示例：将整数数组 a[0-2] 由大到小排序。

1）首先建立一个初始的计算结构框架如下：

```
输入 : int[3] a;
    sort(int[3] a, Descend);
输出 :int[3] a;
```

最为简单的初始结构就是假设存在一个超级语句，能够立刻完成程序功能。这里就是假设存在一个超级语句 sort(a[3], Descend) 能够完成从大到小的数组元素排序。

很明显，Java 语言中没有 sort 这样的超级语句，需要精化。

2）第 1 次精化。问题中只有三个数据需要排序，可以简单地将超级语句 sort(int[3] a, Descend) 分解为两个步骤（先找出最大值，再找出次大值，剩下的就是最小值），精化如下：

```
maxTSwap (a[0], a[1], a[2]);      // 将 a[0-2] 中最大的数值交换到 a[0]
maxSwap (a[1], a[2]);             // 将 a[1-2] 中最大的数值交换到 a[1]
```

这两个精化后的语句也是超级语句，所以还需要继续精化。

3）第 2 次精化。maxTSwap (a[0], a[1], a[2]) 是从三个数字中找到最大值，可以分解为两个步骤（先找到 a[1-2] 的最大值交换到 a[1]，再从 a[0-1] 中找到最大值交换到 a[0]），精化如下：

```
maxSwap (a[1], a[2]);       // 将 a[1-2] 中最大的数值交换到 a[1]
maxSwap (a[0], a[1]);       // 将 a[0-1] 中最大的数值交换到 a[0]
```

4）第 3 次精化。现在一切的焦点都在于超级语句 maxSwap(x,y) 的实现，它虽然不能直接实现为程序语句，但是稍加分解就可以实现为如下语句：

```
if (x<y) { int temp =x; x=y; y=temp;}
```

5) 结果。完成的程序精化如图 4-2 所示。

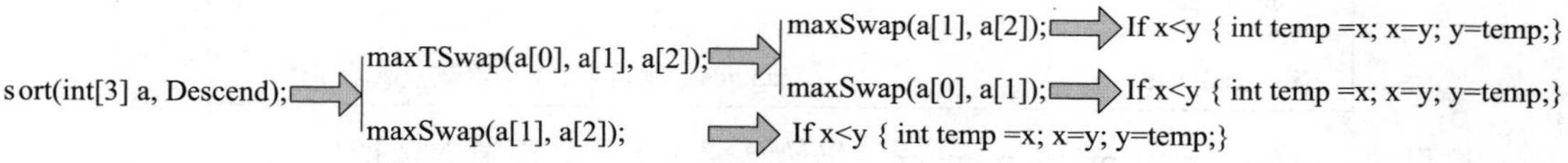

```
                                                          maxSwap(a[1], a[2]);  ⇒ If x<y { int temp =x; x=y; y=temp;}
                              maxTSwap(a[0], a[1], a[2]); ⇒
sort(int[3] a, Descend); ⇒                                maxSwap(a[0], a[1]);  ⇒ If x<y { int temp =x; x=y; y=temp;}
                              maxSwap(a[1], a[2]);        ⇒ If x<y { int temp =x; x=y; y=temp;}
```

图 4-2　简单的逐步精化程序设计过程

根据该逐步精化过程，可以编写如下代码：

```
public void sort( int[3] a ) {
    int temp;
    if (a[1] < a[2] ) { temp = a[1]; a[1] =a[2]; a[2]= temp; }
    if (a[0] < a[1] ) { temp = a[0]; a[0] =a[1]; a[1]= temp; }
    if (a[1] < a[2] ) { temp = a[1]; a[1] =a[2]; a[2]= temp; }
}
```

### 4.2.3　示例二

第一个示例比较简单，下面来看一个复杂一些的例子：从 2 开始，打印前 1000 个素数。

1）首先建立一个初始的计算结构框架：

```
开始；
    print_first_thousand_prime_numbers;
结束；
```

假设存在一个超级语句“print_first_thousand_prime_numbers”，能够打印前 1000 个素数。很明显，Java 语言中没有这样的超级语句，需要精化。

2）第 1 次精化。可以将问题分解为两个部分：找到前 1000 个素数、打印这 1000 个素数。于是，可以建立精化的计算结构如下：

```
table p ;                                      // 数据表 p
fill p with first_thousand_prime_numbers ;     // 使用前 1000 个素数填充数据表 p
print p;                                       // 将 p 中的数值打印出来
```

考虑程序实现时，数据表 p 可以实现为数组类型，后面两个语句仍然是超级语句，可以改写为：

```
int[]=new p[1000];
for (1:1000) {                         // 1 到 1000 循环
        p[i-1]= ith prime number;      // 将第 i 个素数填充到 p[i–1]
    }
for (1:1000) {                         // 1 到 1000 循环
        printPrime(p[i–1]);
}
```

3）第 2 次精化。找到第 i 个素数“ith prime number”，仍然是一个超级语句。

在简单的情况下可以列举：p[0]=2; p[1]=3;p[2]=5;p[3]=7;……要列举 1000 个可不是容易的事。这里更切实际的是根据前面 i 个素数寻找第 i+1 个素数，计算逻辑如下：

```
int candidate = p[i–1] +2;                     // 第 i 个素数增 2，因为偶数不可能是素数
while not (candidate is prime number) {        // 递增 candidate，直到 candidate 是素数
    candidate +=2;
}
p[i]= candidate;                               // candidate 就是第 i+1 个素数，赋予 p[i]
```

这里的“candidate is prime number”仍然是超级语句，需要继续精化。

4) 第 3 次精化。判定一个数值 target 是不是素数的数学计算逻辑如下：

- 按从小到大的顺序找到前面 i 个素数，其中“p[i]*p[i]<= target, p[i+1]*p[i+1]>target;”。
- 如果 target 能够整除前面 i 个素数中的任意一个，就不是素数，否则就是素数。

按照这个逻辑，可以将“candidate is prime number”分解精化如下：

```
private boolean isPrime(int target, int[] p) {
    int ord = 0;
    while (p[ord]*p[ord] <= target) { ord = ord + 1;} // 找到前面 ord 个数
    for (int i=0; i<ord;i++){
        if( target % p[i]==0 ) return false;           // 如果能够整除，不是素数
    }
    return true;                                       // 前面 ord 个都不能整除，是素数
}
```

5）结果。经过上述多次精化，建立的分解结构如图 4-3 所示。

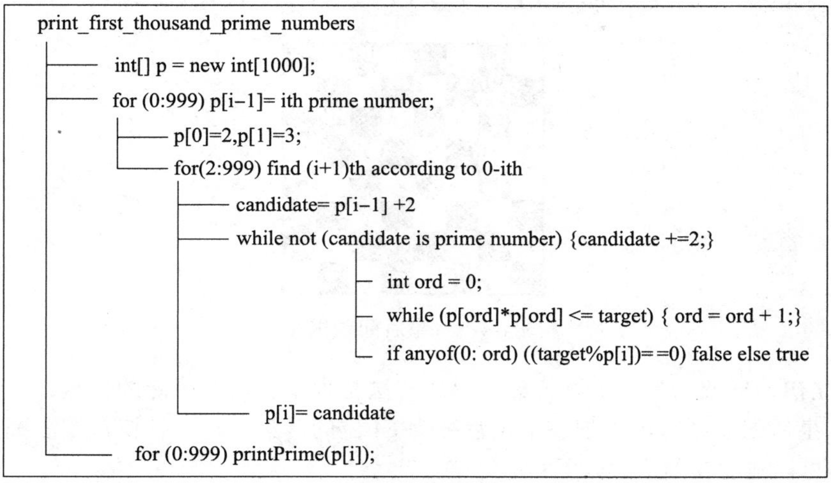

```
print_first_thousand_prime_numbers
 ├──── int[] p = new int[1000];
 ├──── for (0:999) p[i−1]= ith prime number;
 │      ├──── p[0]=2,p[1]=3;
 │      └──── for(2:999) find (i+1)th according to 0-ith
 │              ├──── candidate= p[i−1] +2
 │              ├──── while not (candidate is prime number) {candidate +=2;}
 │              │          ├─ int ord = 0;
 │              │          ├─ while (p[ord]*p[ord] <= target) { ord = ord + 1;}
 │              │          └─ if anyof(0: ord) ((target%p[i])= =0) false else true
 │              └──── p[i]= candidate
 └──── for (0:999) printPrime(p[i]);
```

图 4-3　“打印前 1000 个素数”的编程精化分解结构

最终的程序为：

```
Public void printFirstThousandPrimes(){
    int[] p=new int[1000];

    p[0]=2;
    p[1]=3;
    for (int i=2 ; i<1000;i++){
        int candidate = p[i−1] +2;
        while !isPrime(candidate, p) {
            candidate +=2;
        }
        p[i]= candidate;
    }

    for (int j=0 ; j<1000;j++){
        System.out.printf(String.valueOf(p[j]));
    }

}

private boolean isPrime(int target, int[] p) {
    int ord = 0;
    while (p[ord]*p[ord] <= target) { ord = ord + 1;}
    for (int i=0; i<ord;i++){
        if( target % p[i]==0 ) return false;
    }
    return true;
}
```

### 4.2.4　示例三

最后，再来看一个数据结构与功能同步精化的例子：八皇后问题。

八皇后问题是指：在如图 4-4 所示的 8 × 8 格的国际象棋上摆放 8 个皇后，使其不能互相攻击，即任意两个皇后都不能处于同一行、同一列或同一斜线上，找到所有可能的摆法。

图 4-4 八皇后问题棋盘

1）建立初始框架。初看本题，最简单的解法是列举出所有可能的棋盘，然后逐一检查是否符合八皇后的规则。可以把整个棋盘视为 64 位的幂集，每一种棋盘摆法都是该幂集的一个子集，可以建立初始框架如下：

```
Chess[64];                                  // 64 位幂集
Generate all elements x of Chess set;       // 产生幂集的所有元素
if x is safe then print x ;                 // 如果元素符合八皇后规则，就输出该元素
```

2）第 1 次精化。一个 64 位幂集的数量是：64!/（56!*8!）=$2^{32}$。假设每 10 微秒可以产生一个元素，那么产生所有元素需要 7 小时。程序的时间性能还可以改进一下。

按照八皇后的要求，每一行和每一列只能放置一个皇后，那么元素数量可以降低为 $8^8=2^{24}$ 个，100s 就可以执行完成。

如果限制每行和每列都只有一个元素，那么数据结构可以修正为一维数组 Col[8]：列就是数组下标，行位置是数组的值，例如第 3 列第 5 行有皇后可以表达为 Col[3]=5。

精化后的计算结构为：

```
Col[8];                                 // 行和列都只有一个的 8 行 8 列棋盘
Generate all elements x of Col[8];      // 产生每列都只有一个皇后的所有元素
if x is safe then print x ;             // 如果元素符合八皇后规则，就输出该元素
```

3）第 2 次精化。上面的计算结构还可以继续改进，不用等到所有 $8^8$ 个元素全部产生之后再逐一检查，可以在产生元素的过程中实时检查，可以提前发现不符合的路径进行剪枝。

按照逐列逐步产生元素的思路，Col[8] 的产生过程为：[x1], [x1,x2],[x1,x2,x3],⋯,[x1,x2,⋯, x8]。如果在第 j 步就发现 [x1,x2,⋯,xj] 不符合八皇后条件，就没有必要再去产生 xj 之后的内容。

依据新的数据结构，可以建立如下程序：

```
Column[8];
Step(0);

private void Step(int col) {                // 从第 col 列开始探索后续元素
    while  (col >0 && col <=7) {            // 逐列，没有越界
        row=0;
        do {                                // 逐行
```

```
            bool safe = test(col,row);          // 尝试在 col 列、row 行放置皇后
            if safe {                           // 检查放置后是否安全
                setQueen(col,row);
                if col==7 {                     // 已经到最后一列，是完整元素
                    print(Column);
                    return;
                else {
                    col++;                      // 考虑下一列
                    step(col);
                }
            }
            // 一次列探索结束，开始回溯
            removeQueen(col,row);
            if row ==7 {                        // 最后一个位置仍然不符合，回溯上一列
                col--;
                row = 0;
            } else {
                row++;                          // 尝试下一行位置
            }
        }
      }
    }
}
```

4）第 3 次精化。test(col,row) 等仍然是一个超级语句，而且它要实现同一行、左右斜线不能重复的逻辑并不简单。为此可以精化建立新的数据结构：

- 使用 rowSafe[8] 表达行安全，一行中一旦有皇后被安置，就置为 false，表示该行不能再放新的皇后。
- 如图 4-5 所示，使用 b[15] 表达右斜线安全，一旦一个右斜线中有皇后被安置，就置为 false，表示该右斜线不能再放新的皇后。
- 如图 4-5 所示，使用 c[15] 表达左斜线安全，一旦一个左斜线中有皇后被安置，就置为 false，表示该左斜线不能再放新的皇后。

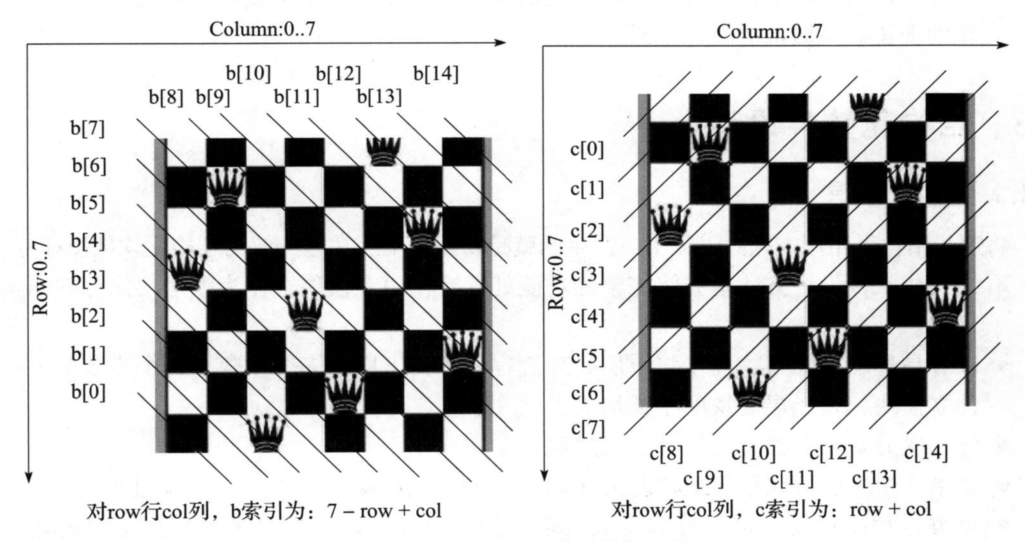


图 4-5　八皇后问题辅助数据结构

基于图 4-5 所示的数据结构，可以编写部分局部方法如下：

```
private bool test (int col, int row){
    return rowSafe[row] && b[7-row+col] && c[row+col];
}
private void setQueen (int col, int row){
    Column[col] = row;
    rowSafe[row] = b[7-row+col] = c[row+col] = false;
}
private void removeQueen (int col, int row){
    Column[col] = –1;
    rowSafe[row] = b[7-row+col] = c[row+col] = true;
}
```

至此，整个八皇后问题解决。

### 4.2.5 作用和效果

逐步精化的程序设计集成了多种思路，可以帮助程序员控制程序的复杂度，提升程序的质量：

- 将计算结构和程序结构分开独立考虑，是逻辑设计和物理设计的分离，在设计计算结构时能暂时摆脱载体介质的复杂性，不用关注程序编程的机制细节，实现对复杂度的分而治之。
- 逐步精化在建立层次结构时，充分应用了抽象和分解的思想。在考虑高层次时，以“超级语句”的方式进行抽象思考。在考虑精化和实现“超级语句”时，使用了分解的思想。
- 逐步精化的过程能够建立一个非常清晰的层次结构，可以进一步建立层次调用的函数 / 方法结构。与所有代码混杂在一起相比，逐步精化方法建立的层次式结构不仅易理解、易开发、易调试、易修改、易扩展，而且具有美感。
- 逐步精化的每一个精化步骤，都是一次设计决策过程。将整个方案逐步分次精化，就是将设计决策各自独立处理。将精化的步骤显式化，就是将设计决策显式化。这些都有助于建立高质量的设计结果。

## 4.3 结构化软件设计

### 4.3.1 基本思想

将逐步精化思路用在软件设计上，产生的就是自顶向下、功能分解的结构化软件设计方法。

- 结构化软件设计方法首先将完整的功能处理看作一个模块，作为整个功能分解结构的顶层。
- 以容易理解为原则，逐步将上层处理过程分解为下层的多个步骤，每个步骤构成一个独立模块，是上层模块的子模块。
- 每一次分解都是独立的设计决策过程。
- 如果一个模块可以很好地映射为计算单位（通常是函数和方法），分解过程终止。
- 分解过程以功能为主，分解完成后进行程序设计时，再综合考虑数据结构的定义和使用。

## 4.3.2　示例一

我们先看一个简单的示例。

（1）需求

hydrology.data 文件中含有水文数据记录，结构如下：

```
W,WNO,D,DAMT,DNO,…D,DAMT,DNO,…W,WNO,D,DAMT,DNO,…D,DAMT,DNO
```

- 周记录 WEEK：字符 W 标记表明是周记录，整数 WNO 是周序号。
- 日记录 DAY：字符 D 标记表明是日记录，整数 DAMT 是当天的降水量，整数 DNO 是日期序号（周几）。
- 顺序记录，周记录后面是日记录，允许日期有空缺。
- 分隔符是“,”。

现在需要依据上述数据记录，产生下列数据记录，输出到 result.data 文件：

```
WNO,TOTAL,…,WNO,TOTAL
```

- 周记录 WEEK TOTAL：整数 WNO 是周序号，整数 TOTAL 表示本周降水总量。
- 分隔符是“,”。

（2）处理过程

为了完成需求，我们可以建立如下的处理过程：

1）数据输入。

- ■ 读取 hydrology.data 文件为内存字符串数据。

2）数据计算。

- ■ 处理周数据。
  - ◆ 处理日数据。

3）数据输出。

- ■ 逐一将周记录输出到 result.data 文件。

（3）功能设计

按照这个过程，可以建立结构图如图 4-6 所示的系统模块结构。

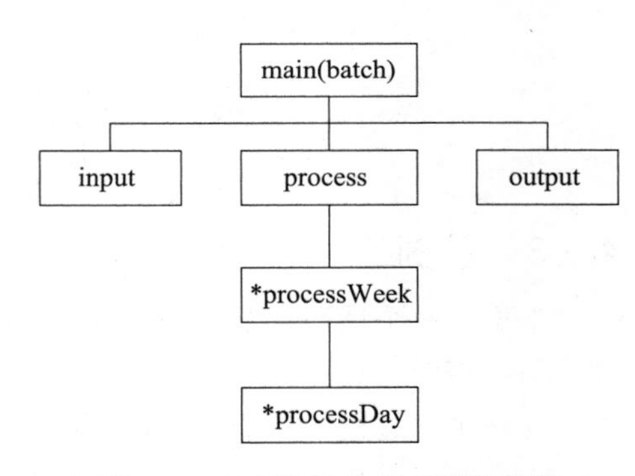


图 4-6　水文数据处理系统结构图

其中，几个重要部分的伪代码示意如下：

```
String process(String input){
    String output="",week, weekOut;
    //默认起始位置是“W”，找到它之后的下一个“W”，截取周记录
    Int index =input.indexOf("W",1);
    int oldIndex = 1;
    while ( index > 0 ) {                              //还有下一周
        week = input.subString(oldIndex, index);       //周记录
        weekOut = processWeek(week) +",";
        output.append(weekOut);
        oldIndex = index;
        index =input.indexOf("W",oldIndex);            //寻找下一周记录
    }
    //处理最后一周
    week = input.subString(oldIndex);                  //周记录
    weekOut = processWeek(week);
```

```
        output.append(weekOut);

        return output;
    }

    String processWeek(String week){
        String outWeek="",day;
        //找到周序号（第二个和第三个“,”之间）
        int index =week.indexOf(",",2);                    //前面两个是“W,”，跳过
        outWeek.append(week.subString(2,index));           //输出周序号
        int oldIndex = week.indexOf("D");
        int index = week.indexOf("D",oldIndex);
        int total=0;
        while ( index > 0 ) {                              //还有下一天
            day =week.subString(oldIndex, index);          //天记录
            total += processDay(day);
            oldIndex = index;
            index =input.indexOf("D",oldIndex);            //寻找下一天记录
        }

        //处理最后一天
        day = input.subString(oldIndex);                   //天记录
        total += processDay(day);
        outWeek.append(","+String.valueOf(total));
        return outWeek;
    }

    int processDay(String day){
        //找到日降水量（第二个和第三个“,”之间）
        Int index =day.indexOf(",",2);                     //前面两个是“D,”，定位第二个“,”
        return Integer.valueOf(subString(day,3,index));
    }
```

### 4.3.3 示例二

下面是一个稍微复杂一些的需求：典型的超市销售过程。

（1）需求

完整销售过程的详细需求如图 4-7 所示。

1. 收银员输入会员标识，系统显示会员信息，包括 ID、姓名、积分、联系方式
2. 收银员输入商品标识和数量，系统记录商品，并显示商品信息，商品信息包括商品 ID、名称、描述、价格、备注
3. 0.5s 后，系统显示已购入的商品清单，商品清单包括商品 ID、名称、价格、数量、商品总价
4. 收银员重复第 2 步和第 3 步，直到完成所有商品的输入
5. 收银员请求系统结账，系统计算并显示总价
6. 收银员请顾客支付账单
7. 顾客支付，收银员输入收取的现金数额
8. 系统给出应找的余额，收银员找零
9. 收银员结束销售，系统记录销售信息、商品清单和账单信息，并更新库存和会员信息
10. 系统打印收据

图 4-7　超市销售过程的需求

（2）处理过程

图 4-7 的需求是按照用户与系统的交互步骤组织起来的，它并不是合适的功能分解参照。结构化方法认为功能分解的结果应该是模块化（高内聚、低耦合）的。考虑到功能的内聚性，图 4-7 的过程应该组织为四个部分：会员识别、商品录入、账单处理和结束销售（打印收据和保存数据）。

功能分解的最底层单位应该能直接映射成函数 / 方法，会员识别步骤直接映射还有些困难，所以应该将其进一步分解为输入会员标识、根据标识查找会员信息、显示会员信息。分解后的三个步骤都十分适合于作为单独方法，可以不用继续分解。

依据模块化和能够映射成函数 / 方法的原则，后续的功能分解过程这里不再展开，其结果如图 4-8 所示。

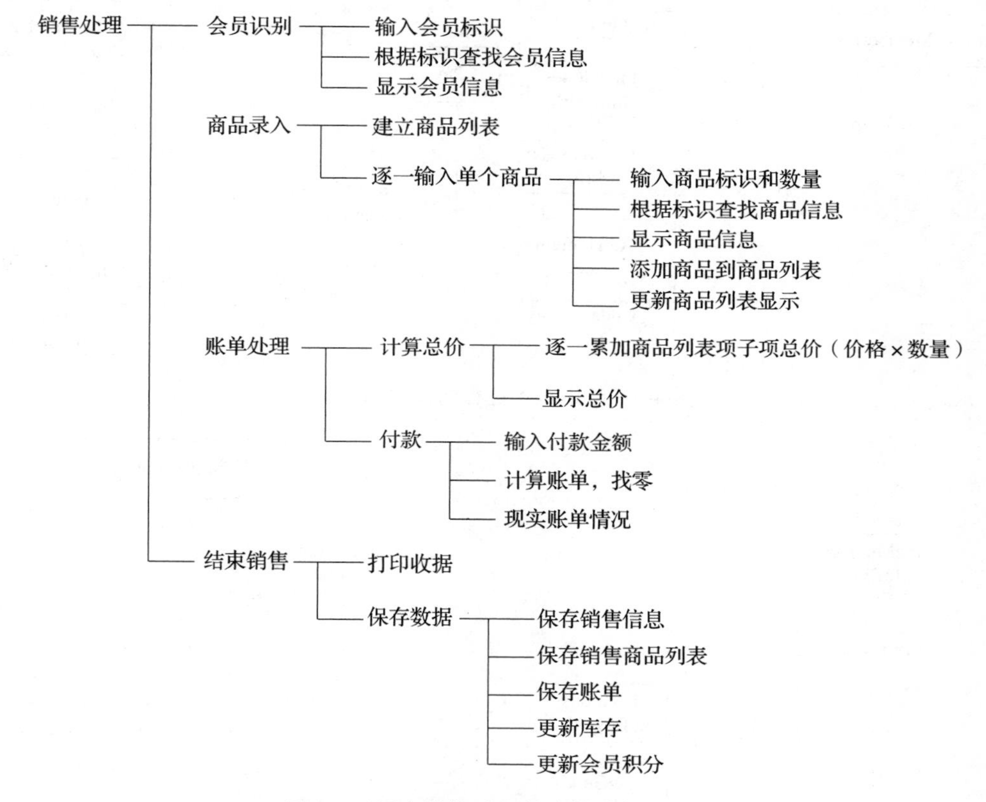


图 4-8　超市销售过程的功能分解过程图

（3）功能设计

按照图 4-8 的分解结构，可以建立如图 4-9 所示的结构图。

（4）数据组织

围绕各个功能模块，组织它们需要使用的数据。考虑到很多功能都会使用相同的数据，所以通常会产生大量的数据共享——公共耦合。

例如，图 4-10 为超市销售过程组织了会员数据和商品数据。

（5）程序实现

由于篇幅有限，这里就不再展开程序代码细节。

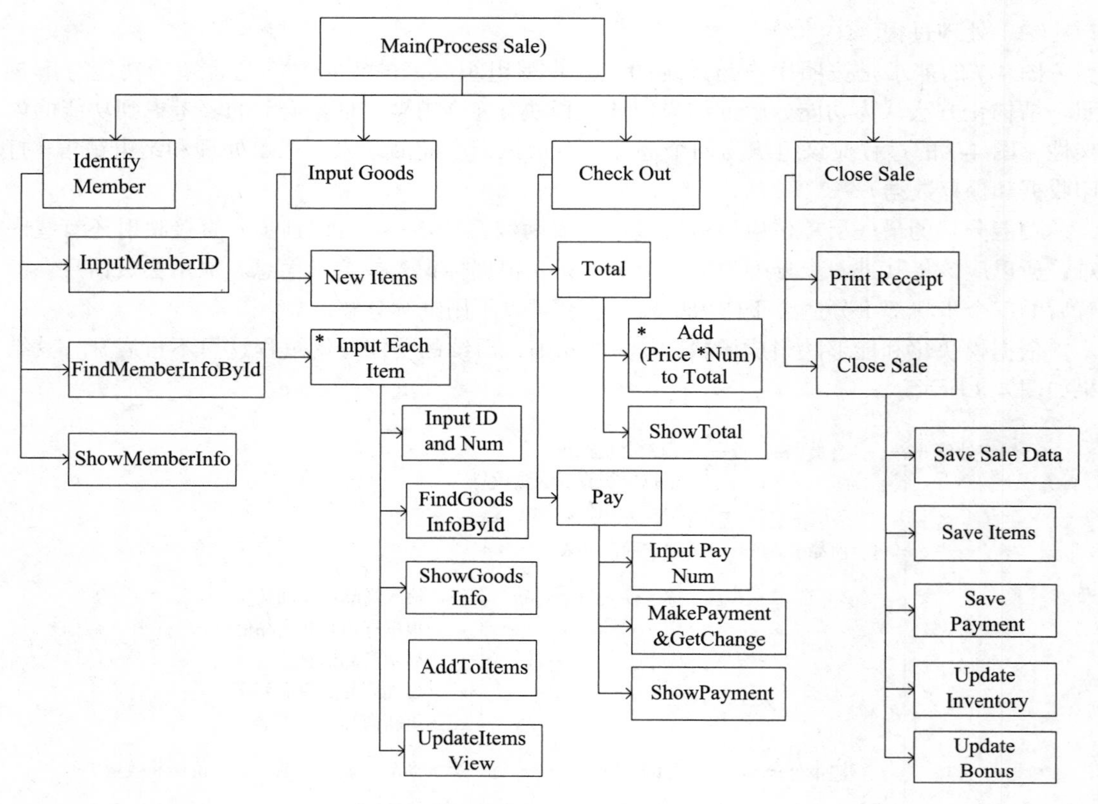


图 4-9 超市销售过程的设计结构图

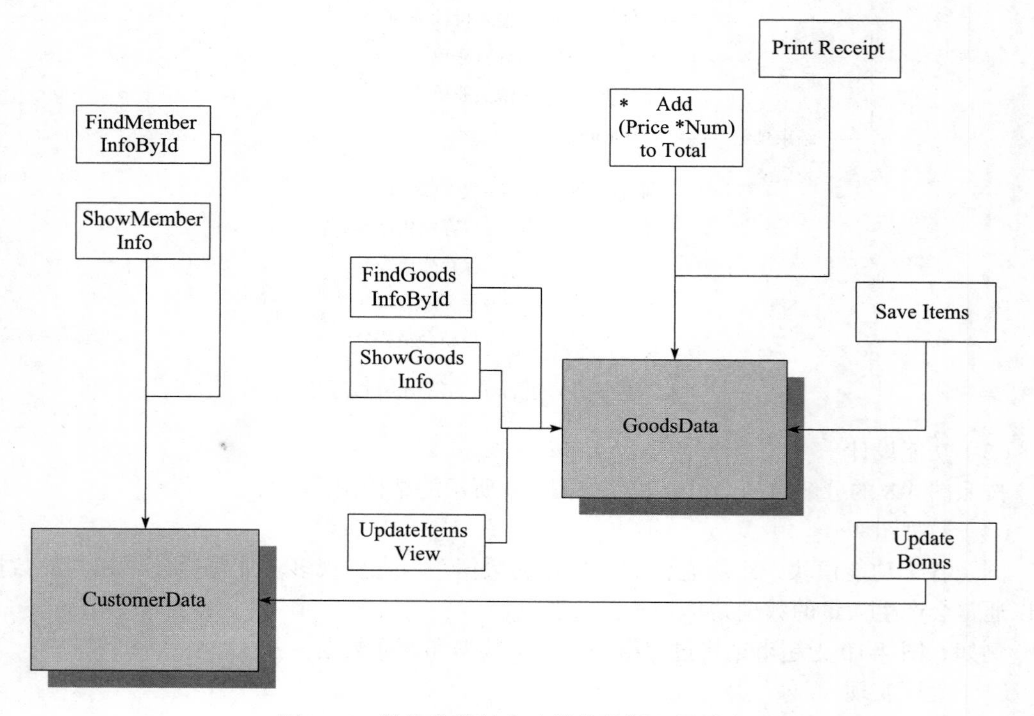


图 4-10 结构化设计方法学的数据组织示意

### 4.3.4 作用和效果

使用结构化的设计方法，可以带来一些好处：

- 整体设计结构更清晰，可以带来“显而易见正确”的效果。
- 保证了整体设计的一致性，提升了设计结构的美感。
- 在功能分解时贯彻了高内聚、低耦合的模块化原则，提高了设计的质量。
- 方法要求分层分解、逐步决策，这有助于设计师控制复杂度。

结构设计方法也有明显的不足：设计时以功能为主，未能将数据结构置于重要位置，导致数据结构变更时可修改性不好。例如，在图 4-9 的设计方案中，FindMemberInfoById、ShowMemberInfo 和 UpdateBonus 都会使用会员的数据结构，如果该数据结构发生变化，这三个模块都需要同时变更，可修改性并不好，其实质是违反了信息隐藏原则。同理，如果修改了商品数据结构，FindGoodsInfoById、ShowGoodsInfo、UpdateItemsView、PrintReceipt、SaveItems 等都会受到影响，这种连锁影响范围已经非常大了。究其根本，结构化设计方法重功能轻数据的思路容易产生公共数据耦合。

结构化设计方法还容易产生重复耦合，严格的次结构使得多个分支难以复用同样的代码。

如果不考虑底层单位与函数 / 方法的匹配，只要求到模块设计，那么该方法通常会产生主程序子路径的体系结构设计风格，拥有主程序子路径风格的优点，也有主程序子路径风格的缺点。

## 4.4 数据为中心的软件设计

### 4.4.1 基本思想

数据为中心的方法认为，除了计算结构和程序结构之外，人们还应该重视问题领域结构，如图 4-11 所示。程序结构是程序设计语言单位组成的结构。计算结构是软件抽象实体（模块、类、方法等）组成的结构。问题领域结构是现实世界中的业务逻辑和数据组成的结构。

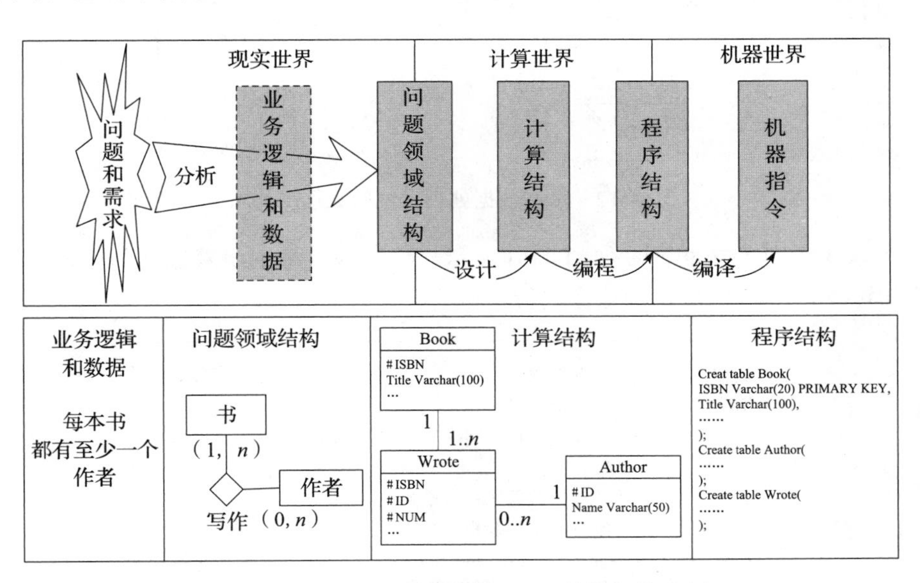


图 4-11 软件开发过程中的几种结构及其示例

数据为中心的方法认为，应该先建立问题领域的结构，在问题领域结构的辅助下建立计算结构，在计算结构的指导下编写程序结构。传统的结构化设计方法跳过了问题领域结构，直接从计算结构开始，增加了设计师的难度，尤其是顶层的计算结构设计完全依赖于设计师的个人才能和天赋。

数据为中心的方法还认为，结构化方法使用的自顶向下、功能分解方法会默认为所有系统的体系结构都是主程序子路径风格，这一点是不符合事实的。例如，最为常见的软件系统是信息系统，明显不适用主程序子路径风格，因为重要业务数据的管理是其核心，数据结构一旦变化连锁影响巨大。

针对上述结构化方法的不足，数据为中心的方法提出的软件设计思路是：

1）建立问题领域的结构。重点是找到问题领域中的重要业务数据和业务功能，二者可以分别枚举。

2）参照问题领域结构建立计算结构框架。起到参照作用的主要是数据结构，依据内聚的数据建立初始模块。

3）将功能计算逐步配置到计算结构框架之中。围绕数据结构，依据对数据结构的依赖度和耦合内聚分析，将功能计算分配到各个模块。

4）参照计算结构，编写程序，完成程序结构。

## 4.4.2 示例一

下面按照数据为中心的设计方法重新设计 4.3.2 节的数据处理案例。

### 1. 问题领域结构

首先要明确问题领域中的数据结构，如图 4-12 所示。输入的数据结构是序列的周记录，周记录包括周数据和序列的日记录，日记录包括日标记、序号和降水量。输出的数据结构是序列的周降水总量记录。

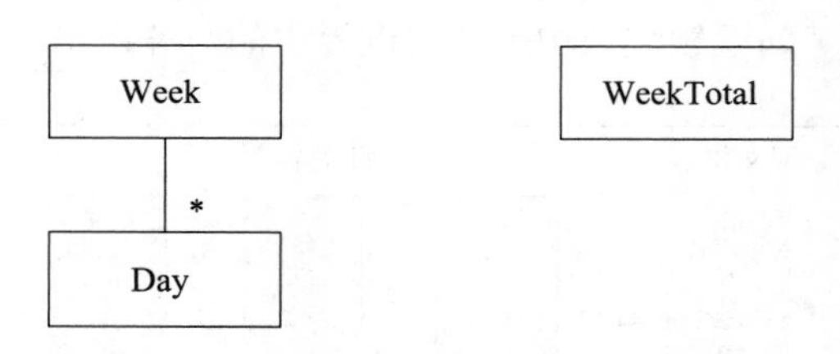


图 4-12 水文数据处理系统的数据结构

问题领域中需要的功能计算如图 4-13 所示。计算的枚举围绕着数据的输入、产生、处理（计算和转换）、销毁、输出等操作进行。

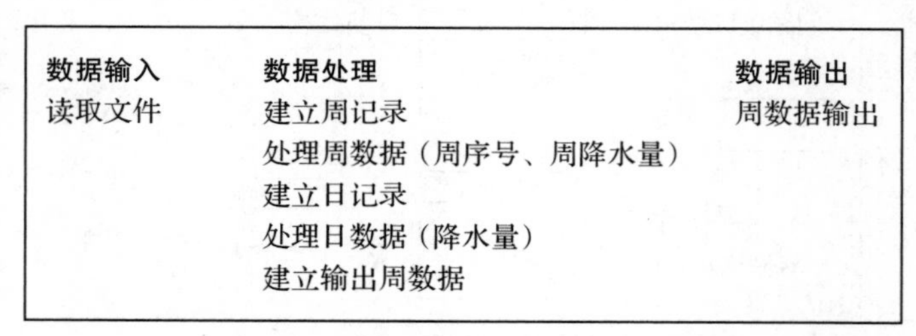


图 4-13 水文数据处理系统的功能计算

### 2. 建立计算结构

计算结构参照数据结构建立三个设计单位：Week、Day 和 WeekTotal。

可以按照下列思路将功能计算分配到设计单位，如图 4-14 所示。

- 读取文件的数据是周记录数据（inputFile），分配给 Week。
- 建立周记录（getWeeks）分配给 Week。
- 处理周数据需要分为两个部分：周序号（getWNO）和遍历日记录、累积日降水量（sumDAMT）由 Week 负责；日降水量的处理（getDAMT）由 Day 负责。
- 建立日记录（getDays）由 Day 负责。
- 处理日数据（日降水量）(getDAMT）由 Day 负责。
- 建立输出周数据（getWeekTotal）由 Week 负责。
- 周数据输出（outputFile）由 WeekTotal 负责。

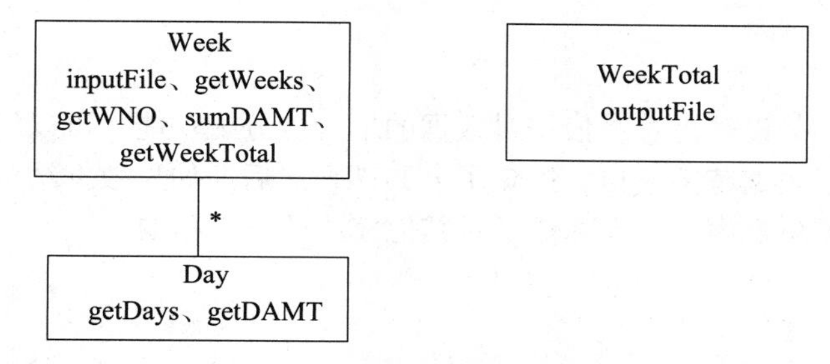


图 4-14　水文数据处理系统以数据为中心的计算结构

### 3. 程序实现

数据结构的伪代码实现如下：

```
Struct Day{
    int dno;
    int damt;
}
Struct Week{
    int wno;
    Array<Day>[] days;
}
Struct WeekTotal{
    int wno;
    int total;
}
```

关于字符串解析为 Week 和 Day 的代码实现 4.3.2 节已有描述，这里给出其他几个关键实现：

```
Main{
    String input = inputFile("hydrology.data");  //从文件读取数据
    Array<Week> inWeeks[];
    //解析数据建立周记录，其中内嵌了解析天数据建立天记录
    inWeeks = getWeeks(input);                     //字符串的解析过程前面已有描述
    Array<WeekToal> outWeeks[];
    outWeeks = new Array< WeekToal >()[inWeeks.length];
    int i = 0;
```

```
        for(InWeek Week : inWeeks ){
            outWeeks[i++] = getWeekTotal(inWeek);
        }
        outputFile(outWeeks, "result.data");
    }
    WeekTotal getWeekTotal (Week inWeek){
        WeekTotal outWeek;
        outWeek.wno = getWNO(inWeek);                    //字符串的解析过程前面已有描述
        outWeek.total = sumDAMT(inWeek);
        return outWeek;
    }
    int sumDAMT(inWeek){
        int total = 0;
        for(Day day : inWeek.days){
            total += getDAMT(day);                       //字符串的解析过程前面已有描述
        }
        Return sumDAMT;
    }
```

按照数据为中心的设计思想，依据对数据的耦合度分配功能，可以实现高内聚。分配后不同模块之间封装了数据范围接口，避免了公共耦合。后期如果数据结构发生修改，影响范围可以控制在一个模块之内，大大降低了对其他模块的连锁影响。

### 4.4.3 示例二

作为对比，这里用数据为中心的设计方法再来实现一次 4.3.3 节的超市销售过程。

**1. 问题领域结构**

首先分析需求，寻找其中的数据结构。参照名词分析法，可以找出数据结构，如图 4-15 所示。

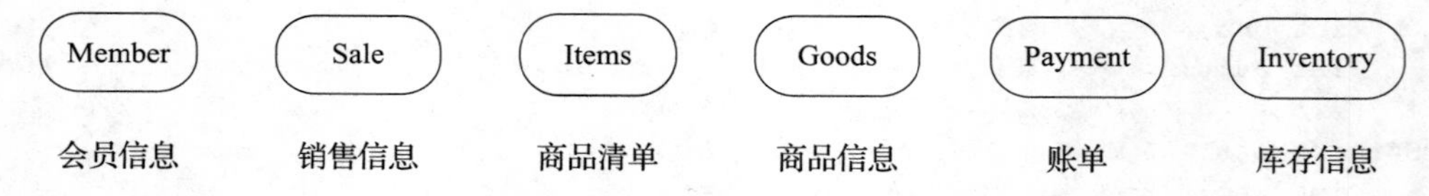


图 4-15 超市销售过程的数据结构

按照输入、处理、输出的思路，可以找到需要实现的功能计算如图 4-16 所示。

| 数据输入 | 数据处理 | 数据输出 |
| --- | --- | --- |
| 输入会员标识 | 根据标识析取会员信息 | 显示会员信息 |
| 输入商品标识和数量 | 根据标识析取商品信息 | 显示商品信息 |
| 输入现金数额 | 将商品加入清单 | 显示商品清单 |
| | 计算总价 | 显示总价 |
| | 计算找零，生成账单 | 显示账单 |
| | 生成收据格式 | 保存销售信息 |
| | 计算库存变化 | 保存账单 |
| | 计算积分变化 | 保存商品清单 |
| | | 更新库存 |
| | | 更新会员积分 |

图 4-16 超市销售过程的功能计算

### 2. 功能设计

以每个数据结构为中心，分别建立不同的模块。

依据功能对数据的耦合程度，可以将功能计算分配到不同模块，如图 4-17 所示。

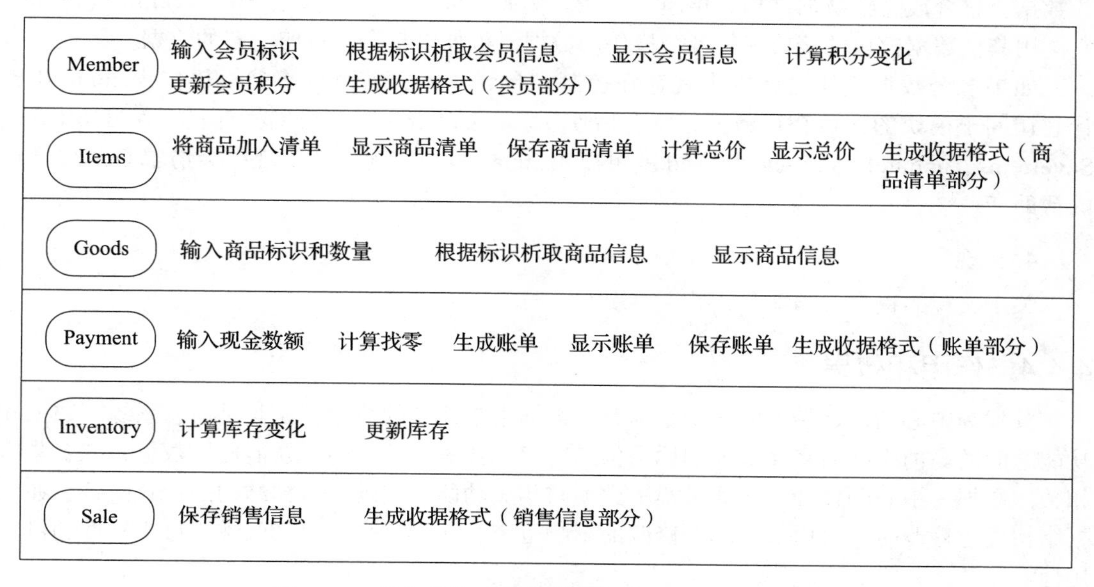


图 4-17　超市销售过程的模块划分和功能分配示意

按照图 4-17，可以建立设计图，如图 4-18 所示。

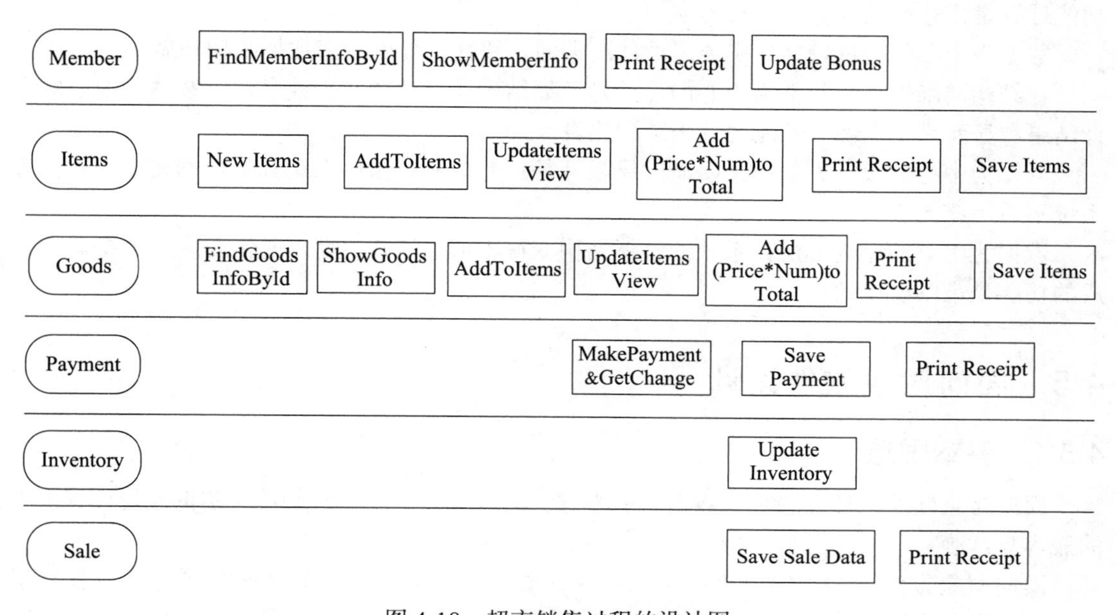


图 4-18　超市销售过程的设计图

### 3. 多数据综合与 controller

结构化设计的麻烦是一个数据被很多个功能使用，导致公共耦合。数据为中心的设计的麻烦是一个功能需要很多数据，以至于不知道该功能应该怎么分配，例如在图 4-18 中，PrintReceipt 使用了除 Inventory 的所有数据。

实践中，人们会专门建立一个 controller，它凌驾于所有模块之上，从其他模块得到碎片数据，整合成完整数据结构，再履行功能。例如，可以建立专门的 PrintReceiptController，它调用其他数据模块的接口获得各个模块的数据，再加以整合，打印完整的收据。

如果多个数据模块之间本来就存在控制和包含关系，就可以将父模块作为 controller，让它访问子模块的接口获得数据，整合后使用。例如 Items 是包含 Goods 的，AddToItems、SaveItems、updateItemsView 和 Add 就可以由 Items 承担实现，在实现中会请求 Goods 模块的帮助。

**4. 实现**

关于实现的程序代码细节此处不再展开。

### 4.4.4 作用和效果

数据为中心的设计最大的作用是提升了数据密集系统的质量，尤其是信息系统。数据和功能之间的高内聚性后来又被人们称为信息内聚：数据支持功能，功能使用数据，二者紧密相关。数据为中心的设计方法通过集中数据与相关功能，实现了数据结构的信息隐藏，在数据结构发生修改时，可以显著降低修改的影响范围，从而提高了可修改性、可扩展性和可复用性。

数据为中心的设计降低了设计师的设计难度。尤其是在面对复杂应用需求时，设计师从头组织一个高层次的工作过程是创新性任务，是比较困难的。但是从应用中寻找数据结构和功能计算是描述性任务，是相对容易的。

数据为中心的设计较好地实现了设计决策的一致性，都围绕着数据结构开展功能设计。

在结构清晰性上，数据为中心的设计是不如结构化设计的。也就是说，数据为中心的设计结果“显而易见正确”的能力低于结构化设计。

数据为中心的设计方法一个明显的局限性是：并非所有软件系统都是数据密集的，很多系统不适用该方法。

数据为中心的设计方法让系统的整体结构变得不那么清晰，尤其是需要多个数据联合完成的功能是难以设计的。

## 4.5 面向对象软件设计

### 4.5.1 基本思想

面向对象软件设计方法是对数据为中心方法的继承和发展，它关注现实世界与计算世界的兼容与过渡。

面向对象方法认为现实世界中本来就存在着大量的对象。对象之间是平等的，没有层次结构，没有能控制其他对象的超级对象。每个对象高度自治，独自负责自身状态数据的维持，负责对外接口功能的正确性。对象之间通过消息通信，消息可以是同步的也可以是异步的。软件系统的结构也应该由这样的对象组成。

在执行任务时，对象通过相关协作来完成。例如开发一个软件系统，需求开发者独自完成需求任务后交给设计师，设计师完成设计任务后交给程序员，程序员完成编码后交给测试工程师，测试工程师完成测试任务后才能交付产品。也就是说，每个对象只会完成自己职责内的功能，将职责外的任务委托给其他合适的对象。如果把对象及其关系想象成一张网络，那么协作就是对网络的一次局部遍历。

面向对象方法的软件设计过程是：

1）从问题世界中寻找到系统需要的对象。

2）从问题世界中寻找到系统需要完成的任务。

3）基于问题世界的对象，结合技术考虑，建立静态设计结构——类图。

4）逐一将任务的协作职责分配给类图中的类 / 对象。

5）面向对象编程，完成程序设计。

### 4.5.2　示例一

在功能需求较为简单的情况下，面向对象设计非常类似于数据为中心的设计。例如对 4.3.3 节的水文数据处理系统，可以按照面向对象设计方法进行如下设计。

#### 1. 寻找类与对象

寻找类与对象的方法类似于数据为中心的设计寻找数据结构的方法——参照业务名词，只是除了需要考虑存储数据之外还需要考虑对象职责。

在水文数据处理系统中，可以找到两个类：周记录 Week、日记录 Day。系统中需要进行文件读写，增加一个实现技术类：文件读写 FileIO。

#### 2. 寻找需要完成的任务

根据需求，需要完成的任务有五个：

- 读取输入文件。
- 根据输入数据（文件）建立周记录序列。
- 根据输入数据（文件）建立日记录序列。
- 计算周总降水量。
- 将输出数据写入输出文件。

#### 3. 类结构初步设计

已经发现的类和对象，建立初步的类结构如图 4-19 所示。

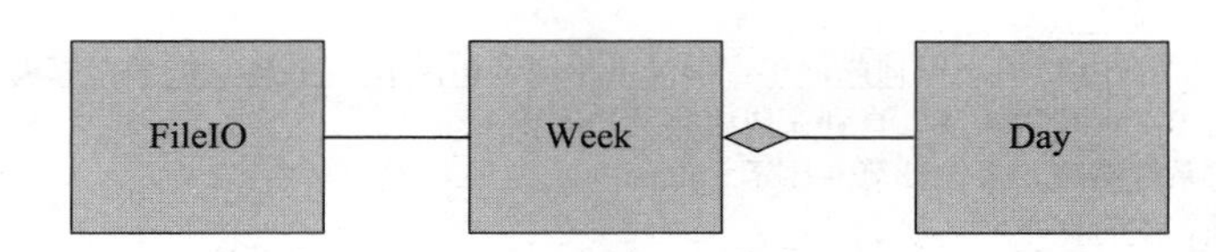


图 4-19　水文处理系统的类结构设计

FileIO 类读取文件内容之后创建 Week 序列，Week 管理自己的 Day 序列。

#### 4. 协作设计——任务分配

任务在类中的分配情况如下：

- 读取输入文件职责分配给 FileIO 类，增加方法 inputFile()。

- 根据输入数据（文件）建立周记录序列的发起点，分配给 FileIO 类，要求 inputFile() 方法创建并返回 List<Week>。创建周记录是一个类构造问题，给 Week 增加一个构造方法 Week（String）。
- 根据输入数据（文件）建立日记录序列的发起点，分配给 Week 类（构造方法 Week(String) 内部），因为 Week 负责管理 Day。创建日记录是一个类构造问题，给 Day 增加一个构造方法 Day（String）。
- 计算周总降水量职责由 Week 和 Day 协作完成，Week 掌握所有的 Day 所以调用 getDAMTTotal() 方法，每个 Day 使用 getDAMT() 方法维护自己的降水量。
- 将输出数据写入输出文件职责分配给 FileIO，增加 outputFile() 方法。

最后建立的类图如图 4-20 所示。

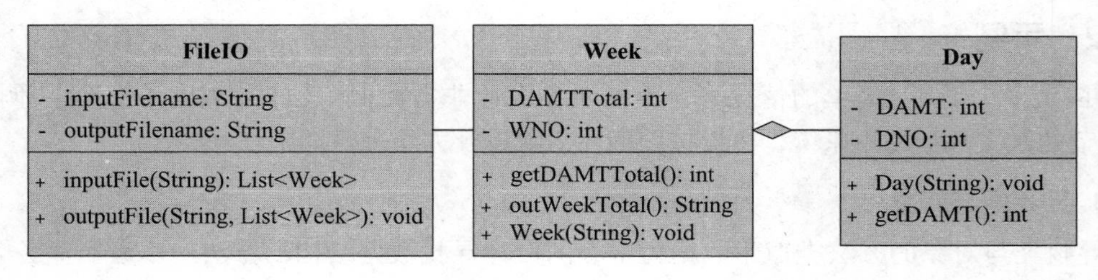


图 4-20　水文处理系统的设计类图

**5. 面向对象编程**

虽然在结构设计上不同，但细化到每一个方法的代码实现时，与前面示例基本相同，这里不再赘述。

### 4.5.3　示例二

对较为复杂的超市销售过程，使用面向对象设计方法的过程如下。

**1. 寻找类与对象**

按照名词分析法，从图 4-21 的需求中发现的名词都被下划线标识。

1. 收银员输入会员标识，系统显示会员信息，包括 ID、姓名、积分、联系方式
2. 收银员输入商品标识和数量，系统记录商品，并显示商品信息，商品信息包括商品 ID、名称、描述、价格、备注
3. 0.5 秒后，系统显示已购入的商品清单，商品清单包括商品 ID、名称、价格、数量、商品总价
4. 收银员重复第 2 步和第 3 步，直到完成所有商品的输入
5. 收银员请求系统结账，系统计算并显示总价
6. 收银员请顾客支付账单
7. 顾客支付，收银员输入收取的现金数额
8. 系统给出应找的余额，收银员找零
9. 收银员结束销售，系统记录销售信息、商品清单和账单信息，并更新库存和会员信息
10. 系统打印收据

图 4-21　对超市销售过程的名词分析

去除其中的无意义名称（例如系统）和名词重复（例如会员标识和 ID、会员和顾客、商

品标识和商品 ID 等)，将一些名词归纳为其他类的属性(例如 ID、姓名、积分、联系方式等是会员的属性)，最终可以产生的类和对象如下：

- 收银员
- 会员(ID、姓名、积分、联系方式)
- 商品(ID、名称、描述、价格、备注)
- 商品清单 [ 商品(ID、名称、价格)、数量、总价 ]
- 账单(总价、支付额、找零)
- 库存
- 销售

### 2. 寻找需要完成的任务

我们使用刺激和响应之间形成的一次交互作为任务，可以发现需要完成的任务如下：

- 刺激：收银员输入会员的会员 ID
  响应：系统显示会员信息
- 刺激：收银员输入商品 ID 和数量
  响应：系统显示商品信息，计算商品总价
- 刺激：0.5s 后
  响应：系统显示商品清单
- 刺激：收银员要求结账
  响应：系统计算并显示总价
- 刺激：收银员输入支付金额
  响应：系统显示找零金额
- 刺激：收银员结束销售
  响应：系统更新数据，打印收据

### 3. 类结构初步设计

依据从需求中发现的类和对象，可以建立初步的设计类图，如图 4-22 所示。

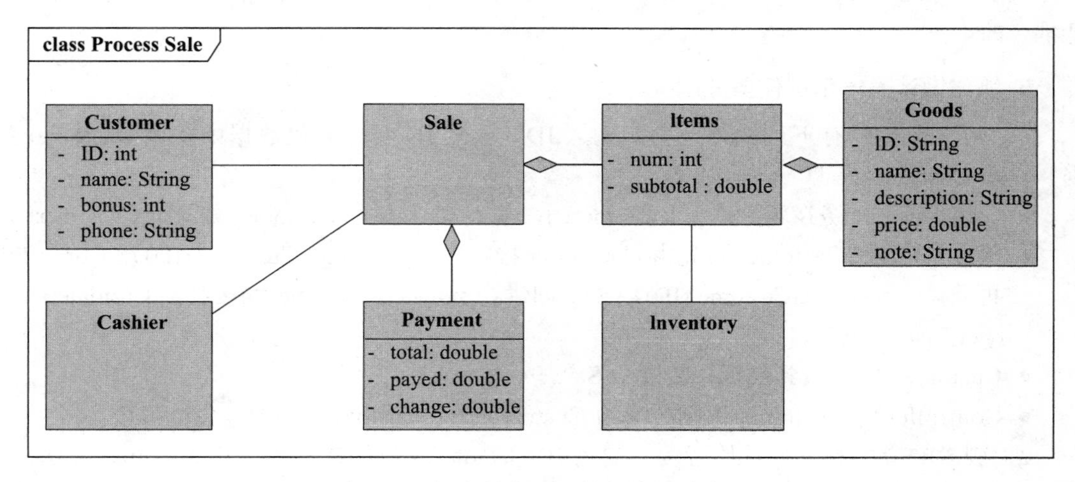


图 4-22　超市销售过程的初步设计类图

#### 4. 协作设计——前导知识

面向对象设计的职责分配和协作设计是一个非常复杂的主题，这里先简要介绍一些必要的协作设计知识，足以完成示例中的协作任务分配。

（1）基本职责：数据和行为相集中

行为需要的数据分布在哪个类 / 对象之中，就将行为分配给那个类 / 对象，实现信息内聚。

（2）创建职责：用紧密耦合的类 / 对象创建其他对象

创建新的类 / 对象是一种特殊的耦合形式。要保持整体的低耦合，就让原本就有高耦合联系的类 / 对象创建一个类 / 对象。例如，Sale 包含 Items，“包含”关联是一种高耦合，那么就让 Sale 负责创建 Items（creatItems）。反过来是不成立的，不可以用 Items 创建 Sale。Sale 和 Customer 之间是普通耦合，双方互相创建对方不甚合理，但特殊的情况下也可以使用。

（3）控制类：分离界面和逻辑

为了实现高内聚，应将界面交互与业务逻辑相分离。面向对象方法建议为交互界面建立专门的 UI 类，并在 UI 类和业务逻辑之间使用控制类 Controller 进行连接。也就是说，UI 类调用 Controller 类，Controller 类再调用具体的逻辑类（例如 Sale）。

如果一个类与其他类都不是高耦合，那么该类的创建工作就可以分配给 Controller。因为默认为 Controller 与所有的业务逻辑类都有耦合。

Controller 类必须简单，不能操纵复杂逻辑，以转发和委托为主。

（4）持久类：分离业务逻辑和数据持久化

为了实现高内聚，应该将业务逻辑与数据持久化相分离，为业务逻辑类建立专门的 DAO 类处理数据持久化事宜。

（5）最高原则：高内聚、低耦合

分配职责的最高原则就是高内聚、低耦合，尤其是出现了复杂情况时更是如此。例如，界面 UI 需要与 Goods 类交互，如果直接 UI 调用 Goods 类就会增加一个关联耦合。如果使用委托方式交互（“UI-Controller-Sale-Items-Goods”），看上去好像很复杂，但实质上“UI-Controller-Sale-Items-Goods”中任何两个类之间的耦合都是已经存在和不可避免的，那么从整体上看，“UI-Controller-Sale-Items-Goods”的方式反而避免了一个新关联耦合的出现，是低耦合的。

#### 5. 协作设计——示例任务分配

1）刺激响应中有下列具体行为：输入 ID，根据 ID 从持久化数据中找到 Customer 数据，显示 Customer 信息。分配如下：

- 分离界面和业务逻辑，建立 CustomerUI。输入 ID 和显示 Customer 分配给 CustomerUI。
- 根据 ID 寻找 Customer 首先由 Controller 接收界面调用（getCustomer(ID)），Controller 再委托给 Sale（getCustomer(ID)），Sale 创建 Customer，Customer 再委托给 CustomerDAO（getCustomer(ID)）。
- CustomerDAO 找到数据，传递给 Sale → Controller。
- Controller 将 Customer 数据传递给 CustomerUI，CustomerUI 显示会员信息。

2）刺激响应中有下列具体行为：输入 ID 和数量，根据 ID 和数量建立 Items，根据 ID 从持久化数据中找到 Goods 数据，计算商品总价 subtotal，显示商品信息。分配如下：

- 分离界面和业务逻辑，建立 ItemsUI。输入 ID 和数量，显示商品信息分配给 ItemsUI。
- 输入 ID 和数量由 ItemsUI 传递给 Controller，再委托给 Sale（enterItems(ID, quantity)）。
- Sale 建立 Items（createItems(ID, quantity)）。
- Items 创建 Goods，Goods 调用 GoodsDAO 得到数据。
- Sale 将 Items 数据传递给 Controller，进一步传递给 ItemsUI。
- ItemsUI 显示商品信息。

3）刺激响应中有下列具体行为：0.5s 计时，得到所有的商品清单数据，显示商品清单。分配如下：

- 0.5s 计时属于交互行为，分配给 ItemsUI。0.5s 后 ItemsUI 转换为 ItemListUI。
- ItemListUI 更新显示的商品清单列表。

4）刺激响应中有下列具体行为：界面输入结账命令，计算总价，显示总价。分配如下：

- ItemListUI 接收结账命令，转换为 PayUI。
- PayUI 请求 Controller 计算总价（total()）。（注：理论上 ItemListUI 可以自己计算出总价，考虑到计算属于业务逻辑，还是交给业务逻辑对象计算，这样后期如果想变更计算逻辑会比较简单，例如增加会员积分折扣、促销商品特价等。）
- Sale 拥有全部计算数据，所以 Controller 委托给 Sale。
- Sale 计算后传递给 Controller → PayUI。
- PayUI 显示总价。

5）刺激响应中有下列具体行为：界面输入支付数额，计算找零，显示找零。分配如下：

- PayUI 接受支付数额输入，传递给 Controller（getChange(pay)）。（注：与总价计算一样，理论上 PayUI 可以自己计算，但是交给业务逻辑对象计算更好。）
- Sale 拥有数据，所以 Controller 委托给 Sale。
- Sale 虽然拥有数据，但是逻辑上 Payment 计算更符合约定。Sale 创建账单 Payment，调用 Payment 计算找零。
- Payment 将找零传递给 Sale → Controller → PayUI。
- PayUI 显示找零。

6）刺激响应中有下列具体行为：接收结束销售过程的命令，更新数据，打印收据。分配如下：

- PayUI 接收结束销售过程的命令，传递给 Controller（endSale()）。
- Controller 通知 Sale（endSale()）。
- Sale 通知 Customer 更新积分，Customer 更新积分后请求 CustomerDAO 持久化保存数据。
- Sale 通知 Items 更新数据，Items 请求 ItemsDAO 更新数据。
- Items 通知 Inventory 更新数据，Inventory 计算后请求 InventoryDAO 更新数据。
- Sale 通知 Payment 更新数据，Payment 请求 PaymentDAO 更新数据。
- Sale 请求 SaleDAO 更新自己的数据。
- Sale 从其他类中得到信息，打印收据。（此部分的详细分解略过。）

经过上述复杂的协作设计步骤，最终得到的设计类图如图 4-23 至图 4-25 所示。

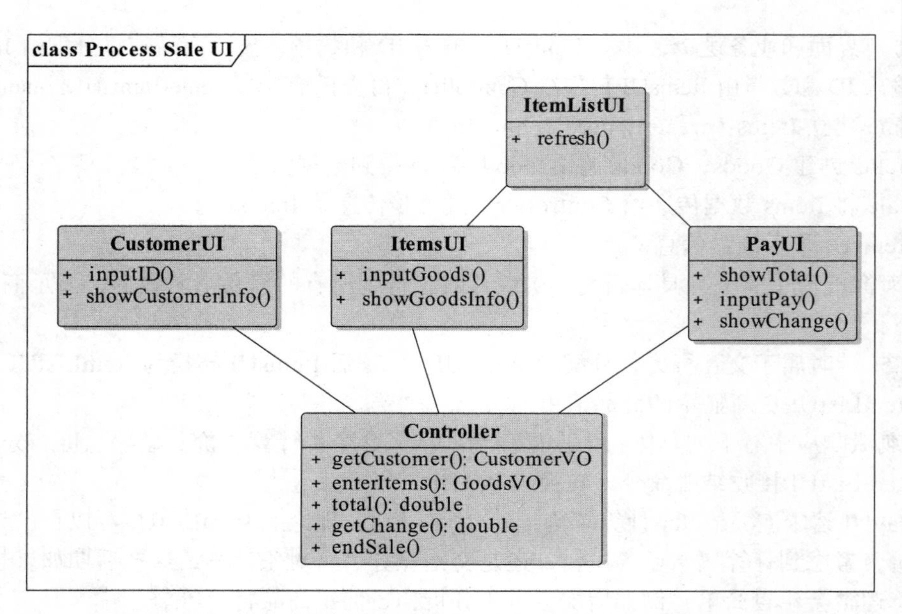


图 4-23 超市销售过程的面向对象设计 UI 部分

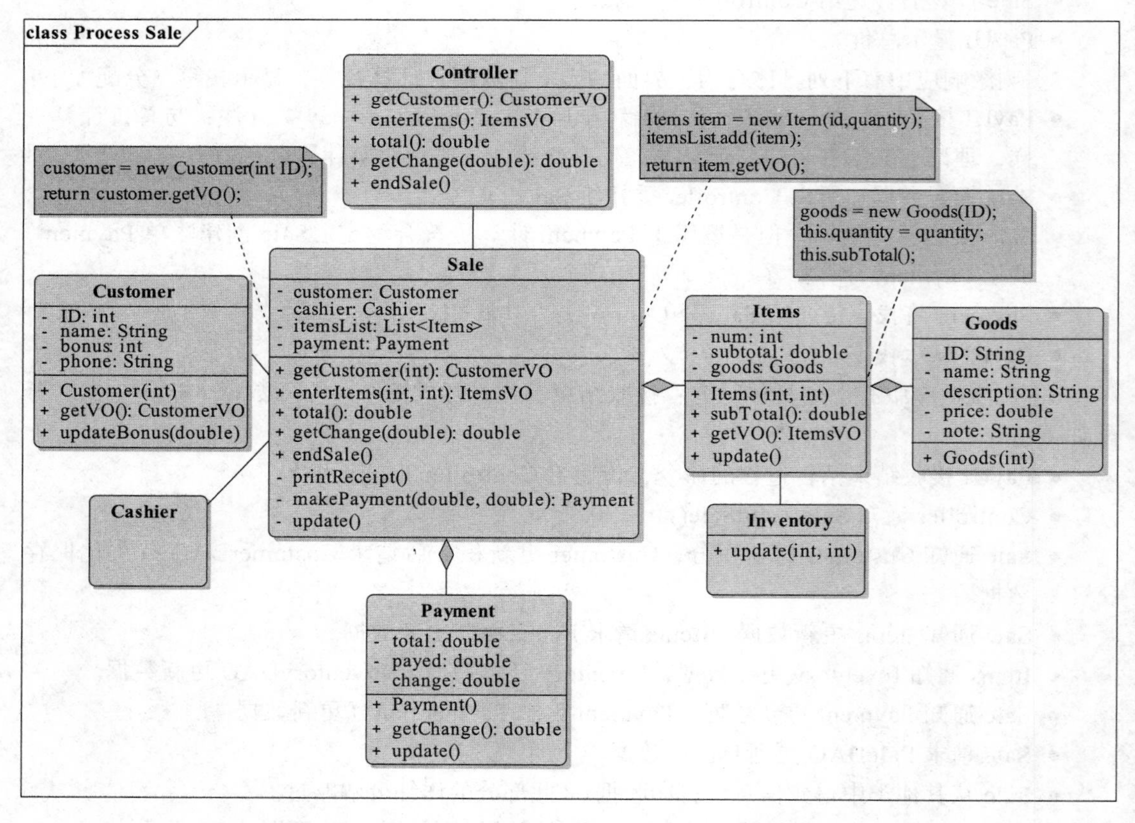


图 4-24 超市销售过程的面向对象设计业务逻辑部分

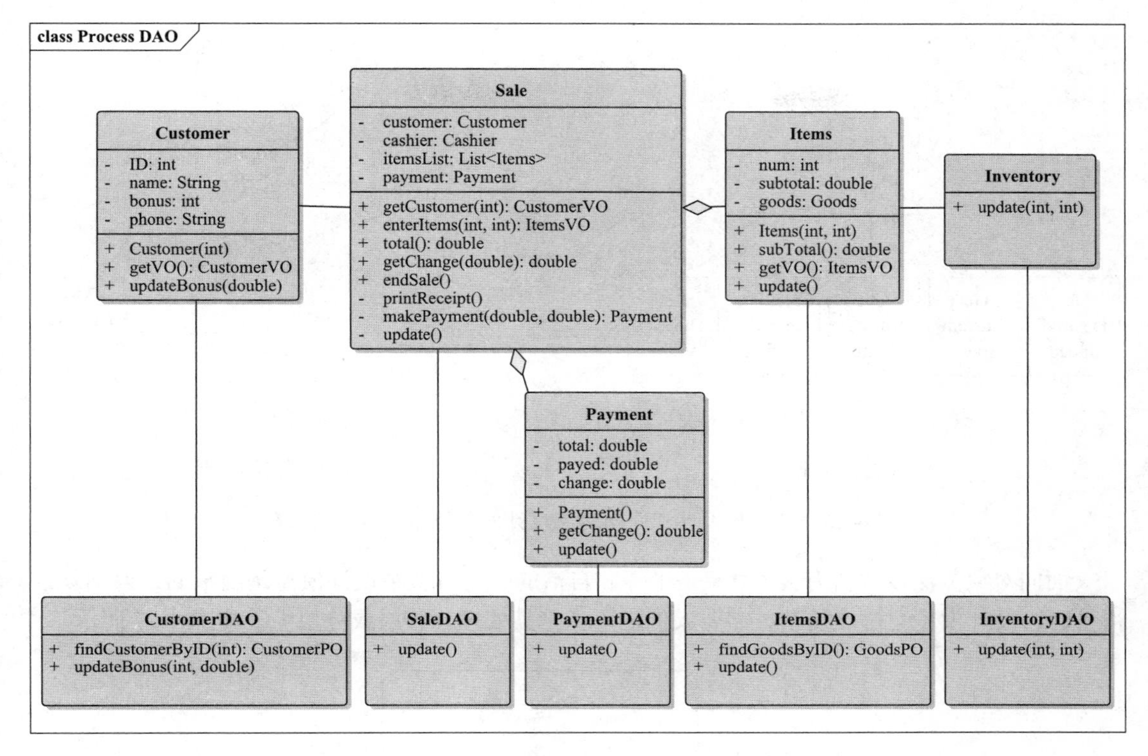


图 4-25　超市销售过程的面向对象设计数据持久化部分

## 4.5.4　作用和效果

面向对象设计方法最大的优点是实现了需求向设计的自然平滑过渡，降低了初始设计的难度。初始设计的类 / 对象都是从业务领域中“发现”的，不需要“发明和创造”，入手难度大大降低。

面向对象设计方法的核心是数据与行为相集中（将协作行为分配给拥有数据的类 / 对象），有力地促进了系统设计中信息隐藏的应用，提高了系统的可修改性、可复用性和可扩展性。

面向对象设计将类 / 对象设想为独立、平等和自治的，从单个类 / 对象的开发来说，这是一个非常好的约束，让单个类的开发变动更局部可控、更容易。

但是从系统的整体结构来说，面向对象设计的质量控制变得更困难了，因为它的整体结构变得不清晰了，参见图 4-26 的比较。在结构化设计方法中，执行顺序是从顶层到底层，底层完成后再返回顶层，单向顺序，非常有规律，发生了错误很容易定位。在面向对象设计方法中，系统的执行逻辑是在不同的类之间反复跳转，没有规律，发生了错误很难定位。面向对象设计的正确性保障能力是弱于结构化设计的。重入问题一直是面向对象设计中难以解决的问题。

面向对象设计在类 / 对象之间分配协作职责时，执行难度比想象的要大得多，因为它不仅仅要考虑数据和行为相集中，还要符合面向对象的抽象、封装思想，要考虑类 / 对象的角色定位和职责设计，要考虑类之间的协作设计和控制结构，要衡量类之间的耦合与内聚……总之，面向对象设计的入门比较容易，但是“做好”非常困难。

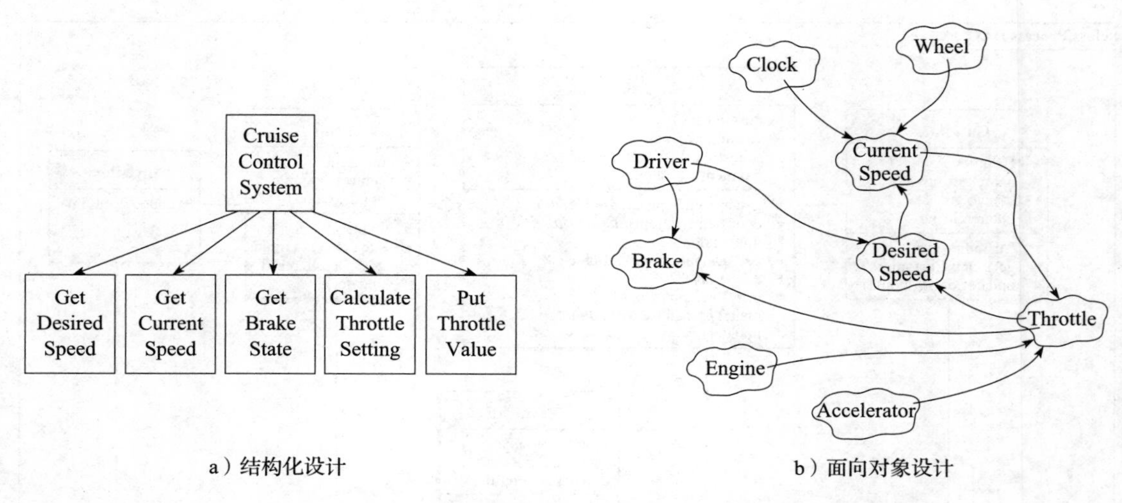


a）结构化设计　　b）面向对象设计

图 4-26　结构化设计和面向对象设计的整体结构清晰性比较

面向对象方法设想所有类 / 对象是平等和自治的，使得整个设计模型是扁平的，遇到复杂情景时，设计模型会过度复杂，需要人们进一步将其处理为分层或分块的，如图 4-27 所示。

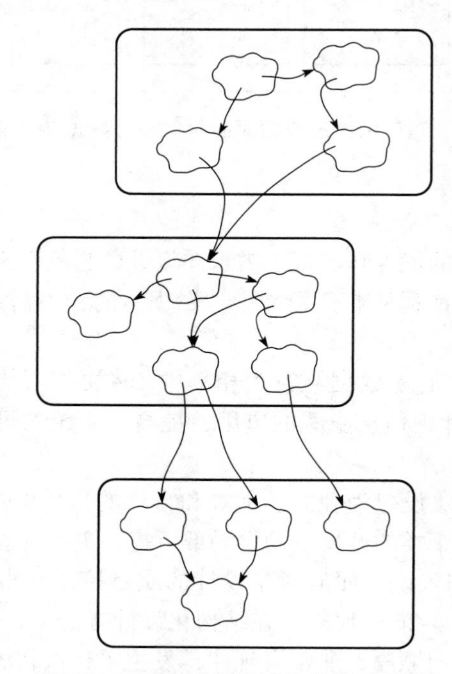

图 4-27　面向对象设计的分层或分块

## 4.6　总结

软件设计方法学可以指导人们用系统化、规范化的方式开展软件设计活动，解决软件设计问题。

逐步精化程序设计指导人们以逐步精化、逐层分解的方式进行复杂程序的设计，能够辅助程序员建立清晰的程序设计逻辑和结构。

结构化软件设计以功能处理为主线，用自顶向下（或自底向上）、功能分解的方式，进行复杂软件系统或软件部件的设计，设计结果结构清晰，但是容易产生公共耦合和重复耦合。

数据为中心的设计将问题领域的数据结构视为中心，围绕着数据结构进行功能行为的设计。它特别适合于信息系统的设计，降低了设计师的初始工作难度，提高了设计方案的可修改性和可复用性。

面向对象软件设计方法的出发点类似于数据为中心的设计，从问题领域的结构出发。面向对象方法使用了类、角色、职责、协作等新的思考维度，它们比数据和功能更加自然，能更好地与现实世界平滑过渡。面向对象软件设计方法降低了设计工作的起始难度，但是增大了设计过程中细节决策的难度，提升了设计方案的可修改性和可复用性。

# 第 5 章

# 大规模软件系统设计

在 20 世纪 90 年代，网络（局域网）的发展使得单一业务应用朝着网络应用的方向发展，从单一业务目标朝着企业整体性、战略性管理目标发展。这种新出现的软件系统的规模远远超出之前的复杂软件系统，人们称之为大规模软件系统。

大规模软件系统对非功能因素的要求与之前的复杂系统完全不同，除可修改性之外，大规模软件系统还需要关注可靠性、效率、可移植性、市场特性、人员与分工等各种要素，如图 5-1 所示。

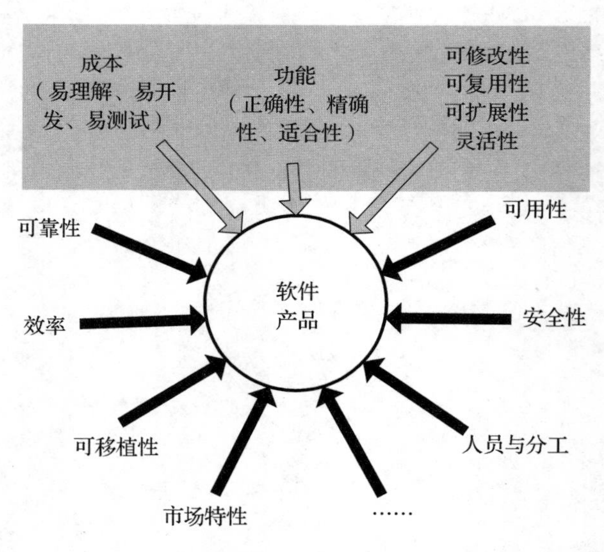


图 5-1　大规模软件系统的关注点

大规模软件系统更广泛的质量要求是传统详细设计机制无法解决的，为此，人们在 2000 年之后提出、发展和应用了软件体系结构设计。

# 5.1　大规模软件系统设计的关注点

## 5.1.1　质量

在系统规模扩大之后，大规模软件系统对设计质量的要求与中小规模和复杂系统产生了质的不同。

### 1. 运行时质量

对于中小规模系统来说，系统运行时的质量表现通常不会出现问题，所以设计师很少去关注与系统运行时表现相关的整体性质量。但是对于大规模系统来说，必须要关注运行时的整体性质量，它们是实践中常见的问题源：

- 当系统处理要求高时，会产生性能瓶颈甚至崩溃。
- 当遇到异常场景（例如高并发、大吞吐、长时间运行、环境不稳定等）时，系统可能故障高发，可用性和可靠性不足，系统的容错性和故障后的可恢复性也变得非常关键。
- 系统在运行时，遭遇网络攻击、发生内存泄漏、出现系统漏洞时，系统会出现安全和保密性问题。

### 2. 硬件资源相关的质量

中小规模系统需要的计算机硬件支持很容易得到满足，代价有限，所以中小规模系统的设计不需要关注硬件资源。但是大规模软件系统所需的硬件资源需要由很多硬件资源联合起来才能满足，对硬件资源的规划设计和高效使用变得非常重要，也就是说大规模软件系统的设计需要重视与硬件资源相关的质量：

- 绝对的计算性能，它取决于绝对的资源数量，包括服务器节点数量、CPU 数量、内外存容量、网络带宽等。资源数量既要满足系统的高峰期需要，又不能太浪费。
- 相对的资源利用效率，包括 CPU 性能（响应时间）、内外存 IO 效率、网络吞吐效率等，只有高效率地使用资源，才能提高硬件资源的成效比。
- 系统弹性，包括高峰期时增加计算资源和空闲期时减少计算资源。

### 3. 其他质量

除了上述需要特殊关注的质量之外，随着规模的增长，大规模系统设计在一些常见质量上也比中小规模系统要求更高，包括易用性、可测试性、兼容性、可维护性、可复用性、可修改性、可扩展性等。

## 5.1.2　项目环境与约束

项目环境和约束会影响软件系统的开发活动，限制开发中可行决策的范围。对于大规模软件系统来说，环境与约束的影响范围更大，决策错误的成本更高，所以更需要重视。

项目环境和约束可以分为开发环境与约束、商业环境与约束和技术环境与约束三个类别。

### 1. 开发环境与约束

开发环境与约束是一些影响项目开发活动组织与管理的因素，下面对常见的因素进行详细介绍。

（1）成本

如果项目只能承受较低的成本，那么软件设计要尽可能使用开发人员已经熟悉的技术。

因为新技术的采用存在学习曲线，会增加项目的成本。较低成本的项目通常不能承担太大的风险，所以软件设计也要尽可能考虑降低风险，例如购买而不是构建那些风险比较大的部件，或者将复杂部件外包给更有经验的其他开发组织。

（2）时间

如果项目的进度安排非常紧张，时间有限，那么软件设计决策就要尽可能加快开发进度。例如，使用已熟悉的技术避免学习曲线，充分利用复用方法进行开发，考虑多团队并行开发，购买而不是构建已经存在的部件等。

（3）人员

如果项目的开发人员未掌握具体技术，例如多进程并发、分布式事务处理等，那么在软件设计时要回避该技术。如果项目团队中精通某一特定技术主题（例如安全）的人员数量有限，那么在软件设计时就要尽量将该主题封装为独立的部件，以便让有限的人员独立开发主题部件，并充分利用他们的工作支持整个项目。

（4）团队

设计后的软件体系结构需要分配给开发团队进行开发。为了方便团队组织开发活动，充分利用团队的开发能力，软件设计决策需要考虑开发团队的组织结构及其技术特征。如果项目是多团队并行开发，那么在软件设计时就要采用能够便利并行开发的策略，例如将系统组织为层次结构、采用构件技术、各部件封装独立功能等。如果项目各团队有着非常明显的技术特征，例如有些团队擅长数据设计，有些团队擅长网络程序开发等，在软件设计时就要尽量对涉及这些相应技术的功能进行独立封装，以便安排团队工作。

（5）资源

如果一个项目缺乏某些资源，例如处理机能力、网络带宽等，在设计软件时就需要采取策略（例如以空间换时间）弥补资源缺失的影响。如果一个项目有一些特殊资源可以利用，例如遗留的软硬件资源，那么在设计软件体系结构时也要考虑充分利用这些资源。

**2. 商业环境与约束**

商业环境与约束是一些影响软件产品效益的因素，下面对常见的因素进行详细介绍。

（1）市场

如果软件产品将要面向很多用户群体，那么软件设计要充分考虑功能的共性、可变性和可选性，并进行合理的部件与连接件封装，确定配置机制。如果软件产品面向的是一个潜在的广大市场，那么在软件设计时需要考虑为产品线工程服务。

（2）生命周期

如果软件产品预期将会使用很长一段时间，那么软件设计要充分考虑设备、操作系统、网络软件、数据库系统、中间件平台等相关软硬件的更新速度，留出可变的空间。

（3）发布计划

大型复杂软件系统的开发周期通常较长。为了抢占市场，软件产品常常会采用分阶段开发并且渐进发布的办法。为了支持分阶段开发和渐进发布，软件设计要合理封装部件和连接件，还要着重考虑软件系统的灵活性和可扩展性。

**3. 技术环境与约束**

技术环境与约束是一些影响软件开发所用技术与方法的因素。

在一个项目中，客户可能会明确要求使用某种技术，或者软件系统的某些特殊功能需要采用特定技术，或者开发组织沿用过去一直使用的技术……不论出于何种原因，项目的开发总是会选择一些特定的技术，并基于它们进行软件系统的开发。

常见的技术环境与约束因素有特定硬件设备、开发工具、操作系统、数据库管理系统、网络系统、中间件平台、开发框架、模型与标准等。

软件设计要关注技术环境，一方面，软件设计决策要符合技术环境的限制，以避免在后续开发中陷入困难。例如如果一个基于面向对象方法开发的软件系统使用了关系型数据库，那么在其体系结构当中就需要妥善处理对象－关系的映射（O/R Mapping）问题。

另一方面，在设计时，要仔细考虑技术环境的可变性，并据此确定软件对它们的依赖性。例如如果系统所使用的一个硬件设备可能会在软件生存期内多次变化，那么在设计软件体系结构时，就需要将它封装起来，减少其他部分对它的依赖，增强软件体系结构的可维护性。

## 5.2 高层次软件设计——软件体系结构

### 5.2.1 详细设计的不足

#### 1. 详细设计基于名词匹配的导入 / 导出机制

“数据结构 + 算法”“过程 + 调用”“类 + 协作” 和 “模块 + 导入 / 导出” 是软件详细设计的主要机制，它们都是基于名词匹配的导入 / 导出机制，如图 5-2 所示。

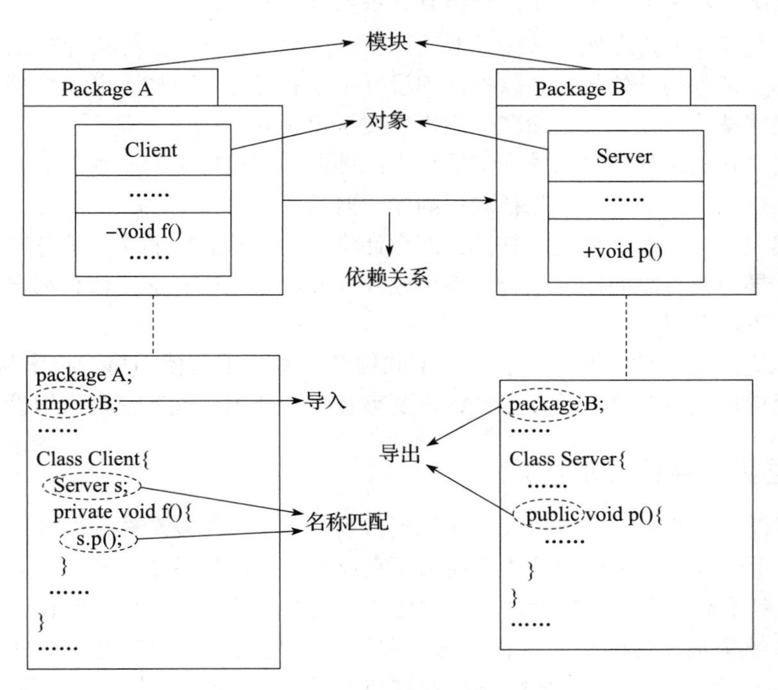


图 5-2 软件详细设计的连接方式

#### 2. 软件详细设计的关注点不同于大规模软件系统的开发

软件详细设计的思想不适用于大型软件的开发，因为它更多的是关注模块内部的构建，使得开发者陷入对方法、链接等细节的处理之中，而大型软件开发的一个根本不同是它更关注如何将大批独立模块组织形成一个“系统”，也就是说更重视系统的总体组织。

软件详细设计机制受到软件实现的极大影响，它倾向于定义一个编程语言式的软件规格。编程语言关注于描述数据表示及其计算操作，适于定义数据结构及其算法。但是编程语言并不适于描述可靠性、实时性等一系列功能之外的特性，也不适于描述比程序调用和共享数据更加抽象的模块之间的交互。

大规模软件系统设计所关注的却不是数据结构和算法，它更关注系统的拓扑结构、部件的功能分配、部件间的交互和系统的性能特征等。

例如，在系统整体结构设计上，设计师想表达的意思可能是：

- 系统网络上有一个服务器节点和很多客户端节点。
- 系统有多个主服务进程，并发运行在多个服务器节点上。
- 系统设置了堡垒机和蜜罐，以增强系统的网络安全能力。
- 销售功能模块和物流功能模块共享（订单）数据。
- 系统的所有功能模块都基于消息总线通信。
- 在并发量过大时，系统要主动进行服务降级和限流。

上述这些设计关注点都是详细设计无法描述和解决的，需要一种针对系统整体结构的设计方案及其描述，要能够清晰地表达系统的结构拓扑、资源分配、功能分配、协同机制、质量约定等。

#### 3. 软件详细设计中其他不适于大规模软件系统设计的缺陷

除了关注点存在偏差之外，软件详细设计在面对大规模软件系统设计时还有下列缺陷：

- 无法抽象部件的整体特性。软件详细设计中没有部件的整体定义。大型软件开发需要部件能够整体定义，包括命名、使用、质量定义等。
- 接口定义缺乏结构性。软件详细设计中部件的不同接口之间是独立的。大型软件开发需要接口之间遵循规则，包括调用顺序、前后影响等。
- 无法实现交互信息本地化。软件详细设计将不同部件之间的交互信息散布到各个组件内部，导致组件之间高度耦合。大型软件开发希望将所有交互信息都定义在部件的接口上，不涉及组件内部。
- 不能适应大型软件的开发方法。大型软件开发基本不会使用单一技术从头独立开发，会广泛使用复用资产、遗留资产，需要整合多种技术，这些都是详细设计不擅长的。

### 5.2.2 高层次软件设计的出现

软件详细设计机制的不足使得人们认识到：当初为了进行复杂软件的开发，需要从软件低层设计方式上升到软件中层设计；现在为了完成大规模软件系统的开发，需要将软件中层设计方式上升到更高层次的软件设计——软件体系结构设计，如图 5-3 所示。

软件体系结构是软件的高层结构，部件和连接件是它的两种基本元素单位。部件承载了系统主要的计算与状态，并通过公布的端口对外提供服务。连接件承载部件之间的交互，它通过角色来定义交互的参与者。部件与连接件都是抽象的类型定义（就像类定义），它们的实例（就像类的对象实例）组织构成软件系统的整体结构，配置将它们的实例连接起来。

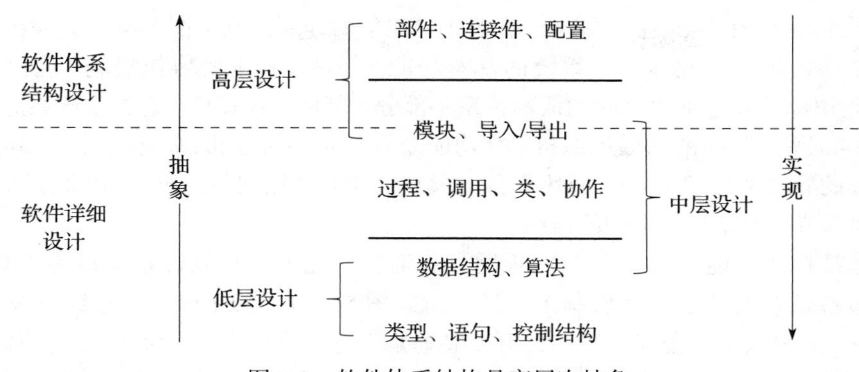


图 5-3　软件体系结构是高层次抽象

## 5.2.3　高层设计与中层设计

部件与连接件是比类、模块等软件单位更高层次的抽象。就像类既拥有抽象规格，又拥有“数据结构 + 算法”的具体实现一样，部件和连接件也既拥有抽象规格，又拥有“模块 + 连接”的具体实现。

例如，有一个简单的字符大写转换系统 Capitalize，它将输入字符流中的候选字符转换为大写，并将其他字符转换为小写。图 5-4a 就是以部件和连接件抽象规格形式表示的 Capitalize 体系结构，称为设计体系结构（as-designed architecture)。它采用了管道 - 过滤器（pipe-filter）风格，实现了 split、upper、lower 和 merge 四个过滤器（图 5-4 中表现为矩形框），分别进行读取并分割字符、大写转换、小写转换与重新拼合并输出，这 4 个过滤器就是系统的部件。连接件是连接这四个部件的管道（图中表现为线），分别是 split → upper、split → lower、upper → merge 和 lower → merge，它们负责完成字符流的传送。整个结构的布局体现了体系结构的总体功能组织。

图 5-4b 则是部件和连接件以实现形式表示的 Capitalize 体系结构，称为实现体系结构（as-implementation architecture)。系统部件的实现与其抽象规格之间并没有大的区别，四个过滤器被实现为 split、upper、lower 和 merge 四个功能模块。四个连接件的实现则与其抽象规格之间有较大的差别，它们都被实现为 config 和 i/o library 两个模块，其中 config 帮助各功能模块定位自己的输入和输出字符流，i/o library 帮助各功能模块读和写字符流。main 模块负责实现系统的总体功能组织。

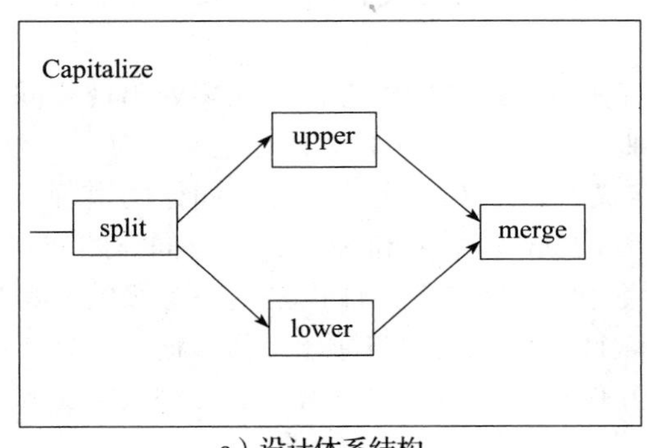


a）设计体系结构

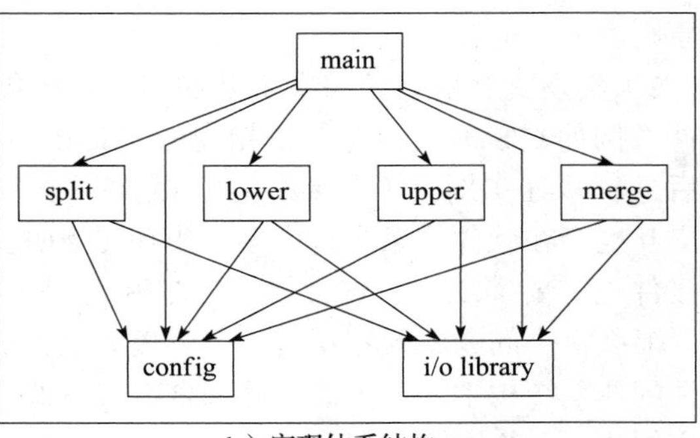


b）实现体系结构

图 5-4　Capitalize 体系结构

比较图 5-4a 和图 5-4b 可以发现，基于高层抽象的体系结构（图 5-4a）能够更好地表现系统整体结构的组织，它抓住了系统的基本功能（部件）和主要协作机制（连接件及数据流），并且利用部件和连接件之间的依赖关系将部分（部件与连接件）有机地联系起来形成整体。与图 5-4a 关注系统的功能组织机制（功能划分与主要协作机制）相比，图 5-4b 则更多地关注系统的软件实现机制——模块划分与模块间连接（控制与数据），它会使得人们更多地考虑实现细节而不是整体结构的组织。

从整体结构表达能力讲，图 5-4a 很明显更适合于完成表现软件整体结构组织的任务。但该结构最终还是要基于软件机制来实现，所以图 5-4b 也是 Capitalize 系统开发所不能缺少的一部分。在开发大型复杂软件时，开发者通常先进行高层设计，完成系统整体结构的组织，然后再考虑高层设计的实现，将整体结构落实为软件中层设计机制，以待进一步的“数据结构 + 算法”式低层设计和最终实现。

### 5.2.4 高层结构的关键：连接件

高层设计是对中层设计的进一步抽象，抽象所针对的是中层设计机制中剪不断理还乱的模块间连接。抽象所使用的方式是隐藏连接处理的细节，建立一个连接件的概念。连接件使得人们只关注交互的抽象作用，不关心交互时的模块间连接细节，从而将对软件体系结构的认知保持在整体结构功能组织的层次上，并基于这个层次完成对系统整体结构的设计工作。在设计工作完成之后，人们再去考虑更细节、烦琐的模块间连接问题。这样，人们在设计大型复杂软件的总体功能组织时，就可以尽可能地避免陷入细节。

高层结构理解的一个关键是：**连接件是一个与部件平等的单位**。

在软件的详细设计当中，交互与计算是交织在一起的——过程、对象和模块是第一等级的软件抽象实体，实现交互的程序调用、消息协作、导入 / 导出等则都是嵌入在第一等级软件抽象实体内部的，处于附属和派生的地位。而在软件体系结构当中，连接件将交互从计算中独立出来进行抽象和封装，这使得实现交互的连接件与部件一样，都是第一等级的元素单位。

在考虑整体功能组织时，将交互与计算独立看待，并将连接件作为第一等级的元素单位可以解决以下问题。

1）实现部件之间的复杂交互。在大型软件的整体结构中，很多的部件间交互都是复杂的，例如交互过程可能需要符合特定的顺序、维护特定的状态，甚至遵守复杂的协议。这些复杂交互同时涉及多个部件，在交互信息本地化的原则下，就只能由独立的连接件来详细地定义交互过程规格，因为任何部件对这些信息的定义都会使得自己违反交互信息本地化原则。

2）实现交互信息的一次定义和多处实例化。软件体系结构中常常会在多处出现相同的部件，例如 C/S 模式会有多个相同的 Client。对此，一个好的方法学只会定义该部件一次，然后进行多处实例化（或参数化），就像一个类定义有多个对象实例一样。同样的道理，有些交互也会在软件体系结构中多处出现（例如多个 Client 都需要和 Server 进行同样的交互），连接件也需要实现一次定义和多处实例化（或参数化）。如果连接件也是第一等级的元素单位，那么这个问题就很容易解决，将极大地方便软件设计的维护与演化工作。而且，在大型软件的体系结构中，很多连接件都含有丰富的交互信息，这使得它们常常需要一次定义和多处实例化（或参数化）。

3）实现具有复杂逻辑和计算的交互。有些交互可能需要进行复杂的计算和处理，例如数据转换、加解密、负载均衡等。承载这种交互信息的连接件具有明确的价值，本身就应该得到第一等级的待遇。

4）实现部件相对独立，有利于软件体系结构的设计、理解和演化。第一等级的连接件独立承载了部件间的交互信息，这使得每个部件的实现都不再需要依赖于其他部件的交互信息，实现交互信息的本地化。同时，部件自身在参与交互时，也只需要满足连接件角色的要求，可以自行封装其他的实现细节。

5）实现交互相对独立，有利于软件体系结构的设计、理解和演化。通过将连接件定义为与部件同一等级的元素单位，可以使得交互信息依赖于部件的接口定义，而不再是具体的部件实例。这样，一个部件实例就可以随时参与多个不同的交互，一个交互中的部件实例也可以变动，实现交互的相对独立。

# 5.3　软件体系结构设计元素

## 5.3.1　部件

在高层结构中，部件是软件体系结构的一个基础元素，它承载了系统主要的计算与状态，封装了系统的功能处理和数据。部件包括抽象规格与具体实现两个部分，如图 5-5 所示。

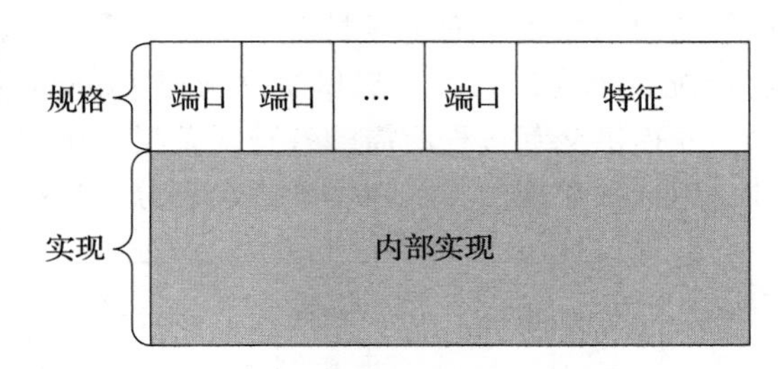


图 5-5　部件结构示意图

抽象规格定义了部件的特征集，包括部件的类型、功能性、约束、质量属性等特征。抽象规格还定义和命名了部件对外可见、可被外界引用的接口实体，称为端口。每个端口是一个一致的接口集合，它代表了部件对外承诺的一种职责。

例如，利用软件体系结构的描述语言 ACME 可以将图 5-4a Capitalize 的各部件抽象规格进行如图 5-6 所示的描述。

```
Component Type Split ={Port alternateC;
                       Port othersC;
                       };
Component Type Upper={Port originalC;
                      Port upperedC;
                      };
Component Type Lower={Port originalC;
                      Port loweredC;
                      };
Component Type Merge={Port upperedAlternateC;
                      Port loweredOthersC;
                      };
```

图 5-6　Capitalize 的部件抽象规格

从具体实现来看，部件可以分为原始（primitive）和复合（composite）两种类型。原始类型的部件可以直接被实现为相应的软件实现机制，具体的实现粒度要视部件的复杂度而定，常见的如表 5-1 所示。复合部件则由更细粒度的部件和连接件组成，复合部件通过局部配置将其内部的部件和连接件连接起来，构成一个整体。图 5-4a Capitalize 的四个部件都是用模块实现的原始部件。

表 5-1 原始部件常用的软件实现机制

| 软件实现机制 | 示例 |
| --- | --- |
| 模块 (module) | Routine, SubRoutine |
| 层 (layer) | View, Logical, Model |
| 文件 (file) | DLL, EXE, DAT |
| 数据库 (database) | Repository, Center Data |
| 进程 (process) | Sender, Receiver |
| 网络节点 (physical unit) | Client, Server |

### 5.3.2 连接件

连接件是软件体系结构的另一个基础元素，承载了部件之间的交互。作为交互中介，连接件只将参与方关联到抽象的协议角色，而不是具体的部件类型，也就是说连接件并不直接关联到部件，这个工作将由配置来完成。除了提供交互通道（duct）之外，连接件还要维护交互规则，调节交互效果，并提供交互过程所需的各种复杂辅助机制。

与部件类似，连接件也包括抽象规格与具体实现两个部分，如图 5-7 所示。

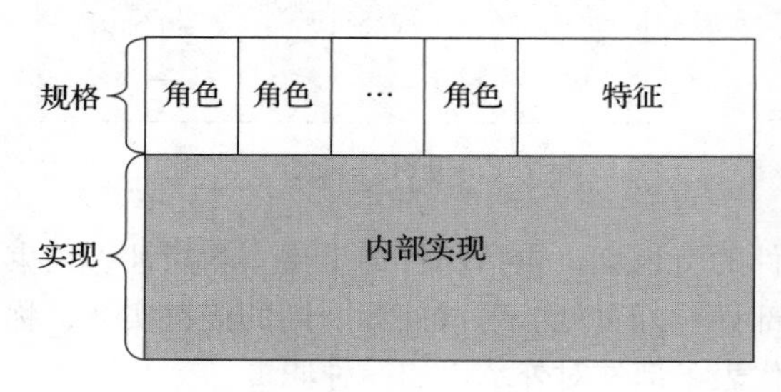


图 5-7 连接件结构示意图

抽象规格定义了连接件的特征集，包括类型、接口规则、交互断言、交互协议（如顺序、性能）等。连接件抽象规格所定义和命名的对外可见、可被外界引用的接口实体称为角色。每个角色代表一个交互参与方需要满足的一些条件，基本的条件是匹配该角色的端口所应符合的规则，复杂的条件可能会包括加密通信、负载均衡等。

利用软件体系结构的描述语言 ACME 可以将图 5-4aCapitalize 的连接件抽象规格进行如图 5-8 所示的描述。虽然在图 5-4a 中 Capitalize 系统有四个连接件，但是在描述当中它们都属于同一种连接件类型，只是该类型的四个不同实例而已。

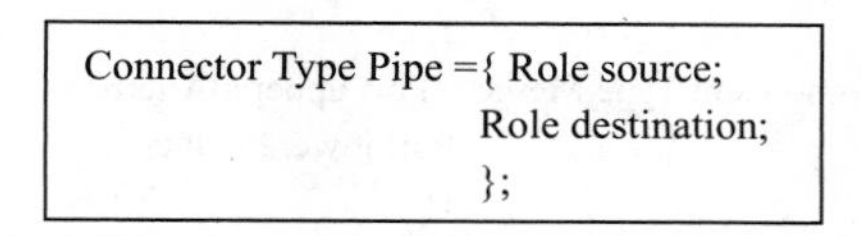

```
Connector Type Pipe ={ Role source;
                       Role destination;
                       };
```

图 5-8 Capitalize 的连接件抽象规格

与部件相似，在实现上连接件也可以分为原始（primitive）和复合（composite）两种类型。原始类型的连接件可以直接被实现为相应的软件实现机制，常见的如表 5-2 所示。复合连接件则由更细粒度的部件和连接件组成，复合连接件通过局部配置将其内部的部件和连接件连接起来，构成一个整体。

**表 5-2　原始部件常用的软件实现机制**

<table>
<tr><th>实现类型</th><th>软件实现机制</th><th>提供方</th></tr>
<tr><td rowspan="8">隐式（implicit）</td><td>程序调用（procedure call）</td><td rowspan="2">编程语言机制</td></tr>
<tr><td>共享变量（shared variable）</td></tr>
<tr><td>消息（message）</td><td rowspan="6">平台、框架或高级语言机制</td></tr>
<tr><td>管道（pipe）</td></tr>
<tr><td>事件（event）</td></tr>
<tr><td>远程过程调用（RPC）</td></tr>
<tr><td>网络协议（network protocol）</td></tr>
<tr><td>数据库访问协议（database access protocol）</td></tr>
<tr><td rowspan="3">显式（explicit）</td><td>适配器（adaptor）</td><td rowspan="3">复杂逻辑实现</td></tr>
<tr><td>委托（delegator）</td></tr>
<tr><td>中介（intermediate）</td></tr>
</table>

部件的软件实现机制可以分为隐式和显式两种类型。隐式类型的机制通常由编程语言、操作系统、中间件、数据库管理系统、软件框架等提供方提供，开发者可以直接使用。在软件体系结构实现时，隐式实现的连接件不需要专门开发，它们附属在部件的实现之上，部件实现完成，连接件的实现也就自然完成了。显式类型的机制则通常需要进行一些复杂的逻辑处理，需要开发者进行专门的实现。例如，图 5-4a Capitalize 的连接件就是显式地用模块 config 和 i/o library 实现的原始连接件（如果该系统的操作系统平台能够提供管道机制，那么其实现又会是另一种方式，会变为隐式的管道实现）。

因为部件承载了软件系统主要的计算和状态，所以从职责分担的角度来看，部件承担了系统的大部分职责，开发者也需要花费大部分的时间来进行部件实现。但是如果要衡量重要性，那么连接件的重要程度会超过部件，尤其是在大型复杂软件开发当中。

如果能够将一个系统分解为“独立”的部件，那么每个部件和系统总体的开发都会变得简单，但是事实上一个复杂系统根本不可能被分解为完全“独立”的部件，只能尽可能地实现部件“独立”，这种“尽可能”的程度既取决于分解后的部件本身，又取决于对分解所产生的部件间交互的处理情况。所以，一个大型复杂软件系统体系结构的质量在相当大程度上要取决于连接件的选择与设计。

### 5.3.3　配置

既然部件和连接件都是软件体系结构中的独立元素单位，且互相之间没有直接的关联，那么就需要一种专门机制将部件和连接件整合起来，构成系统的整体结构，达到系统的设计目标。这种机制就是配置。

配置通过部件端口与连接件角色相匹配的方式（见图 5-9），将系统中部件和连接件的关系定义为一个关联集合，这个关联集合可以形成系统整体结构的一个拓扑描述。

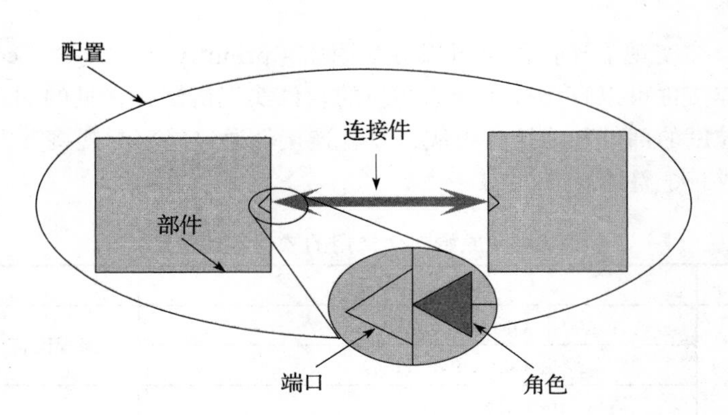


图 5-9 配置机制示意图

例如，利用软件体系结构的描述语言 ACME 可以对图 5-4a Capitalize 进行配置描述，如图 5-10 所示。

```
System Capitalize = {
    Component split : Split;
    Component upper : Upper;
    Component lower : Lower;
    Component merge : Merge;
    Connector {stou : Pipe; stol:Pipe; utom : Pipe; ltom:Pipe;}

    Attachments = {
        split.alternateC to stou.source;
        split.othersC to stol.source;
        upper.originalC to stou.destination;
        lower.originalC to stol.destination;
        upper.upperedC to utom.source;
        lower.loweredC to ltom.source;
        merge.upperedAlternateC to utom. destination;
        merge.loweredOtherC to ltom. destination;
    };
};
```

图 5-10 Capitalize 的配置描述

利用配置将相互独立的部件和连接件联系起来，而不是直接指定部件与连接件的关系，可以具有下列好处：

- 可以实现部件和连接件的一次定义，多次使用。
- 在具体交互中，参与的部件不再固定，可以随时发生变化。
- 对具体部件而言，其所参与的交互也不再固定，部件随时可以参与或退出一个交互。

### 5.3.4 高层抽象的作用

综合上述分析可以看出，与传统的软件详细设计机制相比，软件体系结构最为核心的思想是将注意力集中在系统总体结构的组织上，它实现的手段是运用抽象方法屏蔽错综复杂的模块间连接，使人们的认知提升并保持在整体结构的部件“交互”层次，进一步将交互从计算中分离出来，建立“部件 + 连接件 + 配置”的软件系统高层结构组织方式。

当然，软件体系结构只是暂时屏蔽而不是真正解决了较为复杂和困难的模块间连接问题，开发者最终还是需要回归到软件实现机制，仍然需要解决模块间连接问题。但这并不妨碍作为高层抽象的软件体系结构发挥作用——它使得人们集中注意力更好地进行软件系统（尤其是大规模复杂软件系统）的整体结构组织。

对此，可以借用一个人们已经认识到的事实来加以说明。在 20 世纪 70 年代的时候，人们就已经发现如果采用直接编码（code-fix）的方式来开发一个较为复杂的软件系统，那么该软件系统通常会具有较差的质量，其原因在于直接编码的方式会使得人们过多地纠缠于编码细节，不能集中精力进行系统的模块划分与结构设计，使得系统的结构和实现都无法达到高质量的要求。所以，人们提出在编码之前要先完成需求分析和软件设计任务。经过了长期的发展，随着结构化设计和面向对象设计方法的成熟，开发者才能不再困惑于编码细节，较好地完成系统的模块划分与结构设计，进而建立高质量的软件系统。同样的道理，在开发大型复杂软件系统时，传统的设计机制会使得开发者陷入对模块间连接的处理细节，从而不能够更好地进行系统的总体结构设计。而软件体系结构可以使得开发者摆脱模块间连接细节的干扰，更好地进行系统总体结构的设计。

从上面的比较还可以发现另一个事实，就像直接编码的程序员也会有意识地考虑系统的模块划分与结构设计一样，没有使用软件体系结构方法的设计师也会有意识地进行系统的总体结构设计。这种“有意识”和“明确方法”的区别在于其主要工作内容——前者是混杂的，后者是单一的，明确方法会取得更好的结果。所以，在人们认识到软件体系结构这一抽象的高层结构之前，也会进行系统总体结构设计方面的工作，通常称之为“系统概要设计”，只是这种方法因为过多的涉及模块间连接细节以致无法取得软件体系结构方法所能带来的效果。

# 5.4 软件体系结构设计的“4+1”视图

## 5.4.1 “4+1”视图概述

软件体系结构设计要满足很多需求，有功能需求，还有更重要的众多质量需求和环境与约束，这些需求无法一体化解决，需要从多个侧面和视图分别加以考虑，设计方法学上称之为多视图设计模型。

“4+1”视图模型是软件体系结构设计较为常用的多视图模型，如图 5-11 所示。

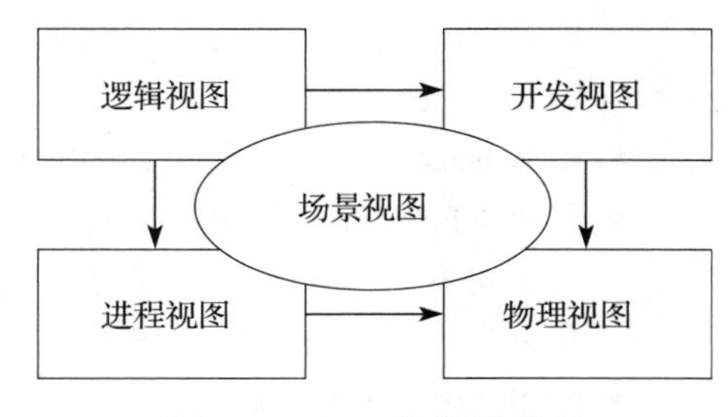


图 5-11 “4+1”视图模型

“4+1”视图模型定义了 5 个视图：

- 场景视图：关注系统最为重要的需求，描述系统应该实现的场景与用例。
- 逻辑视图：关注系统的逻辑结构和重要的设计机制，描述系统提供的功能和服务。
- 开发视图：关注系统的实现结构，描述系统开发的组织。
- 进程视图：关注系统的运行时表现，描述系统的并发进程组织。
- 物理视图：关注系统的基础设施，描述系统的部署与分布。

### 5.4.2 场景视图

场景视图的内容并不是设计方案，而是设计的需求和要求。场景视图概括了软件体系结构设计需要满足的功能需求、质量需求、环境和约束等。

功能需求的场景描述只需要是概括性的，能清晰表达系统的功能目标即可，不需要详细展开。

质量需求及环境和约束的场景描述使用通用场景（general scenario）方法。通用场景是SEI提出的将非功能需求与设计约束描述为场景的方法，如表5-3所示。

表5-3 通用场景描述示例

| 项目 | | 内容 |
|---|---|---|
| 场景ID | | S1 |
| 商业目标 | | 扩大资源管理的范围 |
| 相关需求与设计约束 | | R1：实现资源的可扩展性<br>C1：增加一种新资源类型的代价低于0.25人月 |
| 场景内容 | 刺激 | 新的资源类型 |
| | 刺激源 | 用户 |
| | 环境 | 正常使用时 |
| | 制品 | 资源管理子系统 |
| | 响应 | 扩展资源管理子系统，使得系统能管理新的资源类型 |
| | 响应的度量 | 扩展时间≤ 0.25人月 |

### 5.4.3 逻辑视图

逻辑视图是软件体系结构设计中最为重要的视图，它使用部件、连接件、配置等元素规划和定义软件高层次设计结构。图5-4a所描述的就是软件体系结构设计的逻辑视图。

逻辑视图关注的是：所有的设计要素都得到了处理——所有的功能都被分配给了部件，所有的质量需求都被落实到了部件或连接件，所有的环境约束都被遵守。

图5-12是用扩展UML组件描述的分布式资源管理系统的体系结构逻辑视图。

- RESUsage和RESRequest两个部件位于客户端，相互共享可用资源ref。
- RESRequest的功能是向管理端RESManager请求得到可用资源的ref。为了可靠性，RESManager是分布式部署的，所以RESRequest向RESManager的请求也是分布式的（ClusterRPC）。
- RESUsage的功能均使用远程资源ref，实际上是通过ref远程调用服务资源RESServer。
- 所有RESServer定期将自身的空闲和资源情况更新到统一的数据服务RESData上。为了可靠性，RESData是分布式部署的，所以RESServer向RESData的更新通信也是分布式的（DistributedRPC）。
- RESData将持有服务资源数据共享给RESManager，这样RESManager就可以为RESRequest分配可用资源ref了。
- 为了提升RESManager的可用性，及时发现RESManager故障，系统建立了专用Monitor。Monitor定期ping RESManager并得到echo，否则就及时提醒RESManager出现故障。

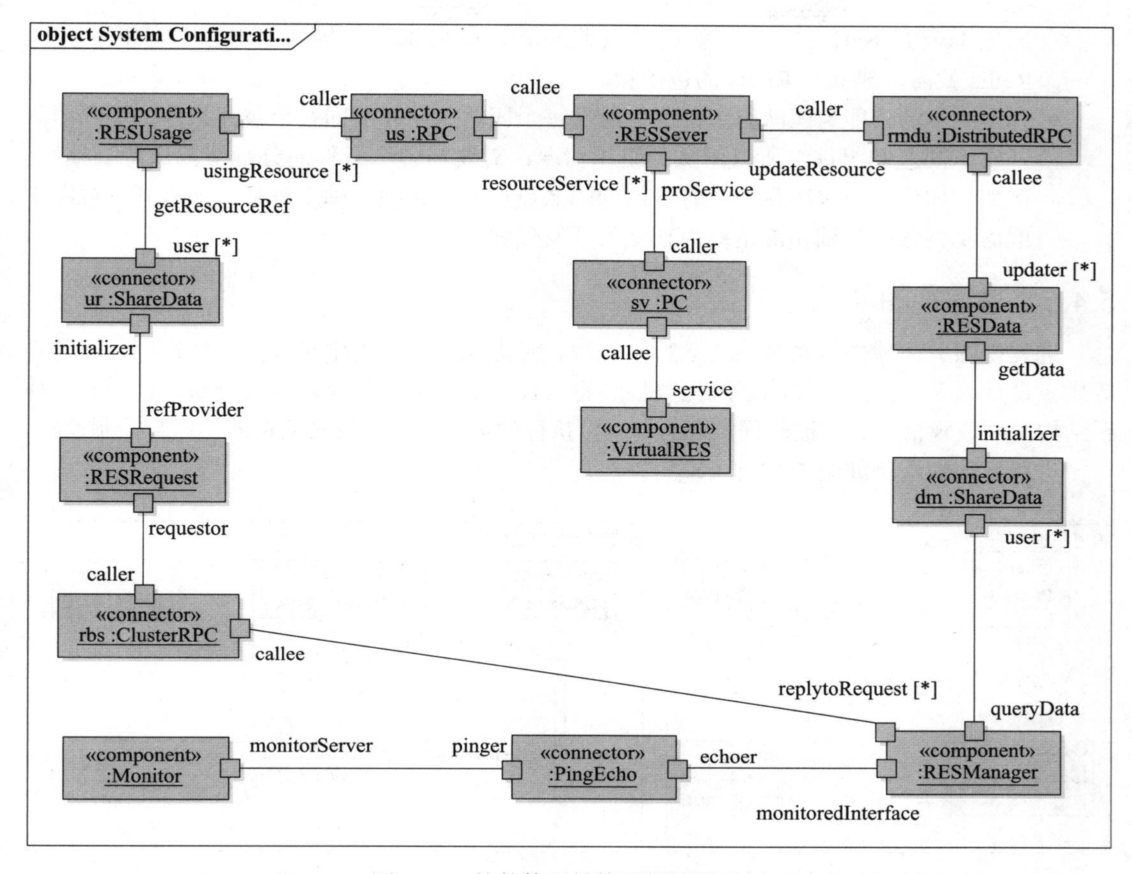


图 5-12　软件体系结构逻辑视图示例

- 为了将来扩展各种类型的资源，系统为 RESServer 定义了统一虚拟资源接口 VirtualRES，实现未来资源的可扩展性。

分析上述示例，可以发现该逻辑视图：

- 分配了功能需求：请求资源、使用资源、定期更新资源、分配资源。
- 落实了质量需求：系统可靠性（RESManager 和 RESServer 的分布式冗余）、RESManager 的可用性（Monitor 和 ping/echo）、服务资源的可扩展性（VirtualRES）。
- 满足了环境约束：分布式环境（RPC、ClusterRPC 和 DistributedRPC）。

### 5.4.4　开发视图

开发视图重点描述软件开发过程的组织。使用详细设计的组件图、包图等，重点描述软件开发的组织过程。图 5-4b 所描述的就是软件体系结构设计的开发视图。

开发视图专注于描述软件体系结构在开发中的实现与演化。开发视图主要使用详细设计的导入 / 导出机制，定义软件体系结构的模块实现，体现软件系统的模块组织。

开发视图重点体现的质量设计就是详细设计所关注的质量要素：模块组织要符合高内聚、低耦合原则，易开发、易修改、易扩展和易复用。

在环境和约束因素方面，开发视图体现的主要是：

- 开发语言、开发工具、运行平台的选择，它们表现为特定的模块组织和依赖，例如选用 Java 的 Spring 框架，就需要按照 Spring 的要求建立模块和开发包依赖，使用 Redis 就需要建立对 Redis 的包依赖。

- 开发人员的技能与团队组织情况。通常一个团队共同开发同一个包和组件，不同团队开发不同包和组件。所以团队的组织情况，需要与包、组件的分割情况保持一致性。例如，如果一个大项目中，有专门的团队负责开发各种基础工具集，那么开发视图中就需要将各种基础功能组织为独立的开发包和组件。

### 5.4.5 进程视图

进程视图关注软件体系结构的运行时表现，考虑在静态结构中难以分析的性能、可靠性等质量设计因素，描述为保障系统完整性和容错性而需要的进程并发及其分布，说明软件体系结构的抽象规格是如何被进程实现的——可执行的进程、线程及其负责的操作与控制逻辑。

进程视图的示例如图 5-13 所示。

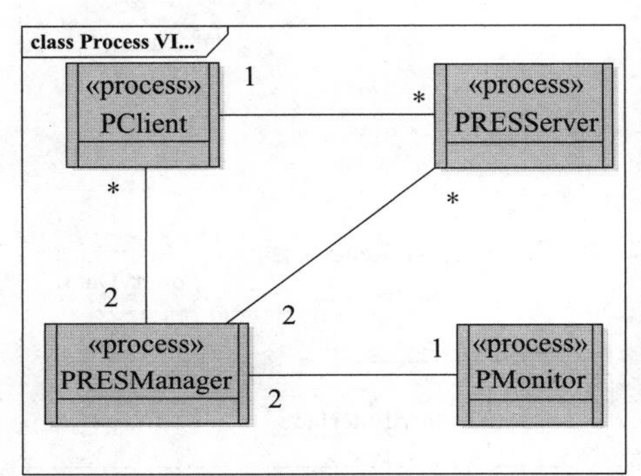


a）进程视图静态结构

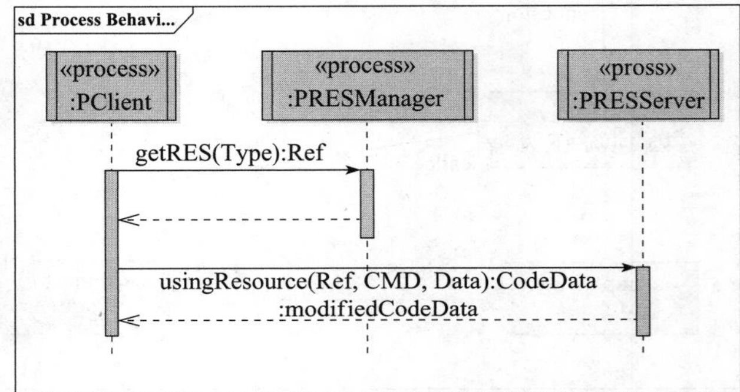


b）进程视图动态通信

图 5-13 软件体系结构设计进程视图示例

图 5-13 的视图说明：

- PClient 和 PRESServer 之间的关系是运行时动态建立的，PClient 和 PRESServer 相对独立，从性能上 PRESServer 有扩展空间。如果已有的 PRESServer 性能不足，可以用增加新 PRESServer 的方法提升性能。
- PRESManager 有两个并发，能够提高可靠性。如果其中 RESManager 服务出现故障，另一个还可以保障进程正常工作。
- PMonitor 监控 PRESManager，可以提高可用性。如果 RESManager 出现故障，PMonitor 可以及时发现和修复故障，缩短故障耽搁的时间，提高可用性。

### 5.4.6 物理视图

物理视图又被称为部署视图，以网络拓扑、处理机、服务器等物理资源基础设施为中心，关注与基础设施相关的质量，包括可靠性、容错性、吞吐量、容量等。例如，双机热备份系统的可靠性要高于单机系统，多机之间互相校验的系统要具有更高的容错性，更多的物理资源有着更大的吞吐量和容量。

物理视图的描述主要使用 UML 的部署图，它可以描述物理资源、进程等在网络上的拓扑分布，如图 5-14 所示。

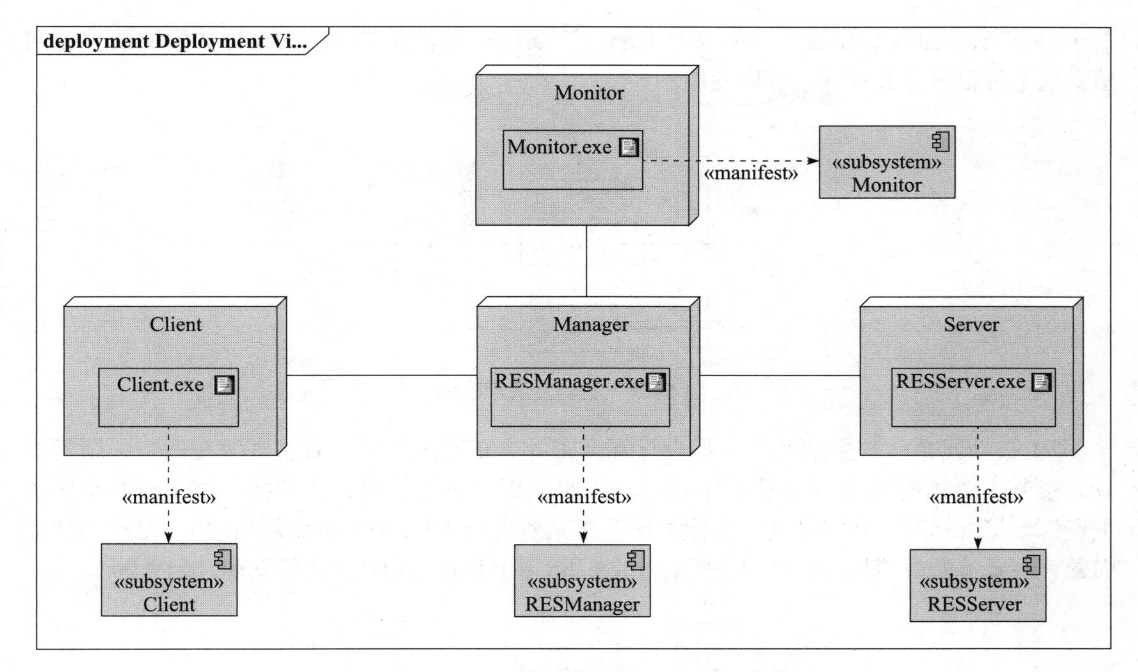


图 5-14 资源管理系统的 UML 部署图

## 5.5 软件体系结构设计与质量

软件设计的主要目的是提高软件系统产品的质量，软件系统产品的质量主要取决于软件体系结构设计。有研究认为，系统 80% 的质量都取决于软件体系结构设计。

一方面，软件体系结构设计实现的质量往往是影响全局的，尤其是系统运行时表现和物理资源相关的质量，这些质量给人的感觉更强烈。详细设计实现的质量仅能影响局部，可能会涉及某个模块和功能的可靠性、性能、可修改性等，但基本不会影响系统全局。

另一方面，最重要的设计决策应该由软件体系结构设计来解决，越重要的设计决策影响越大、越深远，给人的印象越深刻。

下面就逐一分析一下体系结构设计对场景质量的解决方案。

### 5.5.1 可靠性与体系结构设计

可靠性是大规模系统的基本质量需求之一，是系统在给定条件下、给定时间段内正确提供服务的能力。可靠性可以使用平均故障间隔时间（Mean Time Between Failure，MTBF）指标来衡量，MTBF = 运行时间 / 故障次数。MTBF 越长表示可靠性越高，正确工作能力越强。

在详细设计中，会使用输入 / 输出数值验证、异常处理、防御式编程、契约式设计等方法，它们能够很好地提高某个局部模块和方法的可靠性，但是对于系统整体上的可靠性影响有限。

下面详细介绍软件体系结构设计中可以提高系统可靠性的常见手段。

1）主动冗余。例如双机热备、服务器集群、数据冗余分布、冗余进程并发等，多个冗余同时运行，其中一部分失效时，其他部分可以继续进行，保障系统不会故障宕机，如

图 5-15 所示。输入端和输出端的分发机制、负载均衡是软件体系结构设计要解决的关键问题，这里有很多分布式算法可以使用。

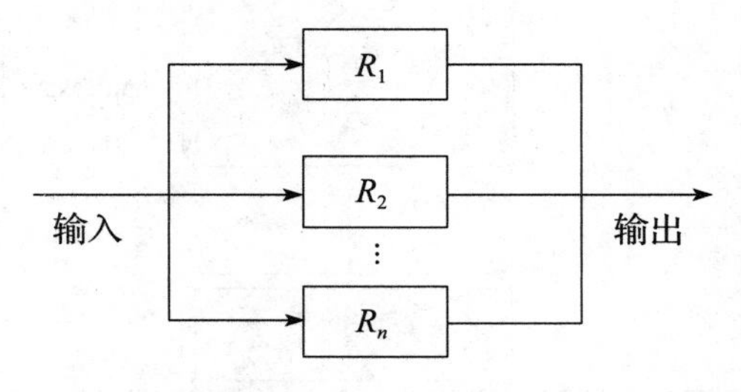


图 5-15　主动冗余示意图

2）被动冗余。与主动冗余一样设计冗余资源，正常运行时只有主资源在运行，副资源只是接受主资源的结果，如图 5-16 所示。如果主资源发生故障，会选择一个副资源切换成主资源，接管运行，保障系统不发生故障。主从资源的数据同步和故障切换机制是核心技术问题，主要涉及故障检测（例如心跳、ping/echo 等）和资源切换（注册发现、配置等）。

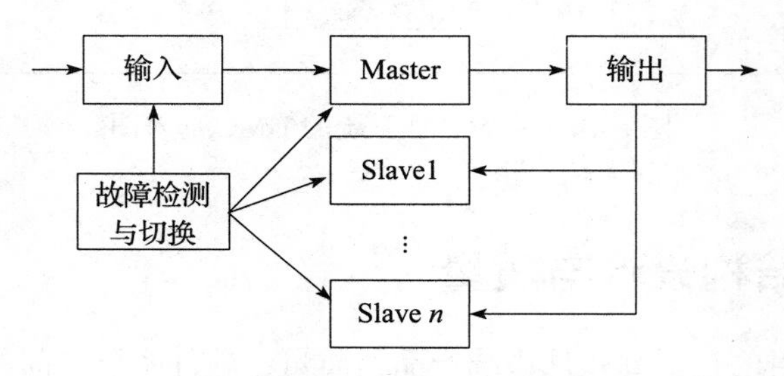


图 5-16　被动冗余示意图

3）投票机制。适用于不确定性大、环境嘈杂、安全暴露等复杂运行环境中的可靠性保障。如图 5-17 所示，投票机制中多个服务并发运行，不同服务可以使用不同的算法机制、产生不同的计算结果，投票机制会按照某种规则将所有结果统一为一致的输出。如果某个功能的不确定性较大，可以在各个服务中使用不同的算法，在投票机制中使用平均值或中位数算法，类似于专家投票。如果运行环境会给系统带来数据噪声和扭曲，可以使用多个相同服务，在投票机制中少数服从多数。如果系统可能会被黑客攻击和控制，可以在投票算法中使用拜占庭算法，可以及时发现某个服务被攻击并加以恢复，避免系统故障甚至更严重的后果。

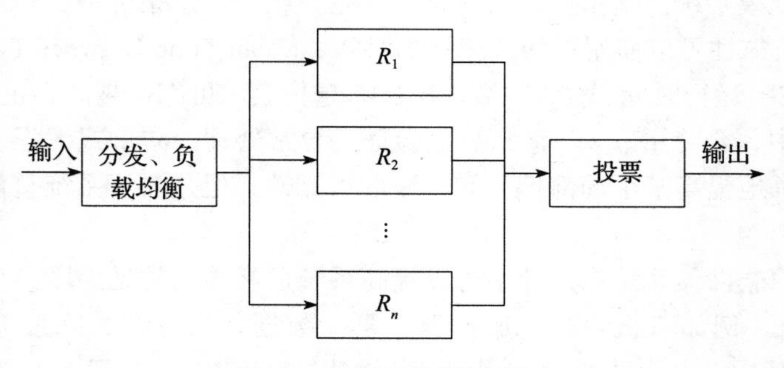


图 5-17　投票机制示意图

4）配置冗余。适用于运行环境配置复杂，容易因为配置错误而出现故障的系统。例如，有些系统需要协调大量的硬件资源，容易因为某个硬件资源配置偏差而出现故障。又如，有些分布式系统管理复杂的网络节点分布，会因为某个节点配置错误而出现故障。配置冗余的工作机制是提供多个不同版本的配置，尤其是之前运行过的历史版本配置，并在发生故障上尝试使用冗余配置恢复工作，如图 5-18 所示。

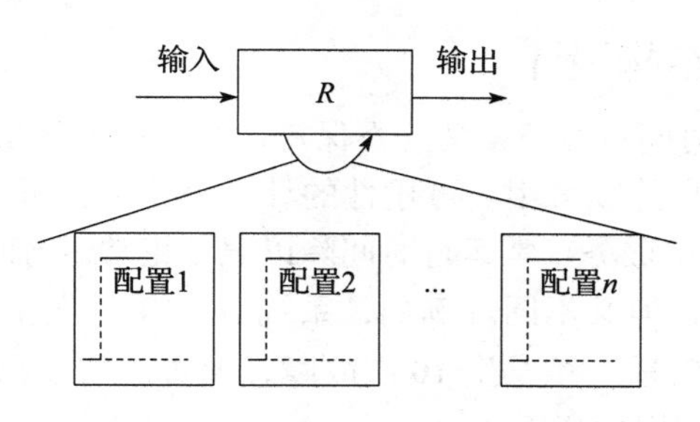


图 5-18　配置冗余示意图

5）限流、降级、熔断。适用于高峰期吞吐量过大容易导致故障的场景，如图 5-19 所示。限流是指对并发访问的次数进行限制，常见方法是设置并发访问计数器或者使用并发访问队列，当计数器超过阈值或者队列满了，就进入降级状态。降级状态下，系统开始按照某种规则拒绝和丢弃多余的部分请求，保障系统最为紧要的服务不会崩溃。熔断是降级状态下进行服务处理的一种方式：在降级状态下，为保障核心服务，系统可能会停掉非核心服务，熔断机制隔离被停掉的服务，防止其停止导致的连锁影响，让核心服务可以不受影响地正常运行。

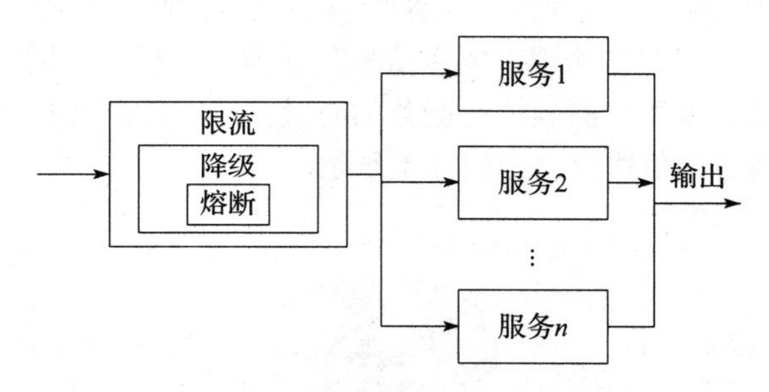


图 5-19　限流、降级、熔断示意图

6）数据验证层。将详细设计中检查输入 / 输出数据的方法提升到体系结构设计决策级别，就是在高层设计中建立专门的数据验证层，检查输入数据，避免因为数据输入错误导致系统故障，如图 5-20 所示。现在大多数的开发框架都设置了专门的数据验证层。

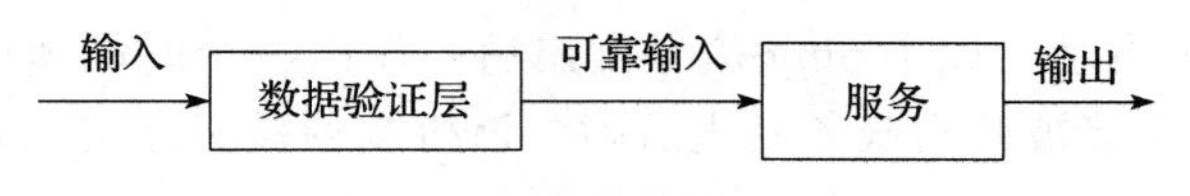


图 5-20　输入数据验证层示意图

7）异常处理模块。与数据验证层思路一样，将详细设计中使用异常的方法提升到体系结构设计决策级别，建立树状、层级的异常体系，设置统一的异常处理模块，系统性地处理各种系统异常，避免异常导致系统崩溃的故障，如图 5-21 所示。

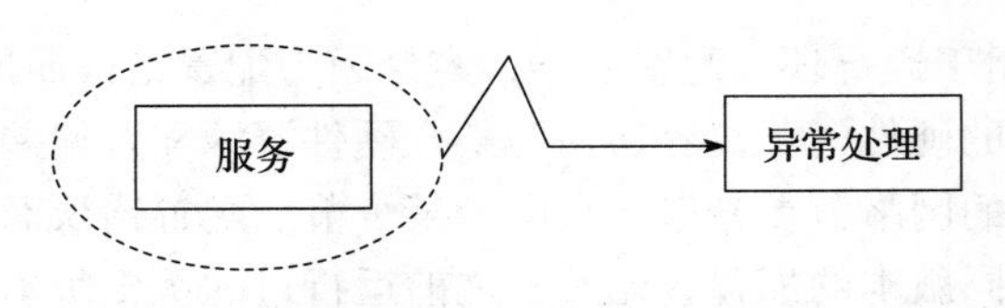


图 5-21 异常处理模块示意图

### 5.5.2 可用性与体系结构设计

可用性是系统在给定时间点在正常情况下保持运行以服务其预期目的的概率。可用性确保应用程序或服务对其用户持续可用。可用性的计算公式为：可用性 = 正常运行时间 /（正常运行时间 + 停机时间），即服务正常运行时间除以服务正常运行时间和服务停机时间之和。

可靠性和可用性相关，但又不同。例如，系统 A 一年只发生一次故障，每次故障会导致系统宕机 2 个星期；系统 B 一年发生 10 次故障，但每次故障只会宕机 1 个小时；那么 A 的可靠性高于 B，但 B 的可用性高于 A。

提升可用性的方法可以分为两类：一是减少故障发生，与提高可靠性的方法完全一样；二是减少停机时间，包括尽早发现故障、尽快诊断问题和尽快修复系统。

下面主要介绍第二类提升系统可用性的方法。

**1. 及时发现故障**

使用异常机制可以及时发现系统内部的故障。但是如果遇到服务器宕机之类的严重故障时，异常机制就作用有限了。实践中，人们常用的是心跳（heartbeat）和 ping/echo 机制。

（1）心跳机制

心跳（heartbeat）机制适用于对复杂系统中核心服务的故障监测。它的基本原理是核心服务定期向其他服务或专门的监测服务发送信号，就像人的正常心跳一样，如图 5-22 所示。如果超出一个时间阈值仍未能检测到核心服务的心跳信号，就及时报警核心服务故障。该机制的核心是定义心跳信号通信协议，一般并不复杂。

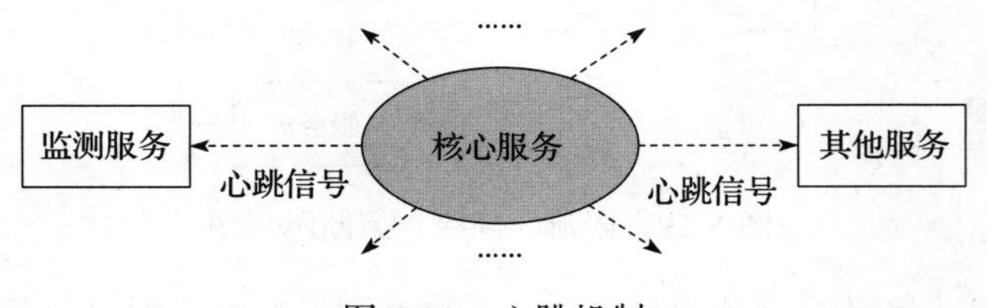


图 5-22 心跳机制

（2）ping/echo 机制

ping/echo 机制一般会设置专门的监测服务，定期向被监测服务发送 ping 信号，并接收 echo 信号，如图 5-23 所示。如果 ping 信号发出后，超出一个时间阈值仍未能接收到 Echo 信号，监测服务就会报警被监测服务发生故障。该机制的核心是定义 ping/echo 协议，定义过程一般并不复杂。

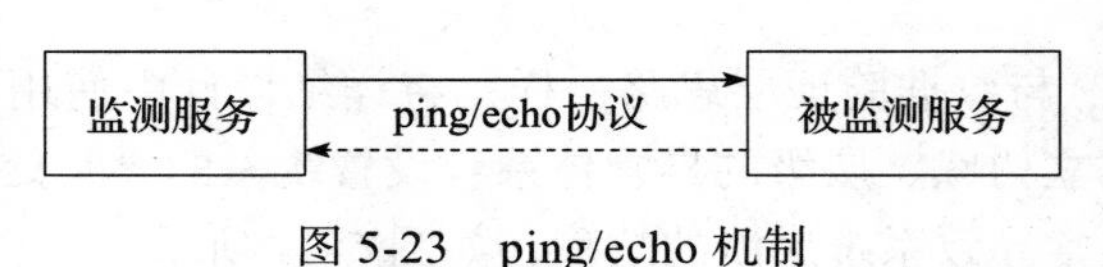


图 5-23 ping/echo 机制

### 2. 尽快诊断问题和尽快修复系统

（1）冷备份

数据备份、数据镜像、文件备份、设备备份等都是常见的冷备份方法。如图 5-24 所示，在系统服务正常运行时，会将关键的数据和文件额外备份。在系统出现故障时，可以在原有系统或新系统中加载备份数据和文件，非常快地恢复正常运行。实现同步有很多成熟的工具和手段。

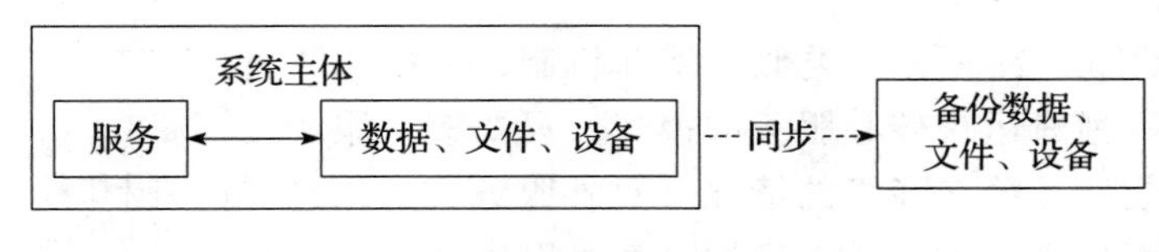


图 5-24　冷备份

（2）日志机制

系统将详细设计常用的日志行为提升到高层设计级别，梳理系统中所有的重要行为并加以编码分类，为整个系统设计专门日志模块，把所有重要行为都系统化地计入日志，如图 5-25 所示。故障发生后，技术人员可以从日志中发现有用的信息，尽早地诊断问题，修复系统。很多现有的开发框架中都已经使用了专门的日志模块，开发人员只要善加利用即可。

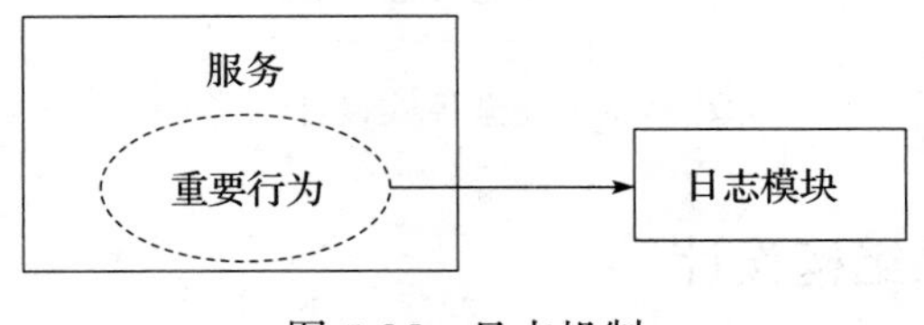


图 5-25　日志机制

（3）监控器机制

监控器机制只适用于系统的部分服务出现故障，它的思路（如图 5-26 所示）是建立专门的监控器模块，收集系统各服务的核心状态信息，包括服务启动和关闭、服务调用路径和通信数据、代码执行路径和输入 / 输出、内存状态等，数据收集有拉（pull）和推（push）两种实现方式。如果系统有部分服务出现故障，通过分析监控器的数据，可以快速诊断和修复服务。在常见类型的系统开发中，都有成熟的工具和技术可以用来建立监控器。

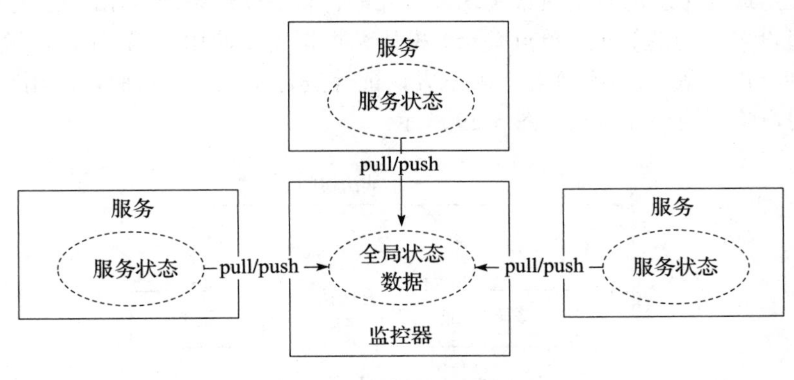


图 5-26　监控器机制

（4）事务机制

事务机制的思路是将数据库的事务方法使用在系统的高层结构设计中，将系统的行为划分为不同的事务，事务之间独立，每个事务要么全部成功，要么全部失败，事务在执行过程中失败会发生回滚（rollback）。事务机制有助于系统出现故障后的快速恢复，从而提高系统可用性。事务机制的设计示意如图 5-27 所示。

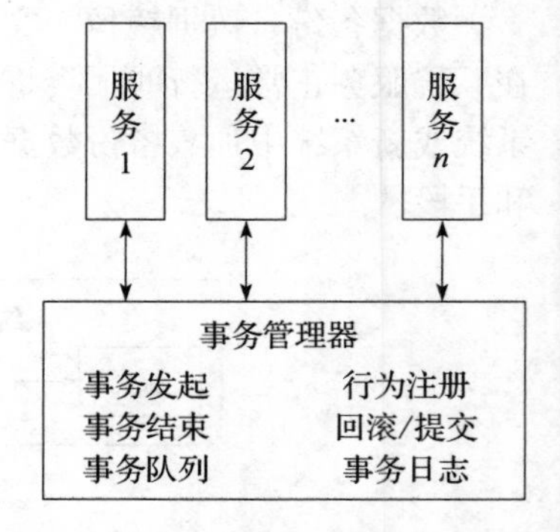

图 5-27 事务机制设计示意

（5）安全模式

安全模式（如图 5-28 所示）类似于熔断机制，它的思路是：系统设置一种只运行核心服务的模式，只要核心服务可以运行，就能让系统在降级的情况下对外服务。如果系统发生故障，而且修复起来非常麻烦，就可以启动安全模式先保证核心业务，再慢慢修复故障，这在一定程度上也提高了系统可用性。

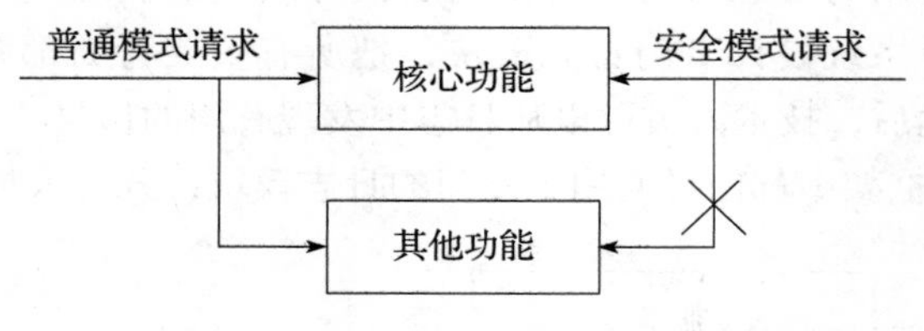

图 5-28 安全模式设计示意

## 5.5.3 安全性与体系结构设计

安全性是指系统在向合法用户提供服务的同时能够阻止非授权用户使用的企图或拒绝服务的能力。

在详细设计工作中，有检查输入防止攻击注入、使用安全方法库防止系统漏洞、防止缓冲区溢出攻击等方法，但更多的安全性还是要由软件体系结构设计来完成。

软件体系结构设计可以从系统整体和高层抽象上更好地实现安全质量，下文将介绍常用设计决策。

（1）用户验证

用户验证是最为传统的安全质量实现方法之一，就是软件系统常用的用户登录验证。体系结构设计时设置专门的验证（单点登录）模块，根据需要使用密码、图形、生物特征（指纹、人脸识别、声纹等）、数字签名、第三方认证等进行验证，通过验证的用户才可以访问系统服务。用户验证的设计示意如图 5-29 所示。

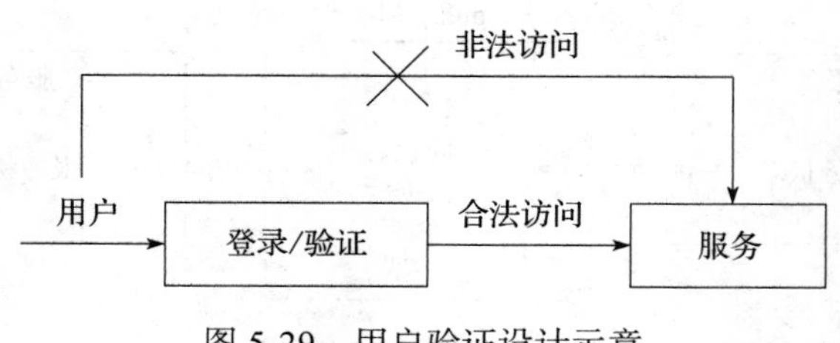

图 5-29 用户验证设计示意

（2）访问控制授权

访问控制授权也是传统的安全质量实现方法之一，通常与用户验证同时使用。在用户登录时，系统鉴别用户身份，并根据身份确定精细的用户访问控制权限：在后续的系统访问中，用户只能访问被授权的数据和服务。访问控制授权有很多成熟的方法可以参考。访问控制授权的设计示意如图 5-30 所示。

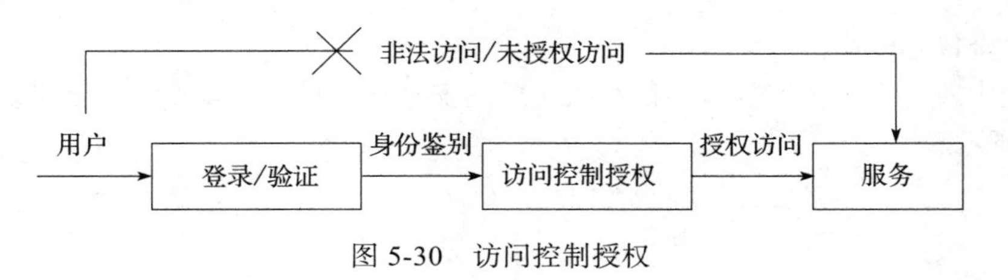


图 5-30　访问控制授权

（3）安全协议

为了防止通信中的安全危害，在进行系统体系结构设计时可以要求使用安全协议进行网络通信，包括 SSL、PGP、IPSec、SET 等。

（4）关键数据加密或脱敏

对于安全敏感的关键数据，在进行系统体系结构设计时应使用公钥 / 私钥加密算法对其进行加密，或者进行数据脱敏，如图 5-31 所示。

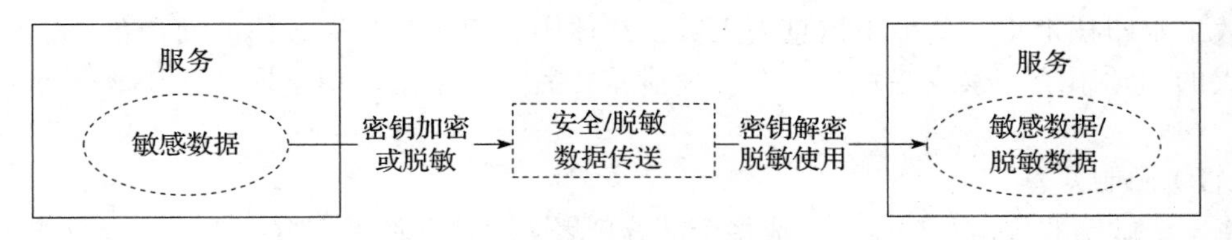


图 5-31　关键数据加密或脱敏

（5）入侵检测

建立专门的入侵检测系统，实时监测系统访问，及时发现和处置安全攻击，如图 5-32 所示。入侵检测系统有很多候选可以使用。

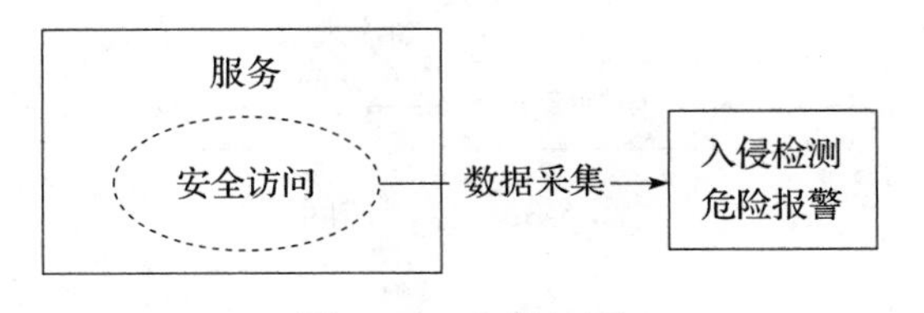


图 5-32　入侵检测

（6）防火墙

为系统建立硬件或软件防火墙，定义防护策略，阻止安全攻击。防火墙有很多成熟产品可以采用。

（7）跟踪审计

如图 5-33 所示，跟踪审计就是安全访问的“日志功能”，跟踪记录所有的安全访问，并在发生问题后审计查找攻击源头和影响范围。

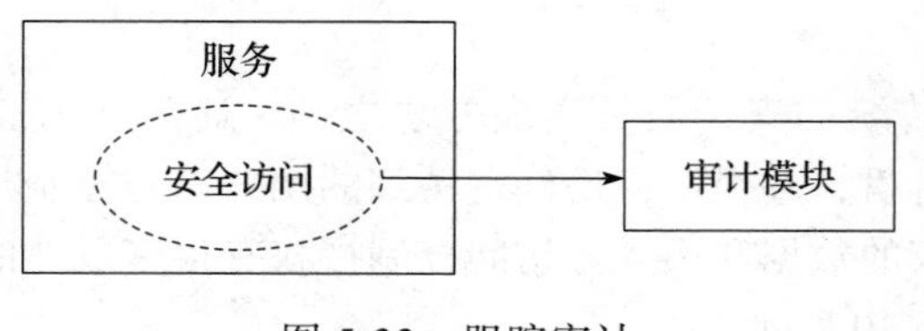


图 5-33 跟踪审计

（8）安全核心模块

将系统中所有安全关键的行为都纳入专门的安全核心模块，重点保证该模块的安全性，如图 5-34 所示。

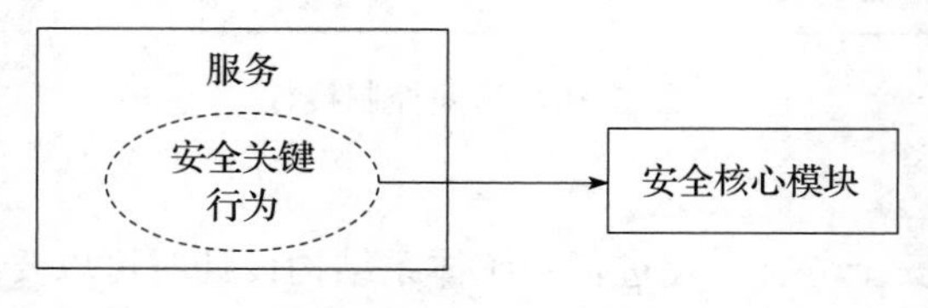


图 5-34 安全核心模块

（9）数字签名

通过设置冗余数据，对通信内容进行验证，防止数据被篡改和伪造。

（10）数字水印

数字水印技术将一些标识信息嵌入数字载体中，但不影响原载体的使用价值，也不容易被人的知觉系统觉察或注意到。在发生泄露之后，数字水印用于取证，让泄露行为无法抵赖。

（11）限制暴露

将安全敏感的数据和功能，分成多个部分部署，这样即使黑客攻击成功，也只能造成部分危害。

（12）限制访问

使用限制访问地址、限制访问频率、限制访问次数等方式，减少可能的安全泄露范围，如图 5-35 所示。

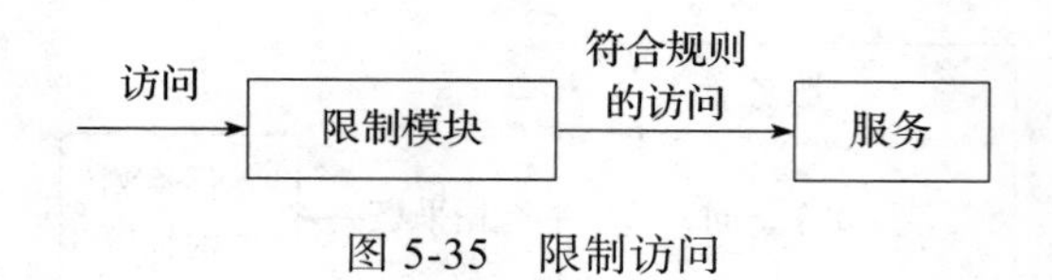


图 5-35 限制访问

### 5.5.4 性能与体系结构设计

性能是系统高效率利用各种软硬件资源的能力，包括批量计算、实时响应、网络吞吐、数据吞吐等。

在早期，技术人员认为软件系统性能主要取决于数据结构和算法的组织，这是软件详细设计工作中的性能设计重点。

大规模软件系统成为主流之后，人们发现在至少超过一半的情景中，性能质量的实现还是要依赖于体系结构的设计决策。

软件体系结构设计时常用的性能设计决策如下。

### 1. 增加绝对资源数量

"一力降十会"，通过增加资源质量和数量来满足性能要求总是最简单的，包括增加算力（CPU/GPU）、增加存储（内存、外存、缓存）、增加网络吞吐（加大网络流量）等。增加资源数量之后，软件功能的部署必然会受到影响，需要架构师仔细考虑软件功能和硬件资源的协同分布。如果要保持软件系统随时增加资源的灵活性，对软件功能部署的设计会非常复杂（如图 5-36 所示），云计算平台的大部分精力都耗费在此。

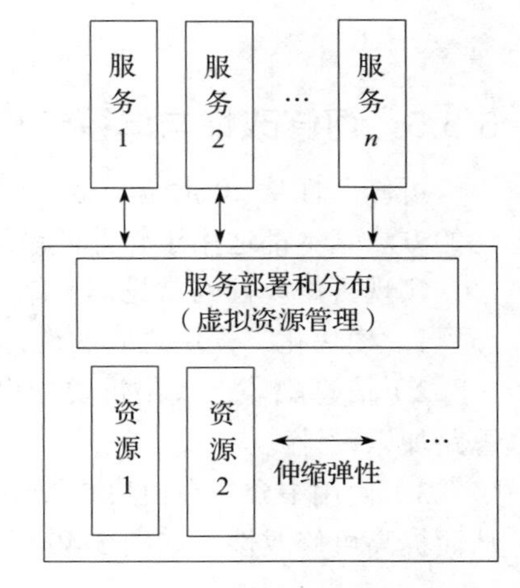


图 5-36　资源弹性伸缩

### 2. 管理系统并发和并行编程

在绝对资源充足的情况下，增加系统并发（例如将单体应用设计为微服务应用），使用并行编程算法，都可以显著提升系统性能。

### 3. 减少计算请求负载

在绝对资源难以增加的情况下，减少计算请求负载也能相对地提升系统的性能表现，如图 5-37 所示。降低数据采样频率、控制请求数量（限流）、丢弃来不及的计算等都是常见的减少计算请求负载的方法。

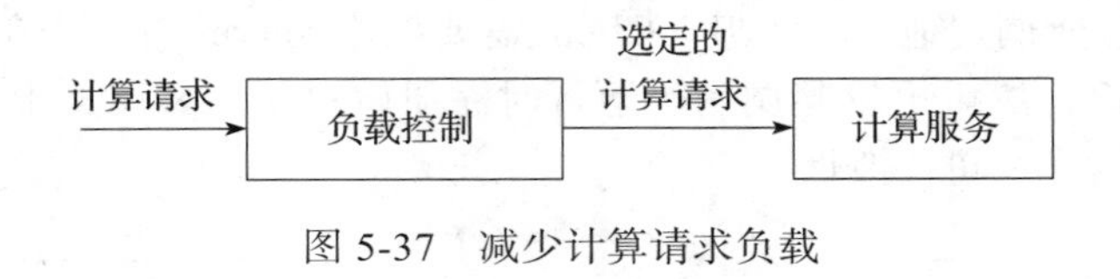


图 5-37　减少计算请求负载

### 4. 空间换时间

空间换时间是一个非常常用的策略，适用于计算请求峰顶和谷底差异明显的情景。如图 5-38 所示，在请求峰顶时，将来不及计算的请求缓存到一个计算空间，等计算高峰期过去之后，再逐一从空间中取出和计算缓存的请求。

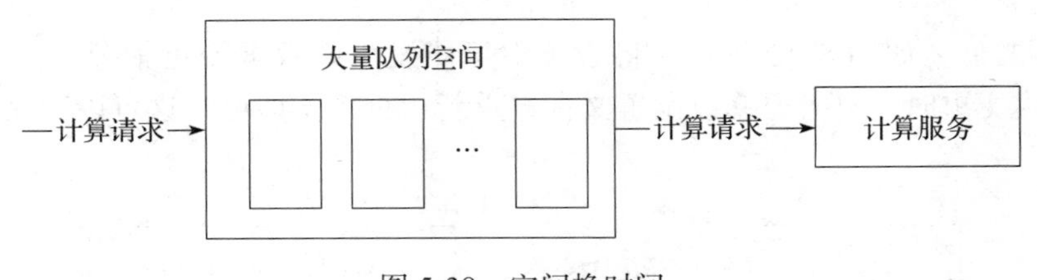


图 5-38　空间换时间

### 5. 资源调度机制

在并发环境下，通过调整资源调度策略，可以提升资源利用效率，如图 5-39 所示。这一点在操作系统、网络、数据库管理系统等成熟系统中都有充分反映。

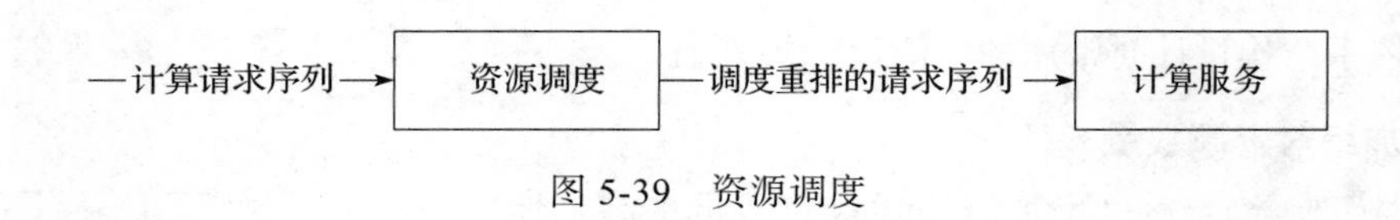


图 5-39 资源调度

### 5.5.5 可修改性与体系结构设计

可修改性从 20 世纪 70 年代开始就一直是软件设计的主题，软件详细设计中提高可修改性的方法基本都适用于软件体系结构设计，只是设计的粒度集中在模块层次。

实现可修改性的常见体系结构设计方法有：

1）模块化。模块之间的设计要高内聚、低耦合。

2）信息隐藏。找出重要的设计决策，尤其是预期会发生修改的功能，按照信息隐藏的思路加以设计。

3）使用中介。在模块 Client 和 Server 之间使用中介 InterMediary，解耦 Client 和 Server，从而提高可修改性，如图 5-40 所示。

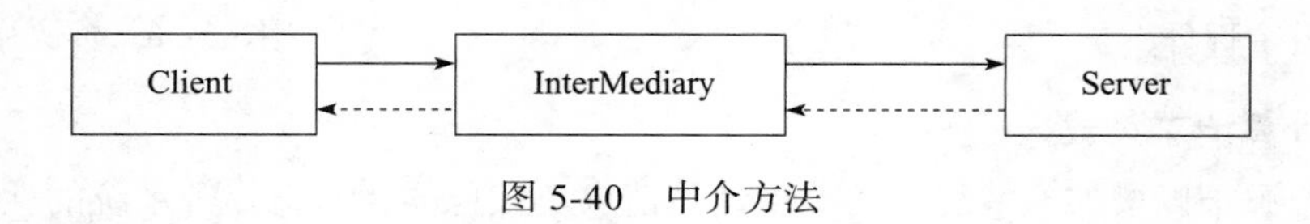


图 5-40 中介方法

4）运行时注册。在 Server 运行时不确定、多变的情况下，可以使用运行时注册，如图 5-41 所示。系统开始时不会设置 Server 的调用地址和入口，而是在 Server 启动时由 Server 自己在 Register 中注册调用地址和入口。Client 需要调用 Server 时，先在 Register 中查找到 Server 的地址和入口，然后再发起调用。运行时注册解决了 C/S 模式中 Server 不灵活的缺点，提高了针对 Server 的可修改性。

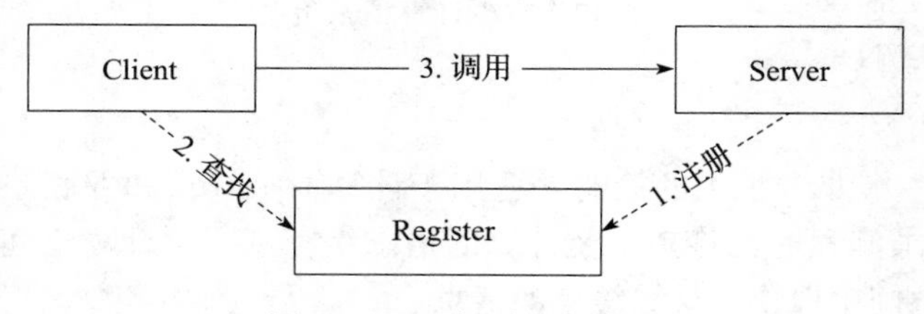


图 5-41 运行时注册方法

5）配置文件。如图 5-42 所示，将系统中可能发生的数据变更抽象、定义为配置文件。后期发生变更时，只需要修改配置文件，重新运行系统即可，这可以明显提高系统可修改性。

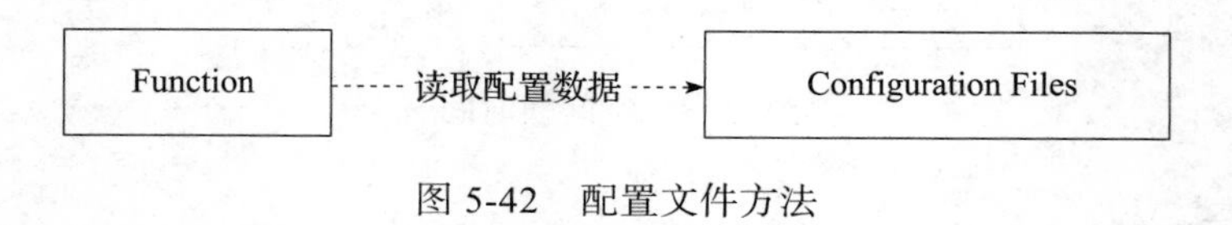


图 5-42 配置文件方法

6）限定通信方式。如图 5-43 所示，服务 / 模块间不同的通信方式意味着不同的可修改性，通过限定通信方式，可以提高可修改性。

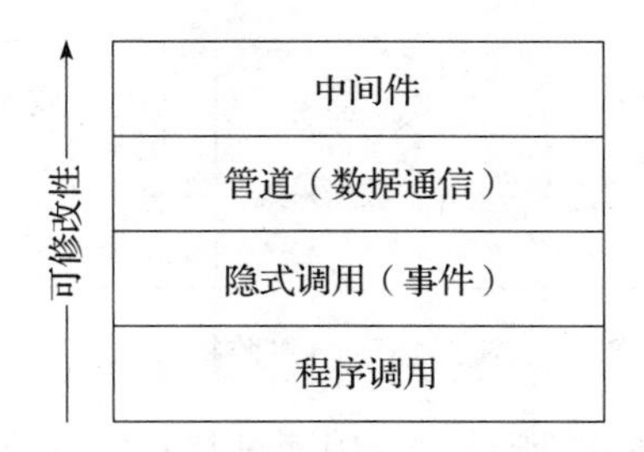


图 5-43　服务 / 模块间的通信方式和可修改性

7）定义固定的协议和接口。如图 5-44 所示，只要协议和接口得到维护，协议和接口的实现部分可以有很好的可修改性。定义抽象硬件接口、通用服务接口、固定层次间协议、使用已有的构件模型（例如各种框架下的设定接口）等都属于此类设计方法。

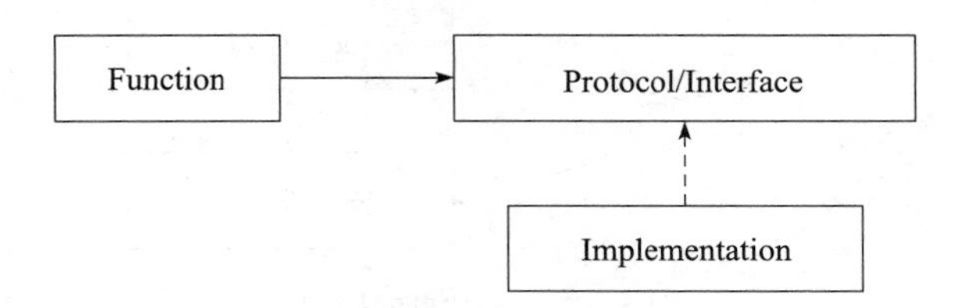


图 5-44　固定的协议和接口

### 5.5.6　可测试性与体系结构设计

软件的可测试性是指在一定时间和成本的前提下，进行测试设计、测试执行以此来发现软件的问题，以及发现故障并隔离、定位其故障的能力特点。简单地说，可测试性是一个软件系统测试的难易程度。

对于大规模系统来说，测试工作也耗费巨大，可测试性非常重要。在详细设计层面，结构化编程理论所构建的结构清晰和“显而易见”正确的能力都是可测试性的保障，程序契约也可以很好地提供可测试性。

在软件体系结构设计中，常用的可测试性设计决策有以下几种。

1）构建测试总线（test bus）。如图 5-45 所示，为每一个模块接口都设计一套 stub，所有的 stub 构成测试总线。系统正常构建时，使用 Real System 实现。在测试时，使用 Test Stub 作为测试环境。因为 stub 是专门设计的，所以整个 test bus 可以显著提高可测试性。

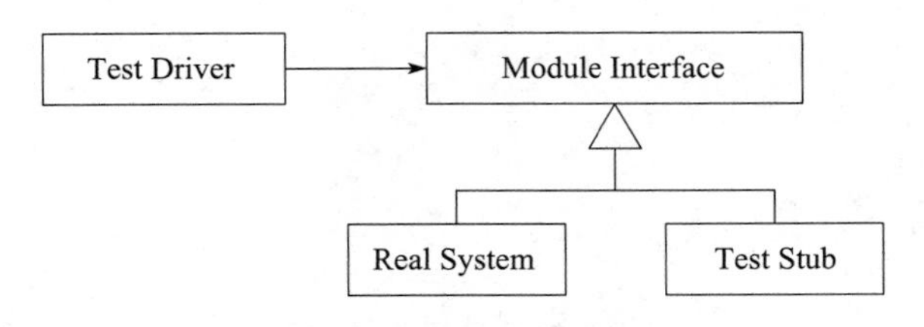


图 5-45　设计测试总线

2）内建监控器。如图 5-46 所示，内建监控器的思路和可用性设计中的监控器机制一致，都是使用一个专门的监控器收集所有的关键数据（各方法的输入 / 输出、内存数据状态、通信数据包等），以便更好地进行测试和诊断。

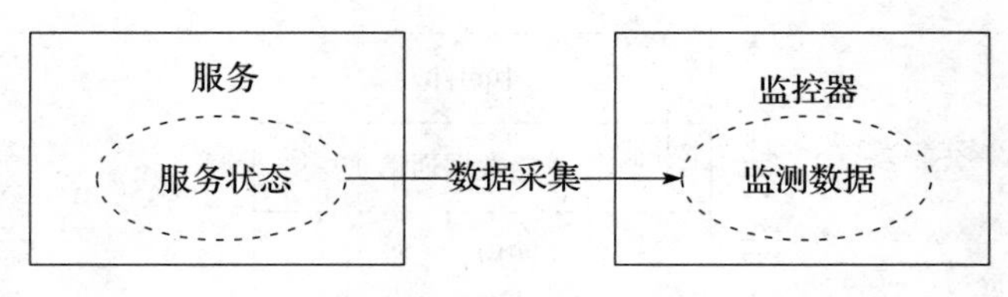


图 5-46　内建监控器

3）专用测试接口。如图 5-47 所示，专用测试接口方法会使用专门的测试路径 / 后门，可以绕开前端的用户交互和业务功能逻辑，直接调用需要被测试的核心服务。这种设计方法简化了测试工作，间接提高了可测试性。

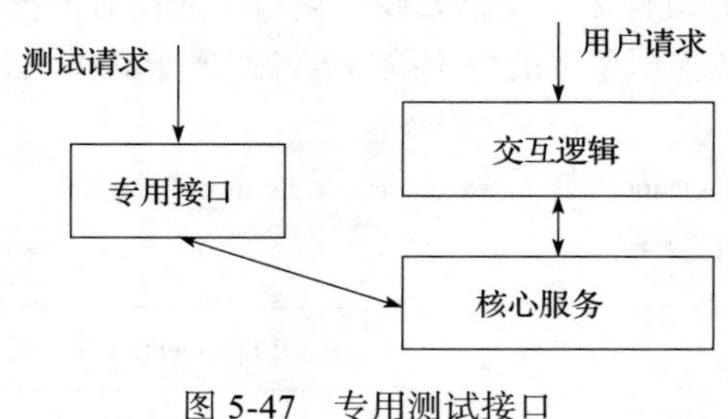


图 5-47　专用测试接口

4）录制 / 回放。各类自动化测试工具都在使用录制 / 回放方法，可以参照这些工具的介绍，这里就不做展开了。

## 5.6　总结

软件体系结构设计是高层抽象的设计结构，由部件、连接件、配置和决策构成，能够摆脱软件详细设计的缺陷，解决大规模软件系统设计问题。

大规模软件系统设计的设计质量需求主要包括可靠性、可用性、可恢复性、性能、安全、保密等系统整体性质量，运行时表现质量，以及资源利用相关质量。软件体系结构设计有很多常用的设计决策方法可以实现上述质量需求。

# 附 录

ISO/IEC 9126-1 的质量模型

| 特征 | 子特征 | 简要描述 |
| --- | --- | --- |
| 功能性 | 精确性 | 软件准确依照规定条款的程度，规定确定了权利、协议的结果或者协议的效果 |
| | 依从性 | 软件符合法定的相关标准、协定、规则或其他类似规定的程度 |
| | 互操作性 | 软件和指定系统进行交互的能力 |
| | 安全性 | 软件阻止对其程序和数据进行未授权访问的能力，未授权的访问可能是有意的，也可能是无意的 |
| | 适合性 | 指定任务的相应功能是否存在以及功能的适合程度 |
| 可靠性 | 成熟性 | 因软件缺陷而导致的故障频率程度 |
| | 容错性 | 软件在故障或者外界违反其指定接口的情况下维持其指定性能水平的能力 |
| | 可恢复性 | 软件在故障后重建其性能水平，恢复其受影响数据的能力、时间和精力 |
| | 依从性 | 软件符合法定的相关标准、协定、规则或其他类似规定的程度 |
| 易用性 | 可理解性 | 用户认可软件的逻辑概念和其适用性需要花费的精力 |
| | 可学习性 | 用户为了学会使用软件需要花费的精力 |
| | 可操作性 | 用户执行软件操作和控制软件操作需要花费的精力 |
| | 吸引性 | 软件吸引用户的能力 |
| | 依从性 | 软件符合法定的相关标准、协定、规则或其他类似规定的程度 |
| 效率 | 时间行为 | 执行功能时的响应时间、处理时间和吞吐速度 |
| | 资源行为 | 执行功能时使用资源的数量和时间 |
| | 依从性 | 软件符合法定的相关标准、协定、规则或其他类似规定的程度 |
| 可维护性 | 可分析性 | 诊断软件中的缺陷、故障的原因或者识别待修改部分需要花费的精力 |
| | 可改变性 | 进行功能修改、缺陷剔除或者应付环境改变需要花费的精力 |
| | 稳定性 | 因修改导致未预料结果的风险程度 |
| | 可测试性 | 确认已修改软件需要花费的精力 |
| | 依从性 | 软件符合法定的相关标准、协定、规则或其他类似规定的程度 |
| 可移植性 | 适应性 | 不需采用额外的活动或手段就能适应不同指定环境的能力 |
| | 可安装性 | 在指定的环境中安装软件需要花费的精力 |
| | 共存性 | 在公共环境中同分享公共资源的其他独立软件共存的能力 |
| | 可替换性 | 在另一个指定软件的环境下，替换该指定软件的能力和需要花费的精力 |
| | 依从性 | 软件符合法定的相关标准、协定、规则或其他类似规定的程度 |

IEEE1061-1992，1998 的质量模型

| 因素 | 子因素 | 简要描述 |
| --- | --- | --- |
| 功能性 | 完备性 | 软件具有必要和充分功能的程度，这些功能将满足用户需要 |
| | 正确性 | 所有的软件功能被精确确定的程度 |
| | 安全性 | 软件能够检测和阻止信息泄露、信息丢失、非法使用、系统资源破坏的程度 |
| | 兼容性 | 在不需要改变环境和条件的情况下，新软件就可以被安装的程度。这些环境和条件是为之前被替代软件所准备的 |
| | 互操作性 | 软件可以很容易地同其他系统连接与操作的程度 |
| 可靠性 | 无缺陷性 | 软件不包含未发现错误的程度 |
| | 容错性 | 软件持续工作，不会发生有损用户的系统故障的程度 |
| | | 软件含有降级操作（degraded operation）和恢复功能的程度 |
| | 可用性 | 软件在出现系统故障后保持运行的能力 |
| 易用性 | 可理解性 | 用户理解软件需要花费的精力 |
| | 易学习性 | 用户理解软件时所花费精力的最小化程度 |
| | 可操作性 | 软件操作与目的、环境、用户生理特征相匹配的程度 |
| | 通信性 | 软件被设计得与用户生理特征相一致的程度 |
| 效率 | 时间经济性 | 在指明或隐含的条件下，软件于适当的时间限度内，执行指定功能的能力 |
| | 资源经济性 | 在指明或隐含的条件下，软件使用适当数量的资源，执行指定功能的能力 |
| 可维护性 | 可修正性 | 修正软件错误和处理用户意见需要花费的精力 |
| | 扩展性 | 改进或修改软件效率与功能需要花费的精力 |
| | 可测试性 | 测试软件需要花费的精力 |
| 可移植性 | 硬件独立性 | 软件独立于特定硬件环境的程度 |
| | 软件独立性 | 软件独立于特定软件环境的程度 |
| | 可安装性 | 使软件适用于新环境需要花费的精力 |
| | 可复用性 | 软件可以在原始应用之外的应用中被复用的程度 |

# 推荐阅读

**软件工程概论（第3版）**

作者：郑人杰 马素霞 等编著

ISBN：978-7-111-64257-2 定价：59.00元

**软件工程案例教程：软件项目开发实践（第4版）**

作者：韩万江 姜立新 编著

ISBN：978-7-111-72266-3 定价：69.00元

**软件工程原理与实践**

作者：沈备军 万成城 陈昊鹏 陈雨亭 编著

ISBN：978-7-111-73944-9 定价：79.00元

**软件项目管理案例教程（第4版）**

作者：韩万江 姜立新 编著

ISBN：978-7-111-62920-7 定价：69.00元

**软件需求工程**

作者：梁正平 毋国庆 袁梦霆 李勇华 编著

ISBN：978-7-111-66947-0 定价：59.00元

**嵌入式软件自动化测试**

作者：黄松 洪宇 郑长友 朱卫星 编著

ISBN：978-7-111-71128-5 定价：69.00元

# 推荐阅读

**软件工程：实践者的研究方法（原书第9版）**

作者：[美] 罗杰 S.普莱斯曼 等著 译者：王林章 等译
ISBN：978-7-111-68394-0 定价：149.00元

**软件工程（原书第10版）**

作者：[英] 伊恩·萨默维尔 著 译者：彭鑫 赵文耘 等译
ISBN：978-7-111-58910-5 定价：89.00元

**软件工程导论（原书第4版）**

作者：[美] 弗兰克·徐 等著 译者：崔展齐 潘敏学 王林章 译
ISBN：978-7-111-60723-6 定价：69.00元

**设计模式：可复用面向对象软件的基础（典藏版）**

作者：[美] 埃里克·伽玛 等著 译者：李英军 马晓星 等译
吕建 审校 ISBN：978-7-111-61833-1 定价：79.00元

**现代软件工程：面向软件产品**

作者：[英] 伊恩·萨默维尔 著 译者：李必信 廖力 等译
ISBN：978-7-111-67464-1 定价：99.00元

**软件测试：一个软件工艺师的方法（原书第5版）**

作者：[美] 保罗·C. 乔根森 等著 译者：王轶辰 王轶昆 译
ISBN：978-7-111-75263-9 定价：129.00元